La Cascade de Cô.

aux environs de Spa.

MERVEILLES

ET

BEAUTÉS

DE LA NATURE EN FRANCE,

OU

DESCRIPTIONS DE TOUT CE QUE LA FRANCE OFFRE DE CURIEUX ET D'INTÉRESSANT SOUS LE RAPPORT DE L'HISTOIRE NATURELLE; COMME: GROTTES, CASCADES, SOURCES, MONTAGNES, ROCHERS, TORRENS, VUES PITTORESQUES, etc., etc.

Tirées des Voyages et des Ouvrages d'histoire naturelle les plus estimés.

PAR G. B. DEPPING.

Avec une Gravure et une Carte physique de la France.

A PARIS,

A LA LIBRAIRIE D'ÉDUCATION.

Chez P. BLANCHARD et Compe., rue Mazarine, n°. 30;

Et Palais - Royal, galerie de bois, n°. 249.

AU SAGE FRANKLIN.

M. DCCC. XI.

Nous ne reconnaîtrons pour authentiques que les exemplaires qui porteront notre signature, et nous poursuivrons les contrefacteurs.

DE L'IMPRIMERIE DE J.-B. IMBERT,

PRÉFACE.

Il n'existe jusqu'à présent aucun ouvrage qui offre une description complète des objets les plus intéressans de l'histoire naturelle en France. Les livres de géographie indiquent bien quelquefois les choses remarquables que cette belle partie de l'Europe offre à la curiosité du voyageur ; mais ils se bornent à une nomenclature sèche et sans intérêt : ce qu'on ne peut toutefois leur reprocher, puisqu'il n'est pas du ressort du géographe d'entrer dans tous les détails qu'on peut désirer à cet égard. Les naturalistes font connaître , approfondissent même les objets dignes de leurs recherches ; mais ce n'est ordinairement que dans la vue d'agrandir le domaine de la science : leurs traités, en grande partie, ne peuvent être consultés que par des savans, et la classe commune des lecteurs y trouve bien peu de connaissances à son usage. Les voyageurs modernes, il est vrai, nous ont donné des descriptions intéressantes des parties de la France qu'ils

4

ont parcourues ; mais leurs ouvrages ont l'inconvénient de ne faire connaître que quelques provinces, et ne peuvent par conséquent nous offrir, dans son ensemble, le tableau des curiosités naturelles de ce pays. Il en est de même des annuaires et des statistiques des départemens.

Le *Voyage pittoresque de la France* aurait peut-être rempli la lacune qui existe dans notre littérature topographique, si cet ouvrage précieux avait été achevé ; malheureusement il est resté imparfait : d'ailleurs, s'il avait été exécuté d'après le plan des auteurs, le prix en eût été trop au-dessus des moyens de la plus grande partie des lecteurs, et il n'eût jamais été qu'un livre de bibliothèque bon à consulter et sans utilité générale. Il manquait donc toujours un ouvrage qui pût servir de guide aux voyageurs qui veulent connaître la France sous le rapport physique et pittoresque, et qui donnât aux personnes qui ne voyagent point, une idée claire et précise de ce que la nature a produit de plus curieux dans notre patrie.

Cet ouvrage, nous avons essayé de le

faire. Pour atteindre le double but que
nous nous proposions, il ne suffisait pas
de nommer les objets; il fallait encore les
faire connaître et les peindre. Dans cette
vue, nous avons consulté les ouvrages des
plus grands naturalistes, des voyageurs les
plus estimés et les plus dignes de foi. Souvent même ils nous ont fourni des descriptions dont nous avons cru devoir enrichir
le nôtre; mais toutes les fois qu'elles nous
ont paru moins intéressantes pour la forme
que pour le fond, nous nous sommes permis d'y faire tous les changemens nécessaires.

Comme notre travail est spécialement
destiné à cette classe de personnes que la
distraction des affaires détourne d'une
étude sérieuse et approfondie des sciences
physiques, nous avons eu soin, autant
qu'il était possible, de dégager notre ouvrage de toute expression, de tout détail
scientifique, de l'orner même quelquefois
de descriptions brillantes empruntées de
nos grands poëtes, et de ne présenter que
des particularités ou des tableaux qui pus-
sent tour à tour satisfaire la curiosité et

l'imagination des lecteurs. Nous espérons que les jeunes gens ne le liront pas sans fruit, et que cet aperçu partiel des beautés de la nature pourra même leur inspirer le goût de l'histoire naturelle, et éveiller de bonne heure le talent de ceux qui sont appelés à se distinguer.

Pour être encore utile aux personnes qui veulent étudier à fond les matières que notre but ne nous permet que d'effleurer, et pour guider celles qui désirent se former une bibliothèque physique de la France, nous avons joint à nos descriptions des notes bibliographiques où nous donnons les titres des ouvrages qui traitent des mêmes objets avec plus ou moins de détails, et qui, pour la plupart, nous ont fourni les matériaux de notre travail.

Voilà ce que nous avions à dire sur le but de cet ouvrage. Puisse-t-il plaire aux gens du monde, et leur donner de douces et pures jouissances ! puisse-t-il leur inspirer le désir d'aller quelquefois se reposer, au sein de la belle nature, des plaisirs fatigans et trop souvent funestes de la société !

MERVEILLES

ET

BEAUTÉS

DE LA NATURE EN FRANCE.

~~~~~~~~~~~~~~~~~~~~~~~~~~~~

PREMIÈRE SECTION.

DES CURIOSITÉS NATURELLES DE LA FRANCE EN GÉNÉRAL.

INTRODUCTION.

Si jamais spectacle fut fait pour parler au cœur de l'homme, c'est sans doute celui de la nature. Quoique tous ses ouvrages, depuis le plus grand quadrupède jusqu'au plus vil insecte, depuis l'arbre le plus élevé jusqu'au moindre brin d'herbe, méritent de notre part un tribut d'admiration ou de reconnaissance, il est cependant des choses qui semblent faites dans le dessein de nous arracher à l'indifférence que nous montrons pour tout ce qui est ordinaire et ce que nous

6

voyons tous les jours. La nature semble s'être réservé ces ressorts puissans pour agir avec une force irrésistible sur l'ame de l'homme, et l'élever à la connaissance de celui qui règle le cours des astres, comme il a ordonné et embelli le globe qui nous porte. Tels sont ces hautes montagnes, ces magnifiques vallées, ces grottes merveilleuses, ces pompeuses cascades, et tant d'autres objets dont l'aspect nous ravit et nous transporte hors de nous-même. Que l'on se garde bien de croire que la nature ait été, sous ce rapport, moins prodigue envers nous qu'envers les habitans des autres parties de la terre ! Nous osons nous flatter que la lecture de cet ouvrage, où sont rassemblés, comme dans une galerie de tableaux, toutes les beautés naturelles de la France, suffira pour détruire une aussi fausse opinion ; et ceux qui, non contens de nous lire, voudront examiner par eux-mêmes les merveilles dont nous avons tâché de leur donner une idée, seront convaincus, plus encore que par notre ouvrage, que la France ne fut pas moins favorisée que les pays les plus fortunés de la terre.

Mais si la nature est admirable aux simples regards de l'homme le moins instruit, combien le paraît-elle encore plus lorsque nous l'observons, guidés par le flambeau des sciences physiques, et que nous suivons pas à pas les traces qu'elle a laissées de ses opérations, comme autant de monumens dispersés sur le globe! Une grande partie de ces opérations se dérobe aux faibles yeux de l'homme; mais un grand nombre aussi ne se cachent qu'aux regards du vulgaire. C'est aux savans qui ont consacré leur vie à les étudier, qu'est réservé le plaisir de les connaître. Que ne devons-nous pas au dévouement de ces hommes laborieux qui ont contribué de toutes leurs facultés, de tout leur génie, à nous découvrir ces grands et continuels mouvemens de la nature qui contrastent d'une manière si frappante avec l'état de repos dans lequel elle paraît fixée, à la vue bornée de l'homme que l'étude des sciences n'a point éclairé? Que saurions-nous, sans eux, des révolutions générales que l'air, l'eau et le feu ont produites alternativement sur ce globe? Mille découvertes, toutes plus belles les unes que les autres, ont été le résultat de leurs profondes recherches. Le but de cet ouvrage ne nous a permis que d'en faire connaître la partie la plus générale et la plus brillante.

La terre elle-même, aussi bien que tous

les objets qui existent sur sa surface, est soumise à des changemens continuels et aux vicissitudes du temps : elle n'est plus telle qu'elle était autrefois, et un jour elle ne sera plus ce qu'elle est maintenant. L'histoire ne nous apprend presque rien des bouleverse-mens qu'elle a éprouvés depuis le moment de sa création jusqu'à nos jours ; mais, comme dit bien l'historien de l'Académie, des vestiges, très-anciens et en très-grand nombre, d'inondations qui ont dû être fort étendues, prouvent assez qu'il est arrivé à la surface de la terre de grandes révolutions. Autant qu'on a pu creuser, on n'a presque vu que des ruines, des débris, de vastes dé-combres entassés pêle-mêle, et qui, par une longue suite de siècles, se sont incor-porés ensemble, unis en une seule masse, le plus qu'il a été possible. S'il y a dans le globe quelque espèce d'organisation régu-lière, elle est plus profonde, et par consé-quent nous sera toujours inconnue; et toutes nos recherches se termineront à fouiller dans les ruines de la croûte extérieure.

Quelles sont donc les causes qui ont pu produire des effets si violens sur le globe que nous habitons? De combien de siècles sont-ils l'ouvrage? C'est ce que nous avouons ignorer complètement, et ce que nous regardons comme un problème à jamais insoluble à l'intelligence de l'homme. Quelques efforts qu'il fasse pour percer les ténèbres des premiers âges du monde, il n'obtiendra jamais, pour fruit de ses recherches, que des hypothèses. On ne peut se mettre assez en garde contre une manie particulière à ce siècle de lumières, celle de suppléer par des systèmes aux preuves physiques qui nous manquent. L'homme n'a pas été doué d'un entendement assez étendu pour concevoir les desseins de celui qui d'une seule parole a créé les mondes, et qui d'une seule parole peut les faire rentrer dans le néant ; et c'est assimiler le créateur à la créature, que de circonscrire ses opérations dans le cercle étroit de nos idées. Nous aurons donc toujours soin, dans le cours de cet ouvrage, de séparer les faits d'avec les systèmes. Seulement, dans les cas où il est permis de juger par analogie, nous ferons connaître les opinions des plus célèbres naturalistes, sans cependant les donner pour autre chose que pour des conjectures ou des probabilités. Cette observation, que nous rappellerons encore plusieurs fois, nous a paru d'autant plus importante, que les plus grands savans de ·

notre siècle et du siècle précédent, à commencer par Buffon, justement appelé le Pline
français, se sont égarés en voulant guider
les autres dans le labyrinthe des connaissances
physiques et géologiques.

Examinons maintenant quels sont ces
monumens des révolutions, produites anciennement sur le globe par le choc des élémens, dont nous venons de parler.

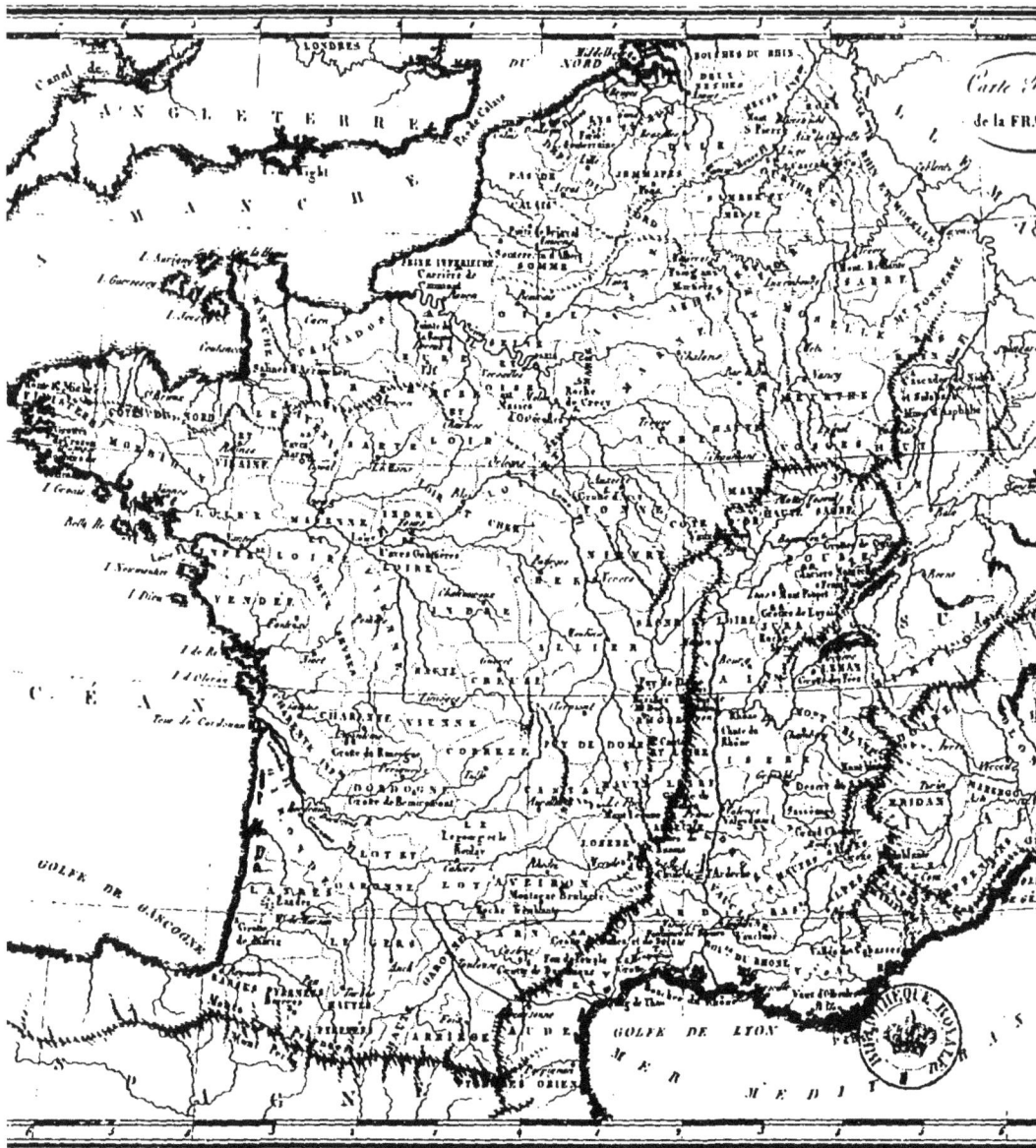

CHAPITRE PREMIER.

Des Révolutions physiques arrivées au sol de la France.

On sent bien qu'il n'est pas question ici de ces changemens partiels que nous voyons s'opérer journellement sous nos yeux. Nous voulons considérer ces altérations générales qui ont réduit la terre à ce qu'elle est maintenant, et qui ont laissé des traces visibles, comme autant de témoins irrécusables que nous pouvons interroger avec confiance.

Il y a deux siècles qu'on n'aurait pas soupçonné que le sol que nous habitons ait pu être couvert autrefois par les eaux de la mer, et couvrir à son tour des feux souterrains : voilà cependant, en peu de mots, l'histoire de notre pays, comme de la plus grande partie de la terre, sinon de la terre entière. En renvoyant l'examen des traces qu'a laissées le feu volcanique, au chapitre suivant, nous considérons dans celui-ci les preuves que nous avons de l'inondation générale qui a couvert cette partie de

l'Europe, que nous voyons si fertile aujour-
d'hui, et qui fait l'objet de notre attention.

Vers la fin du seizième siècle, un simple
potier, nommé Palissy, étonné de trouver,
en creusant dans différens endroits de la
terre, des masses de coquilles et de corps
marins de toute espèce, parvint à présumer
que ces productions ne pouvant être apportées que par les eaux de la mer, pourraient
bien annoncer l'existence de la mer sur les
terres aujourd'hui habitables. On le traita
d'abord de visionnaire, et ce ne fut qu'un
siècle après, que les naturalistes, frappés de
l'évidence d'un fait aussi simple, se rangè-
rent du côté de Palissy, et adoptèrent en général son opinion. Depuis ce temps, les
preuves s'en sont tellement multipliées,
qu'il y aurait plus que de l'opiniâtreté à vouloir en douter aujourd'hui.

SUR LES COQUILLAGES EN FRANCE.

« J'ai souvent examiné, dit M. de Buffon (1), des carrières du haut en bas, dont

---

(1) *Hist. nat.*, tome I, édit. in-4º. Preuves de
la théorie de la terre. Voyez aussi :

L'Histoire du monde primitif, par M. Delille
de Sales ;

les bancs étaient remplis de coquilles. J'ai vu des collines entières qui en sont composées, des chaînes de rochers qui en contiennent une grande quantité dans toute leur étendue. Le volume de ces productions de la mer est étonnant ; et le nombre des dépouilles de ces animaux marins est si prodigieux, qu'il n'est guère possible d'imaginer qu'il puisse y en avoir davantage dans la mer. C'est en considérant cette multitude innombrable de coquilles et d'autres productions marines, qu'on ne peut pas douter que notre terre n'ait été, pendant un très-long temps, un fond de mer peuplé d'autant de coquillages que l'est actuellement l'Océan. La quantité en est immense, et naturellement on n'imaginerait pas qu'il y eût dans la mer une multitude aussi grande de ces animaux : ce n'est que par celle des coquilles fossiles et pétrifiées qu'on trouve sur

---

L'*Histoire naturelle éclaircie dans une de ses parties principales, l'oryctologie*, par Dargenville. Paris, 1755, in-4°. ;

Géographie mathématique, physique et politique de toutes les parties du monde, publiée par Mentelle et Malte-Brun, 16 vol. in-8°. Paris, 1805.

la terre, que nous pouvons en avoir une idée (1). En effet, il ne faut pas croire, comme se l'imaginent tous les gens qui veulent raisonner sur cela, sans avoir rien vu, qu'on ne trouve ces coquilles que par hasard, qu'elles sont dispersées çà et là, ou tout au plus par petits tas, comme des coquilles

----

(1) Pour être moins étonné d'une si prodigieuse quantité de coquilles, il faut que l'on sache que les coquillages se multiplient prodigieusement et croissent en fort peu de temps. Un naturaliste a compté dans l'ovaire d'un coquillage 1,728,000 œufs. On a un exemple de cette grande multiplication dans les huîtres : on enlève quelquefois dans un seul jour un volume de ces coquillages de plusieurs toises de grosseur : on diminue considérablement en assez peu de temps les rochers auxquels elles sont attachées; cependant l'année suivante, on en retrouve autant qu'il y en avait auparavant. D'un autre côté, il faut considérer que les coquilles sont d'une substance analogue à la pierre; qu'elles se conservent très-long-temps dans les matières molles; qu'elles se pétrifient aisément dans les matières dures, et que ces productions marines et ces coquilles que nous trouvons sur la terre, étant les dépouilles de plusieurs siècles, elles ont dû former un volume très-considérable.

d'huîtres jetées à la porte (1). C'est par montagnes qu'on les trouve ; c'est par bancs de
cent et de deux cents lieues de longueur ;
c'est par collines et par provinces qu'il faut
les toiser, souvent dans une épaisseur de
cinquante à soixante pieds, et c'est d'après
ces faits qu'il faut raisonner. »

Nous allons donc maintenant parcourir
rapidement les différentes provinces de la
France, et chercher dans chacune des preuves
matérielles à l'appui de l'opinion que nous
avançons. Nous avertissons nos lecteurs
que , ne pouvant entrer dans tous les détails
qu'exigerait cette matière , nous sommes
obligés de supposer, comme généralement
connus, les noms des principales classes de
coquilles, tels que bélemnites , ammonites,
buccins , madrépores , vis , sabots , glossopètres...... et tant d'autres qui diffèrent

(1) Ce fut l'objection que fit, contre les plus
savans naturalistes et contre l'évidence même ,
M. de Voltaire , ce grand écrivain , qui souvent
ne réussissait que trop bien à tourner en ridicule
ce qui ne cadrait pas avec son opinion particulière. Voyez ses *Questions encyclopédiques*, et
l'*Histoire du monde primitif*, par M. Delille
de Sales.

toutes par leur forme et leur couleur. La simple inspection d'un tableau d'histoire naturelle suffira d'ailleurs à graver dans la mémoire toutes ces dénominations.

En commençant par la capitale de la France, on trouve que les environs de Paris sont remplis de coquillages fossiles ; toutes les carrières en abondent ; les pierres employées à la construction des maisons à Paris en sont pleines. Paris en renferme même dans son enceinte, surtout dans le faubourg Saint-Germain, où l'on a découvert dans les fouilles des puits toutes sortes de coquilles , la plupart mutilées ou brisées. A Bicêtre , aux environs des villages de Vaugirard, Issy, Saint-Maur, Vincennes, Belleville, Passy, Sèvres , on trouve les mêmes fossiles. Les eaux minérales de Passy donnent dans leurs terres sablonneuses encore des pierres tendres , représentant les feuilles de plantes inconnues et mêlées de petites coquilles nacrées. Quelques-unes sont colorées et parfaitement conservées. Au village de Gacourt, près Luzarche, à six lieues de Paris, on trouve des pierres très-dures, pleines de buccins : d'autres offrent les empreintes ou les noyaux de peignes et de boucardes. Dans les carrières de Saint-Leu, près de Chantilly, les ierres tendres sont remplies de moules, de peignes, de boucardes et autres fossiles. A Herse, à deux lieues de Dreux, il y a une montagne où l'on trouve un grand nombre de coquillages, mais très-peu d'entiers. Dans les montagnes des environs de Chaumont, les amateurs vont chercher toutes sortes de fossiles très-bien conservés, des oursins faits en cœur, des cames fort épaisses et des cornes-d'ammon. A Mary, village à deux lieues de Meaux, ce sont de gros morceaux de millepores et des gâteaux d'insectes larges comme la main et d'un joli travail : il y a aussi du corail fossile, des œillets de mer, des champignons de mer très-évasés, des dentales et des vermisseaux. Sur les coteaux du village de Lisy, on voit de gros blocs de grès pleins de coquillages saillans : quand les pluies ont détaché les sablons de ces lits de grès, ils restent suspendus, et forment par-dessous des rocailles très-amusantes pour les naturalistes. On y voit beaucoup de buccins, de cames, des moules, huîtres et pétoncles.

PICARDIE.

Sur le chemin qui conduit du bourg de Blerencourt à Compiègne, il se voit un grand

amas de coquilles, surtout dans la carrière
nommée *Blin*. Il n'y a pas une pierre de nature poreuse qui ne soit remplie de vis et de
buccins. Entre Noyon et Concy, sous les
montagnes et la carrière de Blerencourt, on
ne voit que des fossiles de toute espèce, tels
que cames, oursins, sabots bivalves, turbinites et buccins, dont plusieurs ont conservé la nacre dont ils sont naturellement
couverts. Les pierres dont la ville de Laon
est bâtie, sont pleines d'huîtres. Les environs de Soissons fournissent des glossopètres, des huîtres, des pierres figurées,
des os de poissons pétrifiés et du bois fossile. Il en est de même de la ville de Boulogne et de Beauvais.

NORMANDIE.

Les carrières de la montagne Sainte-Ca-
therine, aux portes de Rouen, sont remplies de cornes-d'ammon, de pétoncles, de
cames, de poulettes, de grands nautiles et
d'oursins ; on y a trouvé aussi des poissons
pétrifiés. Vers le cap de Caux, à un quart
de lieue de la ville, le long du rivage de
la mer, on trouve un banc de pierres d'environ 800 toises de long, où sont des huîtres, des arches-de-noé, des boucardes, des
cames,

cames, des nérites, des moules, des cornes d'ammon, des sabots, des champignons de mer... Les falaises d'Orival donnent des bivalves, des peignes, des huîtres à bec recourbé, à cent pieds au-dessus du niveau de la rivière. Proche la ville de Fécamp, il y a une carrière remplie de coquillages pétrifiés de toute espèce. Il en est de même des falaises de Dieppe et d'Honfleur, des carrières de Ranville, sur le chemin de Caen, des environs de Séez, d'Alençon et d'Aigle. Entre les villages de Meslereau et Echaufour, la terre est abondante en huîtres, en pierres formées de débris de coquilles, principalement de boucardes et autres fossiles. Dans les environs du bourg de Passy, à quatre lieues d'Evreux, la plaine et les montagnes offrent des oursins et des fossiles de tout genre.

BRETAGNE.

Dans le faubourg de la ville de Rennes, on trouve des amas de sable que la mer a déposés, et qui ne sont autre chose que des débris de coquilles. Aux environs de Château-Briant, à dix lieues de Nantes, les plus beaux fossiles se découvrent de toutes parts. A quelque distance de Dinan, on voit nombre

B

de coquilles entières, surtout des cames , des cœurs, des tellines, des peignes, du corail blanc, des madrépores et des dents de poissons. Les pierres de Besso, à deux lieues de Dinan , sont pleines de cames et de peignes.

Aux environs de Nogent-le-Rotrou , les montagnes sont remplies de fossiles, entre autres de nautiles entiers, de cornes-d'ammon, d'huîtres adhérentes au rocher, d'oursins de la mer rouge, de vermisseaux, et autres petits coquillages qui s'attachent à la surface des pierres et y forment un réseau. Entre le Mans et Ecosmois, près du village de Marcennes, le naturaliste observe quantité de fossiles, tels que des peignes, des huîtres, des poulettes très-petites et des bélemnites amassées dans des rochers où elles paraissent à moitié brisées.

ANJOU, TOURAINE, etc.

Dans les environs de Doué, à quatre lieues de Saumur, on voit des vertèbres pétrifiées de quelques poissons, des dents pétrifiées de l'hippopotame, des glossopètres de différente grandeur, des oursins plats marqués d'une étoile à cinq branches; et de très-beaux peignes, larges comme des assiettes, avec de grandes oreilles. Les glossopètres et les huîtres à râteau recourbé s'y trouvent en abondance. A Genevraye, entre Saumur et Angers, à une lieue de la Loire, on trouve dans des carrières de tuffeau des huîtres appelées gryphites. Dans un autre village nommé Pont, à trois lieues d'Angers, et à Martigné-Briand, à six lieues de cette ville, on découvre beaucoup de fossiles et d'os d'animaux pétrifiés. C'est en Touraine que l'on observe cette fameuse masse de 130,680,000 toises cubiques, enfouie sous terre, que Réaumur a fait connaître le premier, et dans laquelle il n'a trouvé qu'un amas de coquilles ou de fragmens de coquilles, sans aucun mélange de matière étrangère. Jamais, jusqu'à présent, dit Buffon à ce sujet, elles n'ont paru en cette énorme quantité, et jamais, quoiqu'en une quantité beaucoup moindre, elles n'ont paru sans mélange. Les paysans de ce canton se servent de ces coquilles, qu'ils tirent de terre, pour fertiliser leurs campagnes. Toute cette matière s'appelle dans le pays du *falun*. Le canton qui en fournit, en quelque endroit qu'on le fouille, a bien neuf lieues carrées de surface. Comme on n'a jamais percé la matière de falun au-delà de vingt pieds, il se peut que l'amas de coquilles soit beaucoup plus profond encore qu'on ne le croit. Dans les faits de physique, les petites circonstances que la plupart des gens ne s'aviseraient pas de remarquer, tirent quelquefois à conséquence, et donnent des lumières. Réaumur a observé que tous les fragmens de coquilles sont, dans leurs tas, posées sur le plat et horizontalement; de là il a conclu que cette infinité de fragmens ne sont pas venus de ce que les supérieures auraient par leur poids brisé les inférieures; car de cette manière il se serait fait des écroulemens qui auraient donné aux fragmens une infinité de positions différentes. Il faut que la mer ait apporté dans ce lieu-là toutes ces coquilles, soit entières, soit quelques-unes déjà brisées ; et comme elles étaient posées sur le plat et horizontalement, après qu'elles ont été toutes apportées au dépôt commun, le temps aura brisé et presque calciné la plus grande partie, sans déranger leur position. Il paraît assez par-là qu'elles n'ont pu être amassées que successivement. Et, en effet, comment la mer voiturerait-elle à la fois une si prodigieuse quantité de coquilles, et toutes dans une position horizontale? Elles ont dû s'assembler dans un même lieu, et par conséquent ce lieu a été le fond d'un golfe ou d'une espèce de bassin. Toutes ces réflexions prouvent que quoiqu'il ait dû rester et qu'il reste effectivement sur la terre beaucoup de vestiges du déluge universel, rapporté par l'Ecriture sainte, ce n'est point ce déluge qui a produit l'amas des coquilles de Touraine. Peut-être n'y en a-t-il d'aussi grands amas dans aucun fond de la mer; mais enfin le déluge ne les en aurait pas arrachées, et s'il l'avait fait, ç'aurait été avec une impétuosité et une violence qui n'auraient pas permis à toutes ces coquilles d'avoir une même position : elles ont dû être apportées et déposées doucement, lentement, et par conséquent en un temps beaucoup plus long qu'une année. Il faut donc qu'avant ou après le déluge la surface de la terre ait été, du moins en quelques endroits, bien différemment disposée de ce qu'elle est aujourd'hui; que les mers et les continens y aient eu un autre arrangement, et qu'enfin il y ait eu un grand golfe au milieu de la Touraine. Les changemens qui nous sont connus depuis le temps des histoires ou des fables qui ont quelque chose d'historique, sont à la vérité peu considérables ; mais ils nous donnent lieu d'imaginer aisément ceux que des temps

3

plus longs pourraient amener. A Luisant, auprès d'Amboise, ce sont les mêmes coquilles
que dans les falunières de la Touraine. Les
carrières de Saint-Symphorien, faubourg de
Tours , celles de Grammont, de Saint-Cyr
et de Saint-Avertin, dans le même canton ,
renferment une grande multitude de fragmens blancs de petits coraux de figure différente. On trouve de pareils coraux dans le
village de Saint-Pater, à cinq lieues de Tours.
Les plaines de la Touraine sont remplies de
gros champignons ou fongites ; les oursins
de différente espèce sont très-abondans dans
les carrières. Celles de la Roche-Courbon , à
une lieue de Tours, présentent encore des
moules, des vis, des sabots , quantité d'huîtres assez grandes , ainsi que des os et fragmens de poissons. Dans les carrières de Gi-
donière , on a vu des ossemens semblables à
ceux de l'homme ; celles de Blançay,à quatre
lieues de Tours, donnent des ossemens et
des vertèbres de poissons. Dans la plaine
d'Etampes , on voit des gazons de terre remplis de tellines, de cames, de peignes et de
pierres numismales : ce sont quelquefois
des cornes-d'ammon, des nautiles , des huîtres, peignes, gryphites, poulettes, pelures-
d'ognon et autres fragmens de coquilles.

A cinq lieues de Blois, sur un coteau appelé le Champ-des-Vignes, les fossiles sont très-distingués par leur genre, leur figure et leur couleur. Il y a aux environs de la ville de Vendôme beaucoup de fossiles sur la superficie des terres labourables, dans un terrain que les eaux ont formé, par succession des temps, près du village de Saint-Lubin ; les oursins, les cames, les huîtres, les boucardes se trouvent dans des cailloux très-durs; les carrières mêmes de Vendôme offrent les mêmes objets, mais renfermés dans des pierres molles.

Près de la ville de Château-Roux, on trouve plusieurs coquillages fossiles, entre autres des boucardes et des pierres limoneuses arborisées. A cinq cents pas de Bourges, les carrières abondent en buccins, cornes-d'ammon, turbinites et pierres figurées. Dans le torrent et la montagne dite des Préaux, on découvre des bélemnites, des cornes-d'ammon, des peignes, des cames, des gryphites, pyrites et autres fossiles.

POITOU.

Rien n'est si commun dans ce pays, principalement dans le haut Poitou, que des terres pleines de coquillages fossiles brisés, dont on se sert pour l'engrais des terres. Près de Lusignan, il se trouve beaucoup de gryphites, de moules, de bélemnites et d'oursins faits en cœur. Les mêmes fossiles existent dans les environs de Luçon, de Niort et de Saint-Maixant. Les carrières de la Selle, à deux lieues de Niort, sont remplies de belles pétrifications.

Le village de Clavette, à deux lieues de la Rochelle, est très-abondant en fossiles; ce sont des cames, peignes, buccins, rochers, tellines, nérites, limaçons de toute espèce, cœurs-de-bœuf, huîtres à bec, hérissées ou à pointes, cornes-d'ammon, oursins, tant de nos côtes que de la mer rouge; poulettes, moules et pinnes marines. Le village de Saint-Rogatien est presque aussi riche en pétrifications que Clavette. Il en est de même de tous les endroits aux environs de la Rochelle. Dans les marais salans de Marennes, vers l'île d'Oléron, on trouve des dents pétrifiées d'hippopotame; et à Saint-Georges, à une lieue de Saintes, des huîtres, dont les bords sont dentelés.

GUIENNE et GASCOGNE.

Dans les rochers du Périgord, on voit des fossiles d'huîtres, de buccins, de vis, de limaçons et autres coquillages; et dans le village de Naffiac, à sept lieues de la mer, les pierres renferment une quantité de fossiles et de fragmens de coquilles marines.

Les landes et toute la côte de la mer, depuis Bordeaux jusqu'à Saint-Jean-de-Luz, fournissent diverses espèces de productions marines pétrifiées.

LANGUEDOC.

A une lieue de Montpellier, près de Castelnou, on voit des pierres ramifiées, ainsi que différens fossiles et ossemens; et entre Béziers et Pézenas, beaucoup d'huîtres pétrifiées. Près du village de Saint-Jean-de-Védas, la roche est toute remplie de madrépores, de coralloïdes, de rétépores et de cancres pétrifiés. Sur le sommet du Montedun, auprès d'Alais, les curieux trouveront des huîtres, des nautiles, des cœurs-de-bœuf et des oursins d'une grandeur considérable. Dans les carrières et les rochers de la ville de Sauve, à sept lieues de Nîmes, on trouve des fossiles et des glossopètres très-grands. Les peignes et les bélemnites sont très-communs dans le chemin de Villefort à Mande. Les carrières des environs de Beaucaire fournissent beaucoup de fossiles, tels que des cames, des peignes, des oursins et quelquefois des glands de mer.

PROVENCE.

LES pierres tirées des carrières d'Aix sont toutes remplies d'huîtres allongées, de peignes et de limaçons. Des glossopètres assez grosses se voient à Pertuis. Vauvenargue fournit abondamment des cornes-d'ammon, et beaucoup de grosses et longues bélemnites. A trois lieues de Grasse, il y a un rocher tout couvert de boucardes, de peignes fossiles liés ensemble, et d'autres coquillages qui y forment un banc très-épais. Le village de Vaugine, près d'Apt, est bâti sur un rocher tout rempli de glossopètres, de pétoncles, de pelures-d'ognon et de grandes huîtres singulières. La montagne près d'Istres est aussi couverte de peignes et autres fossiles. Les astroïtes et les peignes striés, les cornes-d'ammon, les bélemnites et les pyrites se découvrent en grand nombre sur la montagne de Saint-Vincent. Les ostracites et les échinites se trouvent en grande quantité aux environs de Marseille. Les cornes-d'ammon sont communes dans les montagnes dépendantes de celles de la Sainte-Baume.

LYONNAIS, AUVERGNE...

LES carrières du village de Saint-Cyr, situées au pied du Mont-d'Or, sont pleines de coquillages pétrifiés de toute espèce, particulièrement de bélemnites et de cornes-d'ammon. Les poulettes sont très-communes dans les montagnes du Bugey. Les fossiles abondent dans les montagnes de Saint-Bonnet, à cinq lieues de Lyon. Entre les villes de la Charité et de Cône, les pierres sont toutes formées de fragmens de coquilles. A deux lieues de Doncy, on rencontre des cornes-d'ammon ramifiées. Les bélemnites creuses ne sont pas rares sur les bords de l'Allier, vers le chemin qui conduit à Saint-Pierre-le-Moutier. Au Val de Bargis, à six lieues de Nevers, les coquillages fossiles, tels que les oursins, les boucardes, les peignes, se trouvent en abondance. Il faut remarquer cependant que l'Auvergne est le pays de la France où il se trouve le moins de productions marines ; ce qui fait présumer que le séjour de la mer y a été moins long que dans les autres parties de la France.

BOURGOGNE.

LES carrières de Dijon, de Plombières, de Mémont et de Vitteaux, fournissent beaucoup de coquilles pétrifiées, telles que des cœurs-de-bœuf, des astroïtes, des cornes-d'ammon, du corail fossile, des huîtres, des fragmens de plusieurs coquilles et autres pétrifications. Les fossiles sont très-communs aux environs de Semur, de Montbart, de Saulieu, de Sainte-Reine et d'Epoisses; les principaux sont des cornes-d'ammon monstrueuses , des gryphites , des hélemnites , des huîtres, des peignes , des boucardes , des astériques.

LA CHAMPAGNE.

C'est peut-être de toutes les parties de la France la plus abondante en coquillages ; partout son sol marneux est rempli de productions marines de toute espèce. Les environs de Rheims et de Courtagnon entr'autres en fournissent une quantité innombrable. Dans le seul coteau situé à Courtagnon , on voit plus de soixante espèces de coquillages. Quelques-uns ont conservé leur poli et leur couleur; mais ils ne sont point pétrifiés. Les carrières de Mareuil, d'Ay, de Disy, d'Épernay et de Chevillon , le long de la Marne; les environs de Rethel , de Cumières , de Fimes , de Champillon , de Mézières ; les montagnes et les rochers de la forêt des Ardennes en sont également pourvus.

LORRAINE.

A trois lieues de Nancy , on découvre sur

le coteau de l'Avant-garde, auprès du village de Pompey, des dendrites, des cornes-d'ammon cristallisées, des peignes, des oursins et des hérons. En suivant la rivière jusqu'à Pont-à-Mousson, dans les lieux dits Champigneul, Bouxières, Clevant, Castine, Milery, Autreville, il y a des pectinites, des poulettes, des cames, huîtres, moules, entroques, gryphites, bélemnites et boucardes. On en trouve une quantité à Noroy, Châtenoy, Bocarville, Crevy et Harrancourt. Les carrières du mont Sainte-Marie, sur le chemin qui va à Verdun, fournissent, parmi beaucoup d'autres fossiles, des crabes, des pierres spongieuses, des champignons, des oursins en cœur et des moules. Aux environs de Toul, on trouve de grandes nacres de perle, des pectinites, des épines de poissons, des os pétrifiés ; des bélemnites et autres fossiles. Dans les environs de la ville de Dun, rien n'est plus commun. Ramberviller est plus riche que ses environs ; outre les cornes-d'ammon, les pectinites, les poulettes, les huîtres, il possède encore des entroques, des buccins, des moules retortes et des cames. Tous les villages entre Ramberviller et Epinal fournissent à peu près les mêmes productions. A Thimonville, sur le chemin de Stras-

bourg, on voit de grands peignes, des gazons remplis de petits peignes, de poulettes,
beaucoup de buccins et de gryphites.

FRANCHE-COMTÉ.

Les madrépores, les champignons et les
tubulaires imitant les rayons de miel, se
trouvent entre Lons-le-Saunier et Poligny.
Des dendrophores, qui ont l'empreinte de
feuilles d'arbres et de mousses marines, se
découvrent à Salières. Rien n'est si commun
que les nautiles de toute grandeur à Salins,
et depuis Arbois jusqu'à Domblans, à Poligny et dans toutes les carrières, à Moutier,
Loz, Ville-Flans et Pouilley. Les bélemnites
se trouvent sur toutes les collines, particulièrement dans les marnes bleuâtres et les
terres feuilletées. Elles tiennent dans l'intérieur des pierres comme des chevilles ou des
clous qu'on y aurait enfoncés. Tous les environs de Besançon en sont remplis, ainsi que
de dactyles, de sabots, de pourpres, de poulettes et de limaçons de toute espèce. Les poulettes sont très-communes partout, principalement à Salins, Lons-le-Saunier, Poligny,
Moutier, Arbois, Guy, Pontarlier. Les
boucardes se trouvent seulement près de Besançon, à Burilly et à Miery ; les peignes

de différente figure, sur les montagnes voisines de Besançon. Il y a des montagnes dont les carrières ne semblent composées que de détrimens de coquilles ; on en voit de semblables vis-à-vis le Poupet, à Mirebelle et à Chatelu.

DAUPHINÉ.

La montagne de Saint-Just est la plus riche en coquillages : elle renferme une série étonnante d'échinites et oursins pétrifiés en forme de disque. On y remarque le spalangue (pas de poulain), dont l'analogue, à peu près papiracé, ne se trouve vivant que dans la mer Adriatique ; le pleurocyste, à grands mamelons, de la mer rouge ; le catocyste ou turban ; le *placenta*, particulier au banc de Terre-Neuve ; le grand pivois, commun à l'Océan et à la Méditerranée. Parmi les fossiles que fournit cette montagne, on observe plusieurs variétés de balanites ou glands de mer : par exemple, l'espèce monstrueuse qu'on ne voit vivante qu'aux Antilles ; le bélemnite furéiforme, qui ne s'était encore rencontré que sur les montagnes de la Suisse ; celle qui, étant creusée dans toute sa longueur, et remplie d'un noyau peut-être étranger, qu'elle enveloppe intimement, est

unique dans son genre. La montagne de
Saint-Just offre encore un fossile remarquable par sa forme, son espèce et ses accidens.
La nature n'a pas encore présenté aucun in-
dividu de ce genre (1). Ce fossile, composé de
plusieurs tubes creux et parallèles, d'une pièce
chacun, en forme d'entonnoir, paraît servir,
dans la nature, de chaînon pour joindre les
coquilles aux madrépores, parmi lesquels
il doit être rangé dans la famille des *fungi*.
Les autres montagnes de ce canton offrent des
ammonites de toute grandeur, des fragmens
d'os de grands poissons et de quadrupèdes,
des odontopètres. Les environs de Saint-Paul-
Trois-Châteaux renferment une multitude
étonnante de corps marins pétrifiés, dignes
de l'attention du naturaliste. La colline sur
laquelle est bâti le village de Clansaye, contient un amas de limaçons à bouche ovale,
des vis, de petites cornes-d'ammon. Une
autre colline voisine de la précédente contient une grande quantité de bélemnites, couleur de corne et demi-transparentes, dont quelques-unes sont terminées par deux pointes.

---

(1) Voyez la description de ce fossile dans les
*Observations sur la situation du département de
la Drôme*, par M. Collin, Paris, an 9.

La montagne de Châtillon, au pied de laquelle est la ville de Saint-Paul-Trois-Châteaux, fournit diverses espèces de pétrifications, parmi lesquelles on distingue quelques variétés d'oursins turbans et d'oursins boucliers, étrangers à la mer Méditerranée. De gros noyaux de cornes-d'ammon et de nautiles chambrés y sont incrustés dans le grès. On y voit aussi beaucoup de fragmens d'ossemens pétrifiés, mais peu conservés. On a trouvé des troncs de mélèze, de bouleau et de tremble fossiles sur les montagnes de Laus, au niveau de la région des glaces, et à sept cent soixante mètres au-dessus des bois actuels (1).

L'ALSACE.

Elle ne fournit pas de coquillages en comparaison des autres parties de la France. Cependant les fragmens de cornes-d'ammon sont communs près de Barr. Le territoire de Bouxviller fournit des moules de coquilles et des vestiges de cornes-d'ammon rayées, et d'autres de couleur rouge.

---

(1) *Mémoire des bois fossiles*, par M. Villars, dans le cinquième volume des *Mémoires de l'Institut.*, sciences mathém. et physiq.

BELGIQUE.

Dans la forêt des Ardennes, il y a des fossiles de tout genre, très-singuliers pour la couleur et pour la forme. Les carrières de la montagne de Saint - Pierre à Maëstricht, celles de Maelsbroek et des environs de Bruxelles sont remplies de coquillages et d'os pétrifiés. Dans les premières on a trouvé de grandes tortues marines, ou plutôt les écailles qui les ont recouvertes ; des dents de squales et de requins, et même une tête de crocodile. Les carrières de Bruyelle, près de Tournay, renferment des glossopètres, des moules de cames, des boucardes et des peignes. Dans le territoire de Dunkerque, au haut de la montagne nommée des Récollets, près celle de Cassel, à quatre cents pieds au-dessus du niveau de la basse mer, on trouve un lit de coquillages placés horizontalement, et entassés si fortement, que la plus grande partie en sont brisés. Ces coquilles sont de la même espèce que celles qu'on trouve actuellement dans la mer.

Dans les sablons d'Anvers, on trouve quelques glands de mer attachés à des fragmens de coquilles. La plaine entre Anvers

t Villeneuve est toute remplie de fragmens
le belles cames, et entre Lardi et Anvers est
une couche de marne qui n'est composée que
le coquilles brisées, telles que moules,
grosses vis, limaçons, huîtres à bec et buccins.

Ce n'est donc pas seulement dans les profondeurs de la terre, mais aussi sur les hauteurs, que se trouvent, pour nous servir de
l'expression d'un auteur moderne, ces mé-
dailles authentiques, qui attestent l'ancien
séjour de l'Océan au-dessus de leur cime.
M. Ramond assure qu'on a trouvé des ammonites dans les Pyrénées, au haut du
Marbré et à la Brêche-de-Roland, endroits
très-élevés dans ces montagnes; et un naturaliste de Genève a découvert des huîtres
pétrifiées aux environs de Sallenche, à une
hauteur de sept mille trente-deux pieds au-
dessus de la surface actuelle de l'Océan, et
une empreinte d'une corne-d'ammon à une
élévation de sept mille huit cent quarante-
quatre pieds. .

Nous terminons ici cette nomenclature
des lieux de la France qui renferment des
productions marines; nous ne sommes entrés dans tous ces détails que pour mettre
tous nos lecteurs à portée de se convaincre

par leurs propres yeux de la vérité d'un fait
aussi intéressant que celui de l'ancien séjour de la mer sur le pays que nous habitons. Les preuves que nous en avons citées
sont, comme on le voit, très-multipliées,
et il nous aurait été facile d'en ajouter encore un grand nombre d'autres. Mais ce que
nous avons dit suffit pour donner une idée
de la première des grandes révolutions qui
ont dû anciennement bouleverser le globe.
En vouloir approfondir les causes, serait absolument inutile. « Ce n'est que d'hier, a
dit un grand naturaliste, que nous rassem-
blons un petit nombre de faits épars parmi
les ruines des âges primitifs ; nous connais-
sons encore trop peu les effets, pour nous
flatter de raisonner avec quelque vraisemblance sur les premières causes. »

Il est donc d'abord constaté que les eaux
de la mer ont couvert autrefois toutes les
parties de la France, même les montagnes
les plus élevées. La mer s'est retirée ensuite,
et a formé ainsi le pays que nous habitons
aujourd'hui. Nous disons que la mer a *formé*
la France. On sent que les côtes ont dû va-
rier dans des différens âges, et s'agrandir toujours aux dépens des eaux de la mer. Nous
ignorons, et nous ignorerons toujours le

temps qui s'est écoulé depuis que la mer couvrait le centre et les plus hautes montagnes de la France, jusqu'à l'époque qu'elle lui a assigné les limites que nous lui voyons aujourd'hui. Tout ce qu'il y a de certain, c'est que les opérations des eaux de la mer sont très-lentes et presque imperceptibles à nos yeux. Cependant elles n'ont pas échappé tout-à-fait aux observations des naturalistes : ceux-ci sont parvenus à connaître les changemens qu'ont éprouvés, par la retraite successive de la mer, les côtes maritimes de la France, et ils ont rassemblé, à cet égard, une série de faits qu'il est important de connaître, et que nous allons présenter ici réunis sous un même point de vue.

Quand on jette un coup d'œil sur les amas d'huîtres et d'autres coquilles fossiles qui se trouvent dans une partie de la Bretagne, de la Picardie, de la Flandre et de la Basse-Normandie, et qui sont dans le même état que celles qu'on tire aujourd'hui de la mer qui baigne leurs côtes, on ne peut plus douter que ces pays n'aient été abandonnés par la mer assez récemment. D'ailleurs, on a d'autres preuves très-visibles que la mer se retire encore de ces pays-là. Les côtes de Dunkerque se sont agrandies depuis l'espace

d'un siècle; car lorsque l'on construisit les jetées du port de cette ville en 1670, le fort
de Bonne-Espérance, qui terminait une de
ces jetées, fut bâti sur pilotis, bien au-delà
de la laisse de la basse mer; actuellement la
plage s'est avancée au-delà de ce fort de près
de trois cents toises. En 1714, lorsqu'on
creusa le nouveau port de Madrid, on avait
également porté les jetées jusqu'au-delà de la
laisse de la basse mer: présentement il se trouve
au-delà une plage de plus de cinq cents toises à
sec à marée basse. Si la mer continue à perdre,
insensiblement Dunkerque ne sera plus un
port de mer; ce qui pourra arriver dans
quelques siècles. Dans le neuvième siècle, la
Flandre était encore un marais, comme on
l'apprend par l'histoire du premier duc de
Normandie, à qui Charles-le-Simple offrit
ce pays, mais qui le refusa, parce qu'il lui
parut trop marécageux.

Le port de Boulogne remontait anciennement environ une lieue dans les terres, où
il s'étendait par divers rameaux. On voyait,
il n'y a pas long-temps encore, sur un de
ces rameaux, actuellement comblé et traversé par le grand chemin, une chapelle où
vint aborder dans le onzième siècle une
image miraculeuse.

La ville de Saint - Omer, si avancée dans les terres aujourd'hui, semble avoir été anciennement un port de mer, tant on trouve d'ancres rompues et de débris de vaisseaux, en creusant dans le voisinage de la ville. Une espèce de levée, qu'on aperçoit de dessous le rempart, et qui passe chez les uns pour un reste d'aqueduc, est, selon d'autres, une digue qu'on avait autrefois opposée aux fureurs de la mer.

On assure que Plougan, en Bretagne, était autrefois un port, puisqu'on a trouvé dans une prairie, présentement éloignée du rivage, des organaux attachés à de vieux pans de mur.

Parmi les terres récemment abandonnées par l'Océan, on peut compter aussi la partie de la Vendée, qui porte encore le nom de marais. Il suffit de jeter les yeux sur la Saintonge maritime, pour être persuadé qu'elle a été ensevelie sous les eaux. A mesure que l'Océan s'est retiré, la Charente l'a suivi, et a formé dès lors une rivière dans les lieux mêmes où il n'y avait auparavant qu'un grand lac ou un marais. C'est ainsi qu'en Normandie la Seine suivit aussi les traces de l'Océan, mais en formant cent sinuosités dans les basses terres jusqu'à la baie

où est actuellement son embouchure. Le pays
d'Aunis a autrefois été submergé par la mer
et par les eaux stagnantes.des marais ; c'est
une des terres les plus nouvelles de la France;
il y a lieu à croire que ce terrain n'était encore qu'un marais vers la fin du quatorzième
siècle.

Dans plusieurs endroits des côtes , la mer
a déposé et laissé des tas considérables de
diverses matières , qui servent d'autant de
preuves de sa retraite graduelle. On remarque des lits de coquilles fossiles et d'autres productions marines à Naffiac , village
du Roussillon , qui est à sept ou huit lieues
de la mer. Ces lits de coquilles sont séparés
les uns des autres par des bancs de sable et
de terre de diverse épaisseur ; ils sont comme
saupoudrés de sel , lorsque le temps est sec,
et forment ensemble des coteaux de la hauteur de plus de vingt - cinq à trente toises.
Une longue chaîne de coteaux si élevés n'a
pu se former qu'à la longue , à différentes
reprises et par la succession des temps. Il en
est de même des galets qu'on trouve dans
plusieurs endroits de la France, situés à
quelque distance de la côte. Ces galets sont
des cailloux ronds et plats , et toujours fort
polis , que la mer a poussés sur les côtes et
qu'elle

qu'elle a abandonnés ensuite. A Bayeux et à Brutel, qui est à une lieue de la mer, on trouve du galet en creusant des caves ou des puits. Les montagnes de Bonneuil, de Broie et du Quesnoy, quoiqu'éloignées d'environ dix-huit lieues de la mer, sont toutes couvertes de galets ; il y en a aussi dans la vallée de Clermont en Beauvoisis.

Avant de quitter les côtes occidentales, pour passer à celles de la mer Méditerranée, il faut que nous parlions aussi d'un changement important que la mer paraît avoir produit dans la Manche qui, d'après les conjectures des plus grands naturalistes, était autrefois un isthme qui réunissait la France à l'Angleterre. Des raisonnemens physiques, très-solides, appuient ces conjectures, et leur donnent un haut degré de probabilité (1). En effet, les rochers et les côtes des deux pays qui avoisinent la Manche sont de même nature, composés des mêmes matières et à la même

_____

(1) Voyez la *Dissertation sur l'ancienne jonction de l'Angleterre à la France*, par Desmarets ; avec un plan et une carte topographique, par Buache. Paris, 1753 ; et le *Journal des Mines*, N°. 10.

C

hauteur ; en sorte que l'on trouve le long des côtes de Douvres les mêmes lits de pierre et de craie que l'on trouve entre Calais et Boulogne : la longueur de ces rochers, le long des deux côtes, est à peu près la même de chaque côté , c'est-à-dire d'environ six milles. Le peu de largeur du canal, qui dans cet endroit n'a pas plus de six lieues de largeur , et le peu de profondeur , par rapport à la mer voisine, font croire que l'Angleterre formait autrefois une partie du continent (1). Mais par quels accidens en a-t-elle pu être séparée ? C'est ce que Buffon explique par les raisonnemens suivans.

Les grandes mers des deux côtés battaient les côtes de cet isthme, par un flux impé-

(1) On ajoute encore à ces preuves qu'il y avait autrefois des loups et même des ours dans cette île ; et il n'est pas à présumer qu'ils y soient venus à la nage, ni que les hommes y aient transporté ces animaux nuisibles ; car, en général, on trouve les animaux nuisibles des continens dans toutes les îles qui en sont fort voisines , et jamais dans celles qui en sont fort éloignées, comme les Espagnols l'ont observé lorsqu'ils sont arrivés en Amérique. *Hist. nat. de Buffon , tome I.*

tieux, deux fois en vingt-quatre heures. La mer d'Allemagne, qui est entre l'Angleterre et la Hollande, frappait cet isthme du côté de l'est, et la mer de France du côté de l'ouest; cela suffit, avec le temps, pour user et détruire une langue de terre étroite, telle que nous supposons qu'était autrefois cet isthme. Le flux de la mer de France, agissant avec grande violence, non-seulement contre l'isthme, mais aussi contre les côtes de France et d'Angleterre, doit nécessairement, par le mouvement des eaux, en avoir enlevé une grande quantité de sable, de terre et de vase; mais étant arrêtée dans son courant par cet isthme, au lieu d'y déposer, comme on pourrait le croire, ces sédimens, elle les aura transportés dans la grande plaine qui forme actuellement le marécage de Rouene, qui a quatorze milles de long sur huit de large; car quiconque a vu cette plaine, ne peut pas douter qu'elle n'ait été autrefois sous les eaux de la mer, puisque dans les hautes marées elle serait encore en partie inondée sans les digues de Dimchurch. Mais depuis que l'isthme a été rompu, c'est vers la côte de Zélande que se déposent les terres et les sables entraînés des côtes; il s'y est formé un banc de sable

C 2

qui s'étend jusqu'à la côte de Norfolk en Angleterre ; c'est là que maintenant les marées de la mer d'Allemagne et de la mer de France se rencontrent, pour former peut-être un nouvel isthme.

Cette dernière conjecture est adoptée par plusieurs autres savans. « Il est infiniment probable, dit M. Delille de Sales, que le sol de l'Angleterre continuant à s'exhausser à mesure que la mer abandonne ses rivages, il ne s'écoulera qu'un petit nombre de siècles, jusqu'à ce que les montagnes de Calais rejoignent celles qui leur correspondent dans le comté de Kent.

Du reste, il se peut qu'un tremblement de terre, une irruption de l'Océan, ou quelqu'autre cause ait détruit d'un seul coup l'isthme étroit, remplacé aujourd'hui par le col de la Manche. On sait combien de fois l'Océan a exercé ses ravages du côté de la Hollande : une seule irruption en l'année 1421 engloutit un vaste terrain avec soixante et douze villages. Un pareil désastre peut avoir fait disparaître la langue de terre entre Calais et Douvres.

Si nous tournons maintenant nos regards vers la mer Méditerranée, et que nous examinions les changemens qui ont eu lieu sur nos côtes méridionales, nous rencontrons également à chaque pas des lieux qui, auparavant situés sur la mer, en sont aujourd'hui à une distance considérable. Mais ici ce n'est pas à la retraite de la mer qu'il faut attribuer ces changemens visibles, comme l'ont fait plusieurs naturalistes, en jugeant par analogie, et en attribuant à des effets semblables des causes semblables. Ils tiennent à une autre cause, qui, quoiqu'elle agisse avec moins de violence que le flux de la mer, n'en produit pas moins des effets étonnans. Elle consiste dans les attérissemens apportés par les fleuves, particulièrement par le Rhône. C'est à l'embouchure de celui-ci qu'on peut avoir une idée des altérations qu'occasionnent ces attérissemens. Après avoir arrosé les Hautes-Alpes, les Cévennes et les plaines du Languedoc, après avoir reçu les eaux d'une quantité de petites rivières, chargées des dépouilles de végétaux et de la vase détachée des montagnes, entraînant dans son fond et du sable et des cailloux roulés, le Rhône, à son embouchure, se décharge de tous ces débris, en les jetant sur le rivage ou dans le sein de la mer: de là, des dunes se forment, de nouveaux terrains s'élèvent du sein même des

3

eaux, des ports creusés par l'industrie humaine se comblent, les îles s'agrandissent,
et la mer, remplacée par le Rhône, recule pas
à pas. Il ne faut donc pas s'étonner d'après
cela de ne plus trouver l'embouchure du
Rhône telle qu'elle a été dans les temps
antérieurs aux nôtres. Les anciens géogra-
phes et naturalistes (1) parlent de ports qui
n'existent plus, d'îles qui se sont jointes au
continent, de villes maritimes qui aujour-
d'hui sont à plusieurs lieues de la côte : ce
sont les attérissemens du Rhône qui ont
produit tous ces changemens, et qui en
produiront encore d'autres dans la suite des
temps. Parmi les ports presqu'entièrement
comblés, on doit compter ceux de Narbonne,
d'Agde, de Magellone, de Saint-Gilles, de
Cette et d'Aigues-Mortes : ce dernier existait encore du temps de saint Louis, puisque
ce prince s'y embarqua pour la Terre-Sainte.
Aujourd'hui ce terrain a bien changé de

---

(1) Giraud de Soulavie a rassemblé, dans le
cinquième volume de l'*Histoire naturelle de la
France méridionale*, les passages des auteurs
grecs et latins, tels que Strabon, Pomponius-
Méla, Pline, etc..., qui traitent de l'état des côtes
du midi de la France dans les temps anciens.

face : le Rhône n'y passe plus, et Aigues-Mortes se trouve à deux petites lieues des bords de la mer. Il en est de même d'Aimargues, de Notre-Dame-des-Ports et de Psalmodi, qui était encore une île en 815. La Crau, grande plaine en Provence, de 7 lieues de longueur, doit son existence uniquement aux attérissemens des eaux, comme le prouve l'énorme quantité de cailloux roulés dont elle est couverte, tandis que les dépôts de sel qu'on y trouve à quelque profondeur dans la terre attestent l'ancien séjour de la mer dans cette partie.

Le golfe que Strabon appelle *Gaulois* (1), et qui s'étend depuis le cap Couron, à trois lieues de Marseille, jusqu'au cap de Creux, nommé autrefois promontoire Aphrodisien, est encore partagé, comme du temps de ce géographe, en deux petits golfes, par la montagne de Cette et l'île de Brescou ; mais celui du côté du Rhône, jadis le plus grand, est devenu le plus petit par suite des attérissemens rejetés par ce fleuve : encore celui-ci ne mérite-t-il plus le nom de golfe ; car cette étendue de côte forme presque une ligne droite.

(1) *Géographie de Strabon*, liv. IV.

4

Le nombre des embouchures par lesquelles le Rhône s'est déchargé dans la mer, a varié à différentes époques ; il s'est jeté dans la mer successivement en deux, trois, et jusqu'en sept branches. A Aigues-Mortes on reconnaît encore les vestiges d'un ancien lit, appelé le *Rhône mort*, et depuis la Crau jusqu'au bord opposé dans le pays de Nîmes, on trouve dans la Camargue les matériaux d'un ancien lit qui a perpétuellement varié, qui a déposé des attérissemens à gauche, gagné la droite, pour revenir encore sur la gauche...; en sorte que cette île n'est qu'un tas de matériaux délaissés par ce fleuve.

Les marais qui occupent une partie du Poitou semblent n'être qu'un attérissement moderne. On croit aussi reconnaître quelques changemens sur la côte de Normandie; et les côtes de Gascogne passent pour être habituellement dégradées par la mer.

La retraite de la mer et les attérissemens des fleuves ne sont pas les seules causes auxquelles il faut attribuer les changemens et les ravages qui se font dans les contrées maritimes de la France; il en est d'autres qui agissent non moins puissamment, et qui produisent des effets aussi surprenans que ceux que nous venons d'exposer. Qui ne sait ce que peuvent opérer, par exemple, les vents impétueux qui, sur les côtes, exercent leur fureur beaucoup plus qu'au milieu du continent ; ces vents, qui non-seulement forment des dunes et des collines, mais qui souvent arrêtent et font rebrousser les rivières, changent la direction des fleuves, enlèvent des terres cultivées et des arbres, renversent des maisons, et inondent, pour ainsi dire, des pays entiers ? Pour exemple nous n'avons qu'à citer l'événement arrivé à Saint-Paul-de-Léon en Basse-Bretagne, et qui a fixé dans les derniers temps l'attention des naturalistes (1).

Aux environs de cette ville, située à quelque distance de la mer, il y a un canton qui avant l'an 1666 était habité, et qui ne l'est plus à cause d'un sable qui le couvre jusqu'à une hauteur de plus de vingt pieds, et qui, d'année en année, s'avance et gagne du terrain. A compter de l'époque marquée, il a gagné six lieues, et déjà il n'est plus loin de la ville de Saint-Paul, qu'il menace du même malheur.

« J'ai vu, dit l'auteur du *Voyage dans le Finistère*, du grand chemin qui conduit à

(1) Voyez l'*Histoire de l'Académie* de l'année 1722.

5

Lesneveu, la montagne de sable effrayante qui menace la commune de Saint-Paul, et je frémis du danger prochain auquel elle est exposée. »

C'est ainsi que les sables de Lentec couvrent presqu'en entier l'église de Tremenach, dont on se servait encore au commencement du dernier siècle. Dans le canton submergé on voit encore quelques pointes de clochers et quelques cheminées qui sortent de cette mer de sable.

C'est le vent d'est ou de nord qui amène cette calamité ; il enlève ce sable qui est très-fin, et il le porte en si grande quantité et avec tant de vitesse, qu'en se promenant dans ce pays-là pendant que le vent charrie, on est obligé de secouer de temps en temps son chapeau et son habit, parce qu'on les sent appesantir. De plus, quand ce vent est violent, il jette ce sable par-dessus un petit bras de mer jusque dans Roscof, petit port assez fréquenté. Le sable s'élève dans les rues de cette bourgade jusqu'à deux pieds, et on l'enlève par charretées. L'endroit de la côte qui fournit tout ce sable, est une plage qui s'étend depuis Saint-Paul jusque vers Plouescat, c'est-à-dire un peu plus de quatre lieues, et qui est presque au niveau de la mer lorsqu'elle est pleine. Il est aisé de concevoir comment le sable, porté et accumulé par le vent en un endroit, est repris ensuite par le même vent et porté plus loin, et qu'ainsi le sable peut avancer en submergeant le pays, tant que la minière qui le fournit en fournira de nouveau ; car sans cela le sable, en s'avançant, diminuerait toujours de hauteur, et cesserait de faire du ravage.

« Ce malheureux canton, inondé d'une façon si singulière, remarque Buffon, justifie ce que les anciens et les modernes rapportent des tempêtes de sable excitées en Afrique, qui ont fait périr des villes et même des armées. »

Le désastre est nouveau, parce que la plage qui fournit le sable n'en avait pas encore une assez grande quantité pour s'élever au-dessus de la surface de la mer, ou peut-être parce que la mer n'a abandonné cet endroit et ne l'a laissé découvert que depuis un temps.... Ce qu'il y a de sûr, c'est qu'elle a eu quelque mouvement sur cette côte ; elle vient présentement dans le flux une demi-lieue en-deçà de certaines roches qu'elle ne touchait pas autrefois. Une plage sur laquelle on dansait autrefois à toutes les noces du village

voisin, n'offre plus aujourd'hui à l'œil que
des roches et des brisans. La tradition rapporte aussi qu'on allait jadis à pied sec de la
pointe de Benneil à l'Ile-aux-Moutons : une
des îles des Glénans en est séparée présentement par une grande lieue de mer, et par
une profondeur de treize brasses d'eau (1).

L'histoire fait mention d'événemens semblables arrivés à l'embouchure de la Garonne, par l'accumulation prodigieuse des
sables et la violence des vents (2). Telles
sont les révolutions et les dévastations auxquelles sont exposées les contrées maritimes,
et en général les terres plates ou les plaines.
Il en est d'autres qui n'arrivent que dans les
pays montagneux, et qui présentent des
suites souvent fâcheuses et toujours fort
remarquables. La vétusté des montagnes
calcaires est cause qu'elles s'affaissent souvent sous leur propre masse, s'écroulent et

(1) Dans un étang situé sur une de ces îles,
les marins prétendent avoir vu des pierres druïdi-
ques. Quelle antiquité doit être celle de ces monumens de la Bretagne ! *Voyage dans le Finistère.*

(2) Jani Cœc. Frey, *admiranda galliarum.*
Parisiis, 1628.

changent la face d'une grande étendue de terre. Quelques événemens de ce genre sont assez récens pour que l'histoire nous en conserve tous les détails. On connaît, par exemple, l'accident arrivé en 1757 au village de Guer, sur la route de Briançon en Dauphiné. Il y avait un terrain assez considérable, posé sur un roc uni et incliné à l'horizon d'environ quarante degrés. Tout-à-coup une caverne s'écroula ; le sol qui portait le village se fendit, et le terrain adossé au roc glissa et descendit vers le Drac, qui en est éloigné d'un tiers de lieue.

Le Dauphiné a été plusieurs fois, dans le cours des derniers siècles, le théâtre de pareilles révolutions physiques. En 1432, un éboulement de rocher interrompit le cours de la Drôme ; il se forma le lac de *Luc*. D'un autre côté, la plaine par laquelle on vient de Grenoble au Bourg-d'Oisan, faisait autrefois partie d'un grand lac formé par les eaux de la Romanche, qui fut bouché en 1219 par un éboulement des montagnes de Vaudel et de l'Inferney. Ce lac pouvait avoir cinq à six lieues de long.

C'est au village de Pardine, près d'Issoire en Auvergne, que nos pères ont vu un des exemples les plus terribles des dévastations que l'éboulement des cavernes cause dans ces montagnes. Il y avait déjà plusieurs années que la terre s'entrouvrait de temps à autre, mais sans causer des dégâts particuliers : enfin, le 25 juin 1733, une partie de la montagne se sépara de l'autre ; quelques maisons, ainsi que les rochers qui les portaient, s'engloutirent dans un abîme, et le terrain des environs n'étant plus soutenu, il se détacha une portion de collines de plus de dix-huit cents pieds de long sur douze cents de large, qui alla descendre sur une prairie assez éloignée, avec ses arbres et ses édifices. Le lendemain, il s'écroula un autre quartier de la montagne, qui, tombant avec un horrible fracas sur les premiers rochers, renversa, par la simple commotion, une foule de maisons : si les rochers n'avaient servi de barrière, le village entier était anéanti (1).

Le hameau de Bourg, département des Hautes-Alpes, fut menacé d'un semblable danger il y a dix ans. Un rocher immense,

_____

(1) *Collections académiques*, partie étrangère, tome VI.

Histoire du monde primitif.

situé, au-dessus de ce hameau, se détacha avec un fracas épouvantable : les habitans se sauvent avec la plus grande précipitation, et lorsqu'enfin ils s'arrêtent pour voir le danger, au lieu du rocher auquel leurs yeux sont accoutumés, ils n'aperçoivent plus qu'une montagne séparée de la grande chaîne des Alpes, par le mouvement qu'elle a reçu, crevassée dans son pourtour jusqu'à la base, et suspendue sur les habitations. Ils tremblent de frayeur en voyant leurs habitations sur le point d'être englouties : mais la montagne reste toujours suspendue ; les habitans se familiarisent peu à peu avec le danger, et rentrent dans leurs maisons. Plusieurs montagnes calcaires de cette contrée ont éprouvé de semblables catastrophes. A Glaizette, Arvillers, à Saint-Eusèbe et dans plusieurs autres endroits, les maisons ont suivi le mouvement des terres qui ont glissé, et les crevasses qui déchirent peu à peu les murs annoncent que leur chute est inévitable (1).

Le Mont-Passy près du Mont-Blanc s'é-

---

(1) *Annuaire du départ. des Hautes-Alpes* Gap, 1806.

croula, il y a environ trente ans, avec un
tel fracas, qu'on crut l'axe du monde dé-
rangé : la montagne était environnée de
fumée ; de grands blocs de rochers s'en détachaient continuellement, jour et nuit, avec
un bruit parfaitement semblable à celui du
tonnerre.

. Les Pyrénées offrent plusieurs exemples
d'éboulemens subits de rochers et de portions de montagnes. Nous en parlerons plus
en détail lorsque nous décrirons ces montagnes. Voilà donc en peu de mots un ré-
sumé des causes principales qui ont tour à
tour agi sur le sol que nous habitons, et
qui y ont produit des effets qui nous éton-
nent toujours de nouveau. La connaissance
des ravages de la nature nous dispose
mieux, ce nous semble, à reconnaître ses
bienfaits ; et c'est pourquoi nous avons cru
ne pouvoir mieux commencer cet ouvrage
qu'en entretenant nos lecteurs de ces grandes
opérations dans lesquelles l'homme ne voit
que destruction et violence, mais qui réellement contribuent à seconder merveilleusement les vues secrètes et profondes du
Créateur. Cependant jusqu'ici nous ne nous
sommes occupés que d'une partie de ces révolutions physiques. Pour compléter le ta-

bleau que nous avons l'intention de montrer
à nos lecteurs, il nous reste à parler de celles
que produit un autre élément destructeur,
le feu : elles ne font pas la moindre partie
de ce tableau ; et nous fourniront de nouveaux sujets d'étonnement et d'admiration.
Ce sera la matière du chapitre suivant.

CHAPITRE II.

Des Volcans éteints en France (1).

DEPUIS que les naturalistes français ont fait
des recherches sur l'existence des anciens
volcans, en suivant les traces que leurs

---

(1) *Recherches sur les Volcans éteints du
Vivarais*, par M. Faujas de Saint-Foud.

Histoire naturelle, par Buffon.

Histoire naturelle du Languedoc, par Gensanne.

*Histoire naturelle des provinces méridionales
de la France*, par Giraud-Soulavie, 7 vol.

Histoire du monde primitif, par M. Delille
de Sales, 7 vol.

Lettres physiques et morales sur l'Histoire de

éruptions ont laissées sur le sol de la France, il est démontré jusqu'à l'évidence qu'une partie des montagnes de ce pays, dans une époque fort reculée, ont brûlé, comme nous voyons brûler aujourd'hui l'Etna et le Vésuve, et ont couvert des régions entières de laves et d'autres matières volcaniques. Les feux souterrains se sont éteints; le temps a fermé les cratères formidables d'où sortaient la destruction et la mort; même le terrain qui autrefois présentait une nature en convulsion, rend aujourd'hui au centuple les grains que le cultivateur lui confie; et sur des couches de laves se sont élevées des cités florissantes. Une grande série de siècles s'est écoulée avant qu'on se doutât qu'on habitât, qu'on marchât journellement sur des volcans, sur des masses immenses de matières volcaniques; ce n'est

---

la terre et de l'homme, par J.-A. Deluc. Paris, 1779, 6 vol. in-8°.

Observations sur les Volcans d'Auvergne, suivies de notes sur divers objets recueillis dans un Voyage minéralogique, fait en l'an 10. Clermont-Ferrand.

Essai sur la théorie des Volcans d'Auvergne, par Montlosier. Riom et Clermont, in-8°., 1802.

qu'à mesure que les ténèbres qui régnaient dans les sciences physiques ont été dissipées par les lumières de la raison, qu'on a voué une plus grande attention à ces productions singulières sorties des entrailles de la terre, et qui couvrent les environs de plusieurs montagnes; qu'on a étudié leur nature et la cause des formes bizarres qu'elles affectent, et qu'on y a reconnu enfin les éruptions de volcans projetées à une époque bien antérieure au commencement de notre histoire. C'est particulièrement dans le midi de la France, en Auvergne, dans le Vivarais, le Velay et le Languedoc, que les traces des feux volcaniques se manifestent de la manière la plus frappante. Nous allons jeter un coup d'œil sur ces pays remarquables, et les considérer un moment sous le rapport des vestiges volcaniques qu'on y rencontre de tous côtés : nous prendrons pour guides ces savans naturalistes à qui nous devons la découverte précieuse et la connaissance entière de ces merveilles de la nature; et c'est de Buffon, Guettard, Gensanne, Soulavie, Faujas de Saint-Fond, que nous emprunterons les détails que l'on va lire, et qui ne sont, nous en convenons, que la moindre partie des résultats de leurs recherches. Pour connaître à fond une matière aussi intéressante que celle-ci, il faut être physicien et naturaliste soi-même, lire et méditer les ouvrages de ces savans distingués.

Avant d'entrer en matière, nous croyons devoir avertir nos lecteurs qu'il est important ici, comme dans tout ce qui tient à l'histoire naturelle, de ne pas présumer trop de notre faible raison, et ne pas nous égarer sur les traces des gens à système, qui organisent le monde à leur gré. Si nous voyons en France des vestiges assez nombreux de volcans éteints, n'en concluons pas que toutes les montagnes ont été des volcans, et ne partageons pas le ridicule de ceux qui en ont vu jusque dans les buttes de Chaumont et de Montmartre (1).

Suivant l'opinion de M. Faujas de Saint-Fond, il existe une zône entière d'anciennes montagnes volcaniques qui part du Cantal, traverse une partie de la France, aboutit à Agde, s'enfonce dans la mer, traverse le golfe de Lybie, et va gagner les volcans éteints de la Corse ; tandis qu'une seconde ligne,

---

(1) Cette opinion étrange fut avancée par un anonyme dans le *Mercure de France* de l'année 1732.

partant de celle d'Agde, coupe la portion du cercle que forme le golfe de Lyon vers les bouches du Rhône, se joint aux montagnes de Laverne et de Cogolin, entre dans celles des Maures et pénètre les Apennins ; d'autres ramifications s'étendent le long du Rhin et en Bohème.

A commencer par l'Auvergne, partout où nous jetons les regards dans ce pays, nous rencontrons des coulées de laves et d'autres matières volcaniques. Toutes les trois chaînes de montagnes qui traversent l'Auvergne, savoir, celles du Dôme, de Dor et du Cantal, ne sont presque formées que de volcans. Dans la seule chaîne du Dôme, on en compte 60 à 70 (1) : on remarque encore dans les principales le cratère par lequel se sont faites les éruptions.

Le volcan de Volvic, à deux lieues de Riom, a formé par ses laves différens lits posés les uns sur les autres, qui composent ainsi des masses énormes dans lesquelles on a pratiqué des carrières qu'on exploite depuis plusieurs siècles. C'est avec la pierre de ces

_____

(1) Lacoste, *Observations sur les Volcans de l'Auvergne.*

carrières volcaniques qu'en 1067 fut construite l'église de Saint-Amable, à Riom;
c'est avec cette lave que Clermont et la plupart
des petites villes, bourgs et villages à la ronde,
ont été bâtis. Cependant les carrières paraissent à peine avoir été fouillées; la quantité de matières qu'elles contiennent semble
inépuisable. La figure de la montagne de
Volvic est conique; sa base est formée par
des rochers de granit gris-bleu ou d'une couleur de rose-pâle; le reste de la montagne
n'est qu'un amas de pierres-ponces noirâtres
ou rougeâtres, entassées les unes sur les
autres, sans ordre ni liaison. Aux deux tiers
de la montagne, on rencontre des espèces
de rochers irréguliers, hérissés de pointes
informes contournées en tout sens, de couleur de rouge obscur, ou d'un noir sale et
mat et d'une substance dure et solide, sans
avoir de trous comme les pierres-ponces.
Avant d'arriver au sommet, on trouve un
trou large de quelques toises, d'une forme
conique, et qui approche d'un entonnoir.
La partie de la montagne qui est au nord et
à l'est, paraît être composée de pierres-
ponces. Les bancs de pierre de Volvic suivent
l'inclinaison de la montagne, et semblent se
continuer sur cette montagne; et avoir com-

mmunication avec ceux que les ravins mettent à découvert un peu au-dessous du sommet : ces pierres sont d'un gris-de-fer qui semble se charger d'une fleur blanche qu'on dirait en sortir comme une efflorescence : elles sont dures, quoique spongieuses et remplies de petits trous irréguliers.

La montagne du Puy-de-Dôme n'est qu'une masse de matière qui annonce les effets les plus terribles d'un feu très-violent. Dans les endroits qui ne sont point couverts de plantes et d'arbres, on ne marche que parmi des pierres-ponces, sur des quartiers de laves et dans une espèce de gravier ou de sable, formé par une sorte de mâchefer et par de très-petites pierres-ponces mêlées de cendre.

Cette montagne présente plusieurs pics qui ont tous une cavité moins large au fond qu'à l'ouverture : un de ces pics, le chemin qui y conduit, et tout l'espace qui se trouve de là jusqu'au Puy-de-Dôme, ne sont qu'un amas de pierres-ponces. Il en est de même des autres pics, qui sont au nombre de quinze à seize, placés sur la même ligne du sud au nord, et qui ont tous des entonnoirs.

Le sommet du pic du Mont-Dor est un rocher d'une pierre d'un blanc cendré tendre, mais un peu moins légère que celle du Puy-de-Dôme. Si on ne trouve pas sur cette montagne des vestiges de volcan en aussi grande quantité qu'aux deux autres, cela vient en partie de ce que le Mont-Dor est plus couvert, dans toute son étendue, de plantes et de bois, que la montagne de Volvic et le Puy-de-Dôme. Cependant la partie du sud-ouest est presque entièrement découverte, et n'est remplie que de pierres et de rochers qui paraissent avoir été exempts des effets du feu.

C'est dans le Vivarais et le Velay que le feu volcanique a empreint d'une manière plus visible et plus effrayante que tout ailleurs, les traces de ses dévastations. Il résulte des calculs du savant Faujas, qu'en ne donnant qu'une largeur moyenne de quatre lieues à cette bande de terres volcanisées, on obtient une surface de cent quatre lieues ou de quatre cent seize millions de toises carrées, et en ne supposant la profondeur des laves que de soixante pieds, le total de cette masse équivaudrait à quatre milliards cent soixante millions de toises cubiques; nombre qui peut donner une idée des explosions de ces volcans, dont aucune tradition n'a conservé le souvenir. La montagne de *Coupe* est de ce nombre. Posé entre deux montagnes

tagnes de granit, cet ancien volcan se présente sous une forme conique; sa bouche paraît être placée dans le vallon intermédiaire. Le cratère est ouvert par une brèche considérable du côté d'Aisac, et il est terminé du côté d'Aubenas par un monticule de laves dont les sommets descendent tout à l'entour du centre du cratère, formant les parois d'un grand bassin incliné, qui était autrefois un lac; mais un éboulement le fit écrouler, et changea cet emplacement en un terrain fertile. On voit cette montagne tomber en vétusté dans plusieurs endroits. Les eaux des pluies se creusent des lits du côté d'Aubenas, et surtout entre les lieux de séparation du volcan d'avec les mêmes montagnes vitrifiables qu'il avoisine; ses laves légères et mobiles résistent moins que les masses de granit. Un ravin assez profond est creusé d'ailleurs depuis le cratère jusqu'au pied de la montagne. Les eaux qui se ramassent dans ce cratère coulent vers la pointe du cône renversé, où commence ce ravin que les courans rendent tous les jours plus considérable et plus profond. La montagne est formée de trois couches concentriques de pierres volcaniques, qui enveloppent le corps de la montagne de tous côtés, excepté les parois

D

du cratère qui ne sont formées que d'une
seule sorte de lave.

Dans le voisinage on trouve plusieurs élévations de colonnes basaltiques, parmi lesquelles on admire un pavé de géans d'une
centaine de pas de largeur, et haut d'environ
trente pieds ; les colonnes y sont très-dis-
tinctes, très-bien proportionnées, et d'une
égale épaisseur en haut et en bas ; la régularité de ces belles colonnes, placées à côté d'un
sol très-irrégulier et sous d'énormes roches
pelées, noires et en forme de pic, font la
beauté de ce lieu et émerveillent l'ame du
spectateur.

Le Craux, autre volcan situé à l'orient du
bourg d'Entragues, entre deux montagnes
granitiques, a vomi cette belle colonnade de
basalte qui se trouve vers le pied de cette
montagne. On voit même la jonction de ces
colonnes avec les blocs de basalte qui forment
la solidité de cette montagne. Les éruptions
de cette lave sont antérieures aux laves du
volcan de Coupe voisin ; on voit en effet que
la lave du volcan de Craux s'étant moulée
au fond des vallons, et ayant formé la grande
couche qui sert de fondement au bourg d'Entragues et aux autres lieux voisins, la lave
basalte du volcan de Coupe a coulé ensuite

sur celle du volcan de Craux, sur laquelle elle s'est moulée, présentant actuellement une élévation perpendiculaire à côté des rivières qui ont creusé leurs lits dans ces couches de lave; ce qui a produit des choses d'un effet surprenant. Ce volcan est dépourvu de cratère ; le sommet ne présente qu'une petite plaine circulaire d'environ deux mille pieds de diamètre, dont une partie est convertie en champs labourables ; le reste ne présente qu'une immense roche de basalte formée de plusieurs blocs informes, mais très-étroitement réunis et conjoints, comme tous les basaltes volcaniques connus, qui sont partout divisés ou géométriquement en colonnes prismatiques ou d'une manière informe et indéterminée.

Les montagnes des environs, celles de Mont-Pezat, de Jaujac, de Mézillac, de Saint-Léger, d'Aps, de Coiron et bien d'autres, ont toutes été des volcans, et sont toutes entourées des laves qu'elles ont vomies, et dont les masses ont produit dans cette contrée des merveilles étonnantes. Le volcan de Jaujac a vomi dans la vallée inférieure une masse prodigieuse, à travers de laquelle la rivière d'Alignon s'est creusée un lit, laissant à droite et à gauche des escarpemens perpen-

diculaires qui offrent des colonnades merveilleuses par leur nombre et par leur régularité. Cet aspect est peut-être un des plus
pittoresques qui existent dans le monde.
Toutes ces merveilles sont multipliées au pont
de la Baume, confluent général de toutes les
rivières du canton. Les laves qui, comme les
eaux, ont suivi la pente et la direction des
vallées, et se sont superposées mutuellement,
forment dans plusieurs endroits un sextuple
ráng de colonnades de divers ordres, que le
voyageur le moins instruit, en parcourant
ces régions, est obligé d'admirer en silence.
Le volcan de Saint-Léger est encore remarquable par un phénomène particulier dont
nous parlerons plus bas. La coulée basaltique
du volcan du Pic-de-l'Étoile s'étend depuis
la base de la montagne granitique, du haut
de laquelle elle s'est précipitée sur toute la
plaine de la Bastide, où elle est couverte
dans plusieurs endroits d'une coulée de
laves spongieuses noirâtres, et descend ensuite dans la vallée inférieure. Ces laves sont
d'une épaisseur énorme. Toutes les autres
productions de ce volcan sont gigantesques,
et annoncent qu'il a été plus impétueux, et
qu'il a eu des éruptions plus considérables
que ses voisins. Le cratère en est mainte-

nant changé en pré. Lorsqu'on frappe sur
ce sol avec un instrument un peu pesant,
on entend des bruits souterrains qui font
croire que les boyaux du volcan ne sont pas
à une très-grande profondeur. Le fond de
cette bouche est presque toujours rempli
d'eaux pluviales, stagnantes et bourbeuses,
dont la superficie reste long-temps glacée
et fortement attachée au sol latéral, qui est
aussi glacé très-profondément.

Gensanne, dans son *Histoire naturelle du*
Languedoc, fait mention de dix volcans
éteints, dont les bouches sont encore visibles;
il en a reconnu trois dans le seul voisinage
du fort Brescou. On trouve des productions
volcaniques presqu'aux portes de Montpellier. A Montferrier, petit village éloigné
d'une lieue de Montpellier, on voit quantité
de pierres noires détachées les unes des autres,
de différente figure et grosseur ; en les
comparant avec de véritables pierres volcaniques, on n'a pas de peine à reconnaître
que les pierres de Montferrier sont elles-
mêmes une lave très-dure, ou une matière
fondue par un volcan éteint depuis un temps
immémorial. Toute la montagne de Montferrier est parsemée de ces pierres ou laves ;
le village en est bâti en partie, et les rues

en sont pavées. Ces pierres présentent, pour
la plupart , à leur surface de petits trous
ou de petites porosités qui annoncent bien
qu'elles sont formées d'une matière fondue
par un volcan : on trouve cette lave répan-
due dans toutes les terres qui avoisinent
Montferrier (1). Du côté de Pézénas , les
volcans éteints sont en grand nombre ; toute
la contrée en est remplie , principalement
depuis le cap d'Agde , qui est lui-même un
volcan éteint , jusqu'au pied de la masse
des montagnes qui commencent à cinq lieues
au nord de cette côte et sur le penchant ou à
peu de distance desquelles sont situés les villages de Sivran , Perot , Fontès , Néfiez , Gabian , Faugères. On trouve , en allant du
midi au nord, une espèce de cordon ou de chapelet fort remarquable qui commence au cap
d'Agde , et qui comprend les monts de Saint-
Thibery et le Causse (au milieu des plaines
de Bresson) ; le pic de la tour de Valros ,
dans le territoire de ce village ; le pic de Mon-
tredon , au territoire de Tourbes, et celui de
Sainte-Marthe, dans le territoire de Gabian.
Il part encore du pied de la montagne, à la hau-

_____

(1) *Mém. de l'Académie des Sciences* , années
1760 et 1779.

teur du village de Fontès, une longue et large
masse qui finit au midi auprès de la Grange-
de-Prés , et qui est terminée dans la direction du levant au couchant, entre le village
de Caus et celui de Nizas. Ce canton a cela
de remarquable, qu'il n'est presque qu'une
masse de lave , et qu'on observe au milieu
une bouche ronde d'environ deux cents toises
de diamètre , aussi reconnaissable qu'il soit
possible , qui a formé un étang qu'on a desséché depuis quelque temps au moyen d'un
profond conduit fait entièrement dans une
lave dure, et formée par couches ou plutôt
par ondes immédiatement contiguës. On
trouve dans tous ces endroits de la lave et des
pierres-ponces : presque toute la ville de Pézénas est pavée de lave noire ; le rocher
d'Agde n'est que de la lave très-dure ; presque tout le territoire de Gabian est parsemé
de laves et de pierres-ponces.

On trouve aussi aux montagnes de Causse,
de Saint-Thibéry et de Basan , une quantité
considérable de basaltes qui sont ordinairement des prismes à six faces , de dix à quatorze pieds de long ; ces basaltes se trouvent
dans un endroit où les vestiges d'un ancien
volcan sont on ne peut pas plus reconnais-
sables.

Les bains de Balaruc nous offrent partout les débris d'un volcan éteint ; les pierres qu'on y rencontre ne sont que des pierres-ponces de différente grosseur.

La Provence fournit aussi les preuves les plus évidentes que plusieurs montagnes y ont été des volcans. A une lieue de Toulon, on reconnaît sans peine les vestiges d'un ancien volcan (1). Dans une ravine au pied de la montagne d'Ollioule , il y a un rocher détaché du haut , qui est calciné ; si l'on en brise quelques morceaux, on trouve dans l'intérieur des parties sulfureuses, preuve certaine de l'existence d'un ancien volcan. On trouve des laves noires et compactes autour des petites montagnes volcanisées d'Evenos, de Broussau, de Cogolin et de Saverne. Aux environs du volcan éteint de Beaulieu, à quatre lieues d'Aix, on trouve de grandes masses de laves compactes et de laves poreuses au milieu des dépôts calcaires et dans le centre des pierres de cette nature ; ce qui prouve que le volcan de Beau-

(1) Quant aux montagnes d'Estérel , de Fréjus et d'Hyères , Saussure pense qu'on ne peut les compter au nombre des volcans. *Saussure* , page 47 et 1.

lieu était sous-marin, et que les matières qu'il jetait tombaient dans un fond mou et vaseux, formé de matières calcaires, qui ont acquis dans la suite la consistance et la dureté qu'elles ont (1). En approchant davantage de la mer et du centre des montagnes volcanisées, on se trouve bientôt entouré de cinq ou six petites montagnes ou collines toutes volcanisées, et comme on ne peut connaître dans ces endroits enfoncés, le système ni l'architecture extérieure des volcans, il faut monter sur la montagne de Saint-Loup, du côté de Cette, et se porter sur le sommet, pour observer, en dominant ainsi sur tout le territoire volcanisé, la position de l'ancien cratère et des courans qui en sortirent ; en montant donc vers le sommet de la montagne de Saint-Loup, on passe à travers des blocs de lave poreuse et jaunâtre ; dans divers endroits, on s'enfonce dans les débris mobiles de la lave jusqu'aux genoux. Mais quel spectacle frappant se présente aux yeux de l'observateur, lorsqu'il arrive au sommet du volcan !

_____

(1) *Voyage géologique au volcan éteint de Beaulieu*, par M. Faujas de Saint-Fond, dans le huitième vol. des *Annales du Muséum.*

Dominant, d'un côté, sur les eaux de la Méditerranée dont les flots viennent se briser contre le rivage, formé des débris de volcans, il reconnaît de l'autre, dans la butte de Brescou, le reste d'un ancien volcan démantelé par l'action du temps et des vagues de la mer irritée ; sous lui se déploient les magnifiques plaines d'Agde. C'est du haut de ce lieu qu'on observe enfin l'ensemble du volcan, la correspondance mutuelle de ses courans, et leur ancienne connexion détruite aujourd'hui, après le long passage des courans d'eau. On aperçoit aisément que le cratère énorme de ce volcan a projeté à droite et à gauche, et dans le sein de la mer voisine, un horrible torrent de matières enflammées et fondues.

Les altérations qu'a subies la côte aux environs du fort de Brescou en Languedoc, sont encore dues aux effets des éruptions volcaniques ; on y voit le long de la mer des crevasses nombreuses, qui font comme une chaîne tout le long du rivage. Les bords escarpés présentent l'aspect intérieur de cavernes en proie à la voracité des flammes, qui, ayant dévoré tout l'intérieur, en ont été affaiblies dans leurs parois, et ont été forcées de s'écrouler sur elles-mêmes. Le fond de la mer, dans cette partie, présente de loin une suite de rochers dont la nature est la même que celle des rochers du rivage : ce qui annonce que le feu a exercé son empire dans cette contrée.

Les montagnes qui sont dans le territoire de Cologne et le long du Rhin, présentent également les traces d'anciens volcans. Les murs de la ville de Cologne ont été bâtis avec des pierres volcaniques, et la fameuse carrière d'Unkel, auprès de Coblentz, que l'on exploite depuis plusieurs siècles, a fourni des milliers de colonnes basaltiques (1).

Dans les environs d'Andernach, on trouve

_____

(1) *Journal d'un voyage dans le cercle du Rhin*, *qui contient différentes observations minéralogiques, particulièrement sur les agates et le basalte*, par Collini. Manheim, 1776, in-8°.; et Paris, 1777, in-8°.

Hamiltons neuere Beobachtungen ueber die Vulcane Italiens und am Rheine, nebst merkwürdigen Bemerkungen des Abts Giraud-Soulavie. Aus dem Französischen. Francfurt und Leipzig, 1734, in-8°.

Voyez aussi le *Voyage pittoresque sur le Rhin*, par Forster, traduit par Pougens ; et les *Annales du Musée*, Nos. 1 et 3.

un immense dépôt de tuf volcanique ; la couche en a trente pieds-d'épaisseur, et s'étend probablement sur un espace de plusieurs lieues à la ronde ; elle est recouverte d'une couche de pierres - ponces blanches, presque sans mélange, et celles-ci supportent une couche de brèche, composée de laves de pierre-ponce et de schiste. La surface des champs est semée de débris de pierres-ponces mêlées parmi la terre végétale. Les pierres meulières qu'on tire des environs de Niedermennich sont également des laves compactes et pesantes, mais criblées de pores, et façonnables à l'aide des marteaux d'acier. La couche entière de ces laves a subi un retrait prismatique, qui, vu d'en bas dans la carrière, présente une espèce de mosaïque, et rappelle l'image des prismes basaltiques. C'est à cinquante pieds de profondeur qu'on trouve cette pierre ; pour y atteindre, on creuse facilement des ouvertures coniques dans les couches supérieures, composées de laves poreuses, de pierres-ponces pulvérulentes, de granit friable et de pierres sablonneuses. Ces carrières sont très-étendues.

On remarque, en général, que les pierres vomies par le feu souterrain de toutes ces montagnes sont de différente forme : les unes sont en masse contiguë, très-dures et pesantes, comme le rocher d'Agde ; d'autres, comme celles de Montferrier et la lave de Tourbes, ne sont point en masses ; ce sont des pierres détachées, d'une pesanteur et d'une dureté considérables.

En plusieurs endroits, ces matières volcaniques se trouvent en masses énormes et sous des formes extrêmement bizarres. Nous décrirons quelques-uns des phénomènes qu'elles présentent, lorsque nous en serons à la contrée qui les renferme.

~~~~~~~~~~~~~~~~~~~~~~~~~~~~~~

CHAPITRE III.

Particularités du règne minéral (1).

――――――

Eɴ comprenant sous les minéraux tout ce qui ne peut être rangé parmi les êtres orga-

――――――――――――――――

(1) On peut consulter sur cet objet important le *Journal des Mines*, celui de *Physique*, les *Annales du Muséum*, les ouvrages des naturalistes français : Guettard, Faujas de St.-Fond, Haüy et autres ; l'*Atlas minéralogique de Monnet*, etc.

nisés, c'est-à-dire les animaux et les plantes, nous allons donner dans ce chapitre un aperçu des productions les plus curieuses ou les plus importantes qui se trouvent, sous ce rapport, dans les diverses parties de la France.

Parmi les pierres les plus dures on compte le *saphir*. On en trouve une mine au val de Saint-Amarin en Alsace. La couleur de ce rocher est variée de rouge, de violet et de cendré ; il est très-cristallisé, et montre à l'extrémité gauche une assez grande quantité de saphirs bleus qui excèdent la roche, et qui, quoique bruts, ne laissent pas de briller. Cette mine est caverneuse en plusieurs endroits ; on y découvre quelques parties ferrugineuses, mêlées d'un peu d'or et de cuivre. Il y a aussi des *saphirs* au Puy-en-Velay et dans le Gévaudan.

On a découvert des *filons d'émeraude* dans les granits auprès de Barrat, sur la droite de Paris à Limoges (1). Il y a aussi des émeraudes dans les granits de Charmague, auprès d'Autun, dans ceux des environs de Nantes et de Saint-Yriès en Limosin.

_____

(1) *Journal de physique*, tome LIV.

L'*améthyste* tire plus sur le pourpre que toute autre pierre fine. On en trouve d'une couleur violette en Auvergne, ainsi qu'à Langouste et Rioux, villages près de la Rochelle et dans les environs de Fréjus.

On trouve des améthystes blanches dans le canton de Perpignan, et près de Corbières des améthystes transparentes d'un rouge pâle.

L'*agate* se trouve aux environs de Remiremont et à Calmesweiler. C'est le département de la Sarre qui produit ces belles agates, connues généralement sous le nom d'*oberstein*. Ces pierres, si variées par leurs accidens, par leurs nuances, par la diversité, et quelquefois par la beauté de leurs couleurs, se tire principalement à Oberskirch et à Freissen. Le département du Mont-Tonnerre en contient aussi beaucoup.

Le *cristal de roche* tient fort bien sa place parmi les pierres fines ; la nature le taille elle-même à cinq, six et sept faces, que l'on nomme prismes. Plusieurs parties de la France en fournissent de très-beau. Les plus fameux cristaux sont ceux d'Alais en Languedoc, de Saint-Préez, du Mont-de-Quarre, de Valdajoz, de Couvay et d'Ancervilliers en Lorraine, et de Durban près Narbonne. La montagne Noire, située entre

les départemens du Tarn, de la Haute-Ga-
ronne et de l'Aude, fournit de belles cristallisations de granit. Les Pyrénées et les
Alpes contiennent des mines de cristal considérables. Dans les montagnes de Corbières, à quatre lieues de Perpignan et de Narbonne, on découvre des terres grasses de
couleur gris-rouge, et même des rochers
unis et réduits en gypse par la chaleur. Quand
les pluies détrempent ces roches molles, on
voit paraître des cristaux de diverses couleurs et à six faces, qui sont comme des terres
graveleuses par-dessus.

Sur les montagnes du Guédar on voit un
petit lac, nommé de Ligny, dont les bords
présentent des morceaux de cristaux assez
gros. La colline de Sigoyer donne des morceaux de cristal tout remplis de glace.

Le *marbre* est une production très-com-
mune en France. Cette espèce de pierre doit
sa formation, suivant toutes les apparences,
à une matière pure et concrète, amassée
par coagulation, et à laquelle l'eau filtrée à
travers les filons métalliques de la terre,
donne les diverses couleurs qui font sa na-

ture et sa beauté. Les marbres les plus estimés de la France sont :

Le marbre de Dinant, qui est noir, très-dur et prend bien le poli ; celui de Namur, moins noir : l'on en fait des carreaux ; celui de Charlemont , blanc et rouge ou blanc et noir ; celui de Rancé : il est blanc et rouge-brun, avec des veines blanches, cendrées et bleues. La griotte de Flandre est fort estimée ; sa couleur, d'un rouge foncé, tire sur la cerise. On connaît encore les marbres de Leff, de Barbançon, de Saint - Remy, d'Ogimont, Cerfontaine, Dourlers... sortis tous des carrières de Flandre. Le marbre appelé le *Saint-Maximin* tire son nom de la ville de Saint-Maximin en Provence; c'est un portor, dont le jaune et le noir sont très-vifs. La *Sainte-Baume* approche de la brocatelle d'Espagne; on y voit un mélange de blanc , de jaune et de rouge, formant un petit compartiment fort agréable aux yeux. La *griotte de Cosne* en Languedoc tire sur la couleur de cerise. Le marbre de Narbonne a le fond violet, avec de grandes taches jaunes mêlées de blanc. Le *vert-campan* est blanc, rouge, vert et couleur de chair. Le marbre l'Antin en Bigorre a le fond blanc avec des veines et des plaques couleur de chair ; ce qui forme de beaux accidens. On trouve un marbre rouge, jaune et bleu, dans une carrière proche Moulins. Le *bleu - turquin de Cosne* en Languedoc est fort estimé. Le marbre rouge et blanc du même pays est très-commun. L'incarnat et blanc de Cosne est très-beau (1). Le jaune et le gris jaspé vient du même pays. Le marbre de Signan, dans les Pyrénées, est vert-brun, à taches rouges. Celui de Balcavaire, près Comminges, est verdâtre, rouge et blanc. Le marbre de Saint-Pons tire sur le roux et le noir. Le marbre de Bayonne est tout blanc; il vient des Pyrénées. Le *séracolin* vient de la vallée d'Aure, proche Séracolin en Gascogne; sa couleur est isabelle, rouge et agate; c'est un marbre fin, qui prend bien le poli. Près Sablé, entre la Flèche et Angers, on trouve un marbre qui a le fond jaune, rayé de rouge, avec des veines blanches. Celui de Montbard en Bourgogne est blanc, rouge et jaune; et celui de Framayer tout noir. Le marbre de Laval, dans le Maine, a le fond noir, avec des veines blanches. On

_____

(1) On en conservait autrefois la carrière pour le roi.

voit près Boulogne-sur-Mer un marbre brun tacheté de noir, appelé singal. Le marbre d'Auvergne est singulier par sa couleur de rose mêlée de vert, de jaune et d'un peu de violet.

Le *granit* se trouve en blocs énormes dans les Pyrénées. Celui de Chamsay en Normandie est de couleur grise, plein de brillans, et peu propre à être poli. Le granit du Mans y est encore moins propre; sa couleur tire sur le rouge. Celui d'Alsace ressemble au granit de Corse. La ville de Semur et celle d'Avalon sont bâties sur un rocher de pur granit rouge, susceptible de poli. La vallée de Vitroles, dans le midi, est remplie de blocs de granit de diverses couleurs; le plus singulier est couleur de rose et vert, avec une base cristalline, mêlée de quartz. On y voit un grand roctin, où l'on en distingue de deux sortes; l'un dur, et l'autre tendre. A Ficin en Bourgogne, on trouve du beau porphyre, dont le fond est rouge, bariolé de taches blanches; il est facile à polir.

La Bretagne fournit du *porphyre* près du lieu des Fougerais; ses couleurs sont plus riches et plus vives que celles du porphyre d'Egypte. En Provence, Roquebrune est le pays le plus abondant en porphyre après Lestérel. On trouve de l'albâtre noir en Bourgogne, à trois lieues de Mâcon. Coligny, Salins et Saint-Touttain fournissent un albâtre blanc et transparent.

Les *cailloux* composent la troisième espèce de pierres très-dures. Ils se forment dans la terre ainsi qu'entre les rochers, d'où les ravines les détachent et les roulent dans les rivières. Leur forme ronde vient, à ce que l'on croit, du battement des eaux ou de leur frottement mutuel. D'autres naturalistes en attribuent encore l'origine à des grains de sable qui, naturellement ronds, forment à la longue dans les bancs de sable ou dans les minières des cailloux, de grosses masses agglutinées par le moyen des eaux et des sucs pétrifians de la terre. D'autres naturalistes diffèrent encore de ceux - ci par leur opinion sur la formation de ces pierres (1). On peut ranger les cailloux sous quatre espèces : les cailloux cristallisés, les transparens, les opaques et les communs. Les cailloux cristallisés, formés d'une matière vitrée, sont fusibles, et font avec la soude la

(1) Voyez le Mémoire de Réaumur, inséré dans les *Mémoires de l'Académie des Sciences de Paris.*

matière des glaces : tels sont les cailloux de Breuil-Pont, près Anet, qui ont des cristallisations intérieures, graveleuses et peu élevées; ceux de Nogent-le-Rotrou, de l'Aigle, de Séez, sont aussi, pour la plupart, cristallisés. Les cailloux de Ville-Bon, près Chartres, sont à peu près de la même nature. Proche la ville de Laon, on ramasse du sable et des cailloux cristallisés dont on se sert pour faire les belles glaces de Saint - Gobin. La montagne de Kerzis, à trois lieues de Nantes, fournit des cristaux blancs, transparens, souvent hexagones... Il y a de ces cristallisations jaunes, blanches, violettes, et d'autres couleurs, suivant les différentes matières dont elles se sont trouvées voisines. Les cailloux transparens imitent parfaitement le diamant, et surpassent souvent le cristal de roche en blancheur, en netteté et par le feu qu'ils jettent : tels sont les cailloux à six pans naturels et de différentes couleurs, venant du champ de Saint - Vincent, près Reynes en Roussillon; les cailloux près Senones, dans les Vosges. Les pavés des rues de Rennes sont de très-beaux cailloux, très-variés de couleurs, et qui se polissent parfaitement. Les uns sont semblables à ceux d'Egypte; les autres imitent le porphyre, le marbre, le jaspe et l'agate orientale; ils viennent, non des carrières, étant des cailloux roulés, mais de plusieurs amas qui sont dans les terres argileuses de Derval. Dans un champ près de la terre de Guernachanay, vis-à-vis de la petite ville de Belle-Isle, les cailloux marbrés, de couleur grise, mêlés d'améthystes, sont fort communs. Il s'en trouve aussi dans le bois de l'Eida, dans la forêt d'Elvert, à cinq lieues de Nantes, et aux environs de Dinan. Il y en a auprès de Sully, plus beaux que ceux de Médoc et du Rhin, que les ravines amènent dans ces terres. Le caillou du pays de Médoc est fort connu et très-recherché; on en trouve de blancs, de bleus, de violets et d'autres couleurs. Les bleus sont les plus fins et les plus estimés : le canton où ils se trouvent s'étend depuis Soulac jusqu'à Margan, et comprend environ dix à douze lieues de circuit. C'est dans les terres les plus noires qu'on en rencontre une plus grande quantité. Les meilleurs vignobles de Médoc sont plantés dans ces cailloux; les ceps semblent percer ces pierres brillantes. Le caillou du Rhin se pêche dans ce fleuve et est très-beau. On connaît en outre les cailloux transparens de Vichy, de l'île de Ré, du pays d'Aunis, d'Ars, de Brive-la-Gaillarde, de Die, de Poitou et d'Alençon. Ce dernier, dit *diamant d'Alençon*, n'est que du cristal de roche, et est renfermé dans une pierre pleine de brillans. Cette pierre, appelée *Artrée*, est marbrée et cristallisée ; elle se trouve dans une fontaine du village du même nom, à une lieue d'Alençon.

Les cailloux opaques sont formés d'une matière sablonneuse, et se divisent en deux espèces : les cailloux qui peuvent se polir, et ceux qui ne le peuvent pas. Les cailloux de Rennes en Bretagne appartiennent à la première espèce ; ils sont très-compactes et tirent sur le rouge, sur le jaune, sur le porphyre et sur le blanc ; ce qui forme une marbrure très-agréable et assez semblable au jaspe. Le caillou de Veretz, à deux lieues de Tours, est jaune, rouge, agate, mêlé de taches blanches ; il se polit aisément, et ressemble parfaitement au jaspe. Ceux de Champigny, sur le chemin du village d'O-soi-la-Ferrière, près Paris, quand ils sont polis, imitent l'agate, avec des veines cristallisées, des taches et des accidens singuliers. Dans la seconde espèce des cailloux opaques sont placés ceux dont le grain, trop gros, ne permet pas de les polir facilement, quoiqu'ils soient composés d'une matière

très-dure : tels sont les cailloux de Ville.
Bon près Chartres, ceux de Toul en Lorraine, ceux de la Loire, et les cailloux jaunes,
tachetés de rouge, de la fontaine de Givroy,
près Vienne en Dauphiné. La Loire, dans
tout son cours, amène quantité de cailloux,
les uns transparens, les autres rouges comme
du sang de bœuf, qui sont très-durs. On voit
surtout à sa source des cailloux troués comme
des éponges, qui sont aussi légers que des
pierres-ponces, et nagent sur l'eau.

Les *géodes* sont de la nature des cailloux :
c'est une espèce de pierre calcaire, qui a
quelquefois plus d'un pied de diamètre, et
qui est plus ou moins aplatie, mais rarement entièrement ronde. Les lits qu'ils forment entre les bancs d'une pierre bleuâtre
peuvent avoir un pied ou plus d'épaisseur ;
ils ne sont composés que d'un rang de ces
géodes. On en voit à Meylan (Dauphiné)
plusieurs lits les uns au-dessus des autres ;
et on a compté à Montfleury jusqu'à cinquante lits semblables, ainsi placés et séparés entre eux par un banc de pierre d'un,
deux, trois ou quatre pieds d'épaisseur.
Cette pierre, étant frottée, rend une odeur
désagréable, semblable à celle des pierres
auxquelles on a donné le nom de pierres
puantes

puantes, et dont on trouve beaucoup dans les environs de Poitiers. On n'a pas encore vu de corps marins dans ces géodes, ni à leur extérieur ; mais on en a vu plusieurs, surtout dans les environs de Grenoble, qui renfermaient une plus ou moindre grande quantité d'eau. Cette remarque singulière fait naître mille doutes. Comment l'eau peut-elle se trouver ainsi renfermée dans ces géodes ? Les a-t-elle pénétrées après leur formation ? ou ces géodes se sont-elles formées au milieu de l'eau, et ont-elles retenu dans leur intérieur une partie de cette eau ? A moins d'entrer dans de longues discussions, qui au fond ne rouleraient que sur de vaines conjectures, il est difficile de donner une solution satisfaisante de ce problème. L'opinion de Guettard (1) paraît cependant être la plus probable, en ce qu'elle ne contredit point les lois de la nature. Ce savant naturaliste a observé que dans d'autres endroits du Dauphiné les géodes forment dans leurs carrières des lits réguliers; ils y sont rangés en ordre les uns à côté des autres, au lieu que les cailloux roulés forment des lits très-irréguliers,

_____

(1) *Minéralogie du Dauphiné.*

E

étant toujours amoncelés pêle-mêle et sans
ordre. Il y a donc lieu de penser, conclue-
t-il, que la cause formatrice de ces géodes
opérait tranquillement, et non par des mouvemens violens et répétés, comme font les
flots de la mer ou les eaux des fleuves et
des rivières, en charriant les pierres qui sont
portées dans leur lit.

Les montagnes où l'on trouve de ces
géodes, sont d'ailleurs en partie d'une terre
calcaire un peu argileuse, et l'on sait que
cette sorte de terre, en se séchant, a un
retrait assez considérable. On imagine donc
que lorsque les montagnes ont été au-dessus
des eaux, les terres dont elles sont composées, se sont retirées sur elles-mêmes en
se desséchant; ce retrait n'a pu se faire sans
former dans la masse totale de cette terre des
gerçures ou fentes, qui dans la suite des
temps se sont remplies d'une eau chargée de
matières terreuses provenant des bancs de terre
qui étaient entre ces fentes. L'eau y déposait
la terre qu'elle contenait, et se retirait vers le
milieu. C'est ainsi qu'à mesure que les géodes
se formaient, l'eau se trouvait renfermée
dans le centre de la pierre. La montagne
située au nord de la ville de Die, qui porte
le nom de *serre de diamans,* fournit beaucoup

de géodes cristallisés et non cristallisés ; elle tire même son nom de ces géodes, dont les cristaux sont, dans le pays, communément appelés des *diamans.*

Aux environs du château de Rochefort, à quatre lieues de la ville de Rouane, on voit des rochers entiers de la nature des quartz, marbrés de différentes couleurs : ces cailloux ne peuvent se tailler ni prendre le poli ; et dans l'intérieur il y a une pierre cristalline très-dure, diaphane, tantôt blanche, tantôt jaune, quelquefois couleur de lilas.

A Pennafort en Provence, on voit des pierres à fusil colorées et approchant du jaspe : les unes sont blanches et rouges, les autres blanches et violettes. On voit à une lieue de Fréjus la montagne appelée la Colle de Grane, couverte de jaspe rouge et blanc. On y a trouvé une pierre moresque, recouverte d'une couche de cornaline rouge et ondée, dont le rocher est situé dans la montagne. Le jaspe sanguin avec beaucoup de vert se découvre dans les montagnes de Lesteral et de Puget.

Au-delà du pont de Garabie en Auvergne, on trouve un rocher composé en partie de cailloux longs qui ont la forme d'un bâton.

Le *tripoli* est une pierre légère, blanchâtre ou tirant sur le rouge, dont on se sert pour polir les ouvrages en métal : on la tire de Poligné en Bretagne, et de Ménat en Auvergne, où ce n'est qu'un schiste réduit à l'état de tripoli par l'action des feux volcaniques (1).

Le *trapp* mérite encore une mention particulière parmi les pierres dures : il diffère des autres pierres par la formation bizarre qui le fait ressembler à des marches ou gradins. Plusieurs montagnes du Dauphiné, entr'autres celles de Peyre-Nière (pierre noire), du Chapeau, du Puy, de la Dretz et de Peouroi, renferment du trapp. Le hameau de Chatelard est bâti avec des pierres de trapp sur des bancs de trapp même. On trouve aussi des lits de cette pierre sur la montagne de Lesterel, entre Fréjus et la Napoule, montagne fort élevée et d'une pente rapide : elle est formée d'une multitude de coteaux escarpés et presque tous coniques, adossés contre le flanc de la montagne principale.

(1) *Mémoires de l'Académie des Sciences*, années 1755 et 1769.

Saussure, N°. 1, pag. 557.

La pierre qui la compose est, en général, un porphyre rougeâtre, le plus souvent altéré. On trouve aussi du trapp sur la montagne de Tarare, dans les environs de Lyon, et sur une montagne granitique auprès d'Autun (1).

Les *turquoises* ne sont pas moins intéressantes à connaître que les autres pierres dont nous venons de parler : c'est une espèce de pierre dont la couleur est tantôt blanche, tantôt semblable à celle du tripoli, et qui reçoit de l'art un très-beau poli, ce qui lui donne souvent un haut prix. Il est à remarquer que les turquoises européennes, quoique souvent peu inférieures à celles de l'Orient, ont néanmoins une origine toute différente. Les turquoises de Perse sont de véritables pierres précieuses, tandis que celles de l'Europe, et spécialement celles de la France, ne sont que les ossemens fossiles d'un animal dont l'analogue n'existe plus aujourd'hui, et auxquels la chaleur du feu donne cette belle couleur bleue qui les fait rechercher. On y distingue encore, selon

_____

(1) *Essai sur l'histoire naturelle des roches de trapp*, par Faujas de Saint-Fond. Paris, 1788, in-12.

3

Réaumur (1), la figure des os de la jambe, de ceux des bras et des dents : ce naturaliste assure même en avoir trouvé qui n'étaient pas moins visiblement des dents, que ces pétrifications appelées glossopètres, à cette seule différence près, que celles-ci sont aiguës, au lieu que celles-là sont aplaties et semblent avoir été les dents molaires de l'animal; il y en a dont la grosseur approche de celle d'un poing : ces dents ont encore tout leur émail; mais leur partie osseuse, jusqu'à l'extrémité de la racine, est devenue une pierre blanche, qui, étant mise dans le feu, prend la couleur bleue et devient turquoise. Les morceaux qui ressemblent à des os de jambe ou de bras, en ont communément la grosseur et la longueur ; mais leur mollesse et leur fragilité ne permettent pas de les tirer entiers de la terre. Ces mines de turquoises représentent des os pétrifiés, non-seulement par la figure extérieure, mais encore par la tis-

---

(1) *Mémoire sur les turquoises*, par Réaumur, inséré dans l'*Histoire de l'Académie*, de l'année 1715.

Voyez aussi dans l'Encyclopédie l'article *Turquoises*.

sure intérieure composée de différentes couches ou écailles, dont les feuilles forment
quantité de cellules remplies de la matière
qui s'y est pétrifiée. On trouve des mines de
turquoises dans le Languedoc, près de la
ville de Simore et aux environs, du côté
d'Auch, à Gimont, à Castres et à Samatan,
ainsi que sur la montagne de Maupas : ces
turquoises diffèrent cependant de celles de
la Turquie, en ce qu'elles changent et
perdent insensiblement leur belle couleur,
et deviennent verdâtres; c'est comme une
maladie qui attaque tôt ou tard nos turquoises occidentales: on en attribue la cause
à quelque partie métallique, quelque par-
ticule de cuivre qui se dissout, et qui, se
chargeant de vert-de-gris, corrompt la couleur de la turquoise.

Dans quelques lieux, on trouve une pierre
qui, étant frottée avec un peu de force, rend
une odeur désagréable : le peuple l'appelle
pierre puante, et le naturaliste *quartz fétide*.
Les rochers de Chanteloup, à dix lieues de
Limoges, et le bloc granitique, dit *plateau
de la salle verte*, auprès de Nantes, ont cette
propriété (1). Le tombeau de Saint-Hilaire,

_____

(1) *Notice sur le quartz fétide des environs*

4

à Poitiers, est construit d'un bloc de *pierre de porc*, qui exhale une odeur d'ail ou d'urine de chat, occasionnée par le phosphore terreux dont cette espèce de pierre est remplie (1).

Dans plusieurs contrées de la France, on trouve des *dendrites*, c'est-à-dire des pierres d'agate d'un gris avec des traits jaunes, rouges ou noirs, qui représentent des arbrisseaux, des buissons, des mousses, des bruyères et autres feuillages. Aux environs de Quincy, on aperçoit des dendrites naissantes, et à Aix ainsi qu'à Vence, il y en a de bien figurées. On en trouve aussi à trois lieues de Nancy et dans les falaises près de Dieppe. Il y a d'autres pierres qui, sans être transparentes comme les dendrites, n'en représentent pas moins la figure de quelque arbuste ou de quelque herbe : telles sont les pierres de Boisgency et celles de Sèvres.

Sur les bords de la Loire, dans le hameau de Cavereau, à neuf lieues d'Orléans, se

***

de Nantes, par M. Bigot de Morogues, dans le neuvième volume des *Annales du Muséum.*

(1) Catineau, *Annuaire hist., polit, et statist. du département de la Vienne.* Poitiers, 1803, in-18.

voient des carrières hautes de cinquante
pieds , et longues environ de cinq cents pas ,
remplies d'une pierre tendre et pleine de
pores, par où une liqueur fluide et colorée
filtre, pénètre dans les fentes de la pierre, et y
forme des feuillages, des paysages, des figures
d'hommes , d'animaux et de villes.... on les
appelle *dendrites orléanaises*. Les habitans
cassent ces pierres, les pétrissent, et en font
du blanc d'Espagne. On trouve des pierres
arborisées sur les bords de la Maulve, à quatre
lieues d'Orléans , près de la ville de Château-
roux, à Dijon, à Plombières, à Prémeaux
en Bourgogne, et à onze lieues de Moulins ,
dans une carrière appelée du Bois-Droit:
cette pierre est singulière par sa couleur rougeâtre et par ses ramifications noires qui
règnent dans toutes les lames qui la composent. Les montagnes de Crotte , près de
Sezanne en Brie , sont garnies de pierres
représentant des feuilles d'arbres : ces feuilles
sont roulées , jetées et disposées en tous
sens; on ne leur connaît point de rapport
avec aucun bois. D'autres pierres enfin ,
auxquelles on a donné le nom de *pierres
numismales* ou *lenticulaires* , ressemblent
par leur forme à des pièces de monnaie. Les
pierres dont la ville de Laon est bâtie,

en sont remplies; il y en a aussi beaucoup dans les environs de Noyon, de Soissons et de Crescy : depuis Laon jusqu'à la Fère, la terre en est remplie. On voit, assez près du gouffre de Lambressac en Languedoc, des rochers tout couverts de pierres numismales, et dans la terre de Trépaloux on en voit qui sont toutes noires.

Les *variolites*, pierres dures, d'une couleur brune tirant sur le verdâtre, et pleines de taches représentant des marques de petite vérole, se trouvent en quantité en Provence, dans la plaine de Cran, quoiqu'on prétende généralement que ces pierres ne se trouvent qu'aux Indes. Depuis l'embouchure de la Charente jusqu'à celle de la Sèvre, les côtes sont garnies d'un grand nombre de pierres figurées, ou jeux de la nature, tels que des priapolites, variolites et pierres étoilées.

Les *pierres spéculaires*, communément appelées pierres à Jésu, se trouvent en quantité dans les carrières de Montmartre, dans les terres sablonneuses de Passy, aux environs de Douzenac, à deux lieues de Brive, et à Royat.

La France contient aussi plusieurs mines de cette espèce singulière de pierre, connue sous le nom d'*asbeste* ou *amiante*; c'est une

pierre dont toutes les parties sont disposées
en ligamens ou en fibres luisantes et d'un
cendré argentin, très-déliées, arrangées en
lignes perpendiculaires, unies par une matière terreuse et capable d'en être séparée
dans l'eau, et, ce qui est plus singulier encore, de résister à l'action du feu. On en
trouve entr'autres dans les environs de Genève, dans le Dauphiné, en Auvergne, et
dans une montagne voisine de Barège. Les
montagnards de ces pays-là ont une adresse
singulière pour en faire des bourses, des
jarretières, et autres petits objets que l'on
nettoye en les mettant au feu pendant un
petit moment.

Les environs du village de Baud, en Bretagne, fournissent des pierres métalliques
qui représentent quelquefois, et des croix régulières, souvent un sautoir ou croix de S. André;
ces dernières se trouvent dans le lieu nommé
Coudai. Aux environs de l'Orient est une
pierre talqueuse, de même nature que les
pierres de croix de Baud, laquelle contient
beaucoup de grenats d'une grosseur médiocre.

Dans quelques lieux on trouve de l'aimant, comme par exemple au cap de Benac,
sur la Méditerranée, à l'Orme et à Saint-

Nazaire, à trois lieues de Guerrande ; il s'en trouve de différente grosseur : ces pierres attirent fortement la limaille de fer, et même de grosses aiguilles, quoiqu'elles ne soient point armées.

Le sable qu'on tire d'un lieu en Bretagne, nommé la Grève-de-Saint-Quay, à trois lieues de Saint-Brieux, est noir, brillant, très-pesant, et semblable à la limaille d'acier : ce sable magnétique est attiré par l'aimant.

Dans la plaine d'Etampes, on voit des pierres faites par-dessus comme des macarons; d'autres, plus de relief, ont la forme de grappes de raisin : il y en a qui sont remplies de coquilles; d'autres imitent les amandes, ou s'élèvent en gros morceaux détachés l'un de l'autre. Il y en a qui approchent des écorces d'oranges, ou qui forment des cavités comme les cailloux allongés.

Aux environs de Montoire en Beauce, sur le Loir, on voit de grosses roches culbutées les unes sur les autres, avec des groupes énormes de petits vermisseaux ; on y trouve des tronçons de véritables racines pétrifiées, et un grand nombre de coquillages.

Sur les côtes du Poitou se trouvent des pierres où sont renfermés des poissons vivans, appelés par les Grecs *pholades*, et par les habitans *dails* (1). Il y a deux genres de ces pierres : l'une est argileuse ; l'autre est une matière molle, qui se durcit, et qu'on nomme *banche*. Il s'en trouve aussi dans les environs de la Rochelle. Lorsqu'on casse les pierres qui se trouvent dans le port, et la rade de Toulon, et dont quelques-unes sont aussi dures que le marbre, on y voit des poissons vivans, appelés *dactyli*, dattes, parce qu'ils ont la figure de ce fruit. Ces poissons se creusent eux-mêmes leur demeure dans ces pierres, où ils vivent, et d'où on les tire pour les manger. Ce sont des espèces de pholades.

Dans les montagnes de Trévoux, on trouve des pierres d'aigle, de couleur brune, et creuses, avec un noyau pierreux qui fait du bruit quand on remue la pierre.

Auprès de Bourbon-l'Archambaut, il y a des roches avec des veines, dont les petites pierres, qui ressemblent à des diamans, coupent le verre.

Les ravines de Maherni, à trois lieues de

(1) Voyez le *Mémoire sur les pholades*, par Lafaille, dans le tome III de l'Académie de la Rochelle.

Mézières , sont remplies de pierres très-dures, jonchées de vermisseaux assez gros et très-entortillés.

Dans les vignes qui environnent la ville de Besançon , on trouve de petites pierres longues et étroites comme des quilles , qui, étant séparées en tronçons , représentent des étoiles régulières.

Dans les carrières du village de Bruyèle, à une lieue de Tournay , on voit une pierre jaune et transparente, de la grosseur d'une noix , représentant du sucre candi ; on la polit sur la meule , et on l'emploie à plusieurs ouvrages ; d'autres pierres plus longues approchent du bec d'une alouette , et sont réputées être des dents de poissons pétrifiées.

Les plâtrières près de la forteresse de Salses , à quatre lieues de Perpignan , forment des pierres semblables aux pierres à aiguiser, de la surface desquelles on voit sortir des clous dorés très-brillans , qui ont plusieurs angles comme des pointes de diamant.

Les *pétrifications* font aussi partie de cette classe du règne minéral, dont nous parlons actuellement. Nous avons déjà vu au premier chapitre , en traitant des coquillages, combien la France offre de curiosités à cet égard. Nous ne nous étendrons donc pas beaucoup ici sur la même matière. On trouvera d'ailleurs, répandues dans l'ouvrage, les descriptions des principaux phénomènes auxquels les pétrifications donnent naissance, particulièrement dans les grottes, où elles se présentent sous tant de formes diverses. Nous nous bornerons ici à indiquer quelques particularités dont nous n'aurons pas occasion de donner une description détaillée dans le cours de l'ouvrage, et qui néanmoins méritent bien d'être connues.

A deux lieues d'Étampes se trouvent des espèces de poches ou pierres creuses, qui tiennent par un pédicule à des pierres meulières, lesquelles renferment des buccins cristallisés et couverts d'une espèce de mousse blanche aussi pétrifiée.

Les vignes des environs de Lagny présentent de gros troncs d'arbres pétrifiés, portant plusieurs moignons de racines, couverts de petits buccins de marais qui y sont incrustés et remplis de la même matière que celle du tronc de l'arbre. Entre Coulomiers et la paroisse de Chailly, à deux lieues de Senlis, il se trouve des pierres rondes en monceaux, et dont la couleur tire sur le

blanc sale ; ce sont de véritables congélations.

Les rochers que l'on voit à la pointe occidentale de l'île de Ré fournissent des stalagmites d'une médiocre grosseur et d'un
beau jaune un peu transparent.

Dans la paroisse de Mato , à six lieues de
Saintes , on a trouvé des pierres qui, s'étant
pétrifiées , imitent la figue , le coing et la
poire.

Tous les rochers du Périgord sont revêtus
de congélations et de stalactites, particulièrement à Montréal , auprès du village de
Mazel, au-delà de l'Allier ; et sur un monticule, à quatre lieues de Clermont , il y a
beaucoup de pétrifications ou cristallisations
rondes et cylindriques, percées d'outre en outre ; elles sont si communes , qu'on les emploie à former un blanc propre à blanchir les
murs et les menuiseries.

Dans la vallée de Fleury en Champagne,
il se voit le long d'une prairie une pétrification singulière de matière cristalline et rougeâtre , qui représente des branches et des racines d'arbres. Quelques-unes ont une écorce
garnie d'écailles ; d'autres sont couvertes
d'empreintes en creux de feuilles d'arbres

trangers. Les hautes montagnes de Cuy-en-
Groue, au-delà d'Epernay, présentent des
masses énormes de rochers avec de belles
stalactites. A Piery, dans le même canton,
on trouve du bois pétrifié qui paraît être du
vrai châtaigner, et des pointes faites en bélemnites, qu'on croit être les pédicules pétrifiés d'une espèce de *fungus*.

On trouve du bois pétrifié près de Lons-
le-Saunier, dans le village de Francheville;
on a vu à Salins un noyer avec des noix pétrifiées, et des racines du même bois à Poligny, du sapin à Moutier, et du chêne près
de la Charité; les mousses pétrifiées, mais
cependant peu dures, se rencontrent à Vesoul.

On tire des stalactites très-curieuses des
carrières et des mines du Bas-Rhin, principalement à Mulhausen.

Les collections publiques et particulières
et les cabinets d'histoire naturelle renferment souvent des objets de ce genre fort remarquables. On voit entr'autres dans le cabinet des mines à Paris un poisson pétrifié
dans un bloc isolé de forme ovale et arrondie;
il a été trouvé en Bourgogne, à quatre lieues
de Beaune. On y remarque aussi du schiste
marneux avec des plantes fossiles, trouvé
au-dessous des laves dans les environs de

Rochefort, département de l'Ardèche, etc. (1)
M. Faujas de Saint-Fond possède un poisson
fossile, trouvé dans une carrière de Nanterre,
à dix-sept pieds de profondeur, dans la partie
la plus solide d'un banc de pierre calcaire (2).

Les carrières des environs de Paris renferment un assez grand nombre d'ossemens de
quadrupèdes, dont l'espèce ne paraît plus
exister en Europe. Quelques-uns de ces débris
paraissent appartenir à des animaux qui ne
se trouvent plus qu'en Amérique ou dans la
Nouvelle-Hollande ; d'autres sont d'une espèce entièrement inconnue.

On conserve à Paris des fragmens de mâchoire d'un animal de la grandeur d'un veau,
mais dont l'espèce n'existe plus ; l'extrémité
pétrifiée d'un animal semblable à la chauve-
souris, trouvé à Montmartre, ainsi que les
fragmens de mâchoire d'un autre animal; la
dent d'un éléphant d'Asie, trouvée auprès de
Tournon ; les os d'un crocodile, déterrés à

(1) Voyez la *Description méthodique du cabinet de l'Ecole des mines*, par M. Lesage. Paris,
1784. Supplément à la *Description méthodique...*
1787.

(2) *Annales du Muséum*, tom. I, pag. 353.

Honfleur ; des dents fossiles de chevaux, trouvées à Coblentz (1), et enfin des mâchoires d'un animal dont l'analogue n'existe plus, et que les naturalistes appellent mastodont..... Près de Simore en Languedoc, on a découvert des dents mâchelières fossiles, qui semblent appartenir à une grande espèce d'éléphant, ou plutôt à un animal encore inconnu. On en a aussi trouvé près d'Orléans. Le sol volcanique de Darbres, département de l'Ardèche, a fourni une défense fossile d'éléphant. On a tiré de la terre (2) une tête fossile de quadrupède pétrifiée, qui se rapproche de la tête du tapir, mais qui égale en grandeur celle de l'éléphant. Enfin les carrières à plâtre des environs de Paris ont fourni à M. Cuvier six espèces de quadrupèdes fossiles, toutes six d'un genre inconnu et intermédiaire entre le rhinocéros et le tapir. La plus curieuse découverte est peut-être celle du squelette

(1) L'existence de ces dents prouve contre l'opinion de ceux qui prétendent que les dents fossiles que l'on trouve dans la terre appartiennent à des animaux dont l'espèce n'existe plus.

(2) *Annales du Muséum*, tom. II.

d'un animal de l'espèce des sarigues, trouvé
dans les pierres à plâtre des environs de Paris,
puisque cet animal très-particulier existe uniquement dans une partie de l'Amérique méridionale (1).

Les naturalistes ont trouvé des ossemens
de quadrupèdes sur les cimes les plus élevées
des Pyrénées ; ce ne sont, pour la plupart,
que des fragmens plus ou moins considérables
d'os cylindriques. Ces ossemens présentent
une singularité digne de remarque, mais difficile à expliquer ; c'est que presque tous les
fragmens ont leurs coupes lisses et non ba-
veuses, et leurs surfaces portent des coches
nettes et profondes, comme si un instrument
tranchant, dirigé avec force, en eût enlevé
une portion lorsque l'animal était encore
en vie (2).

Quelques naturalistes doutent encore s'il
existe de véritables ornitholites, c'est-à-
dire des restes fossiles d'oiseaux. Il paraît cependant que deux fossiles, dont l'un a été
trouvé à Montmartre et l'autre dans Cli-

_____

(1) *Annales du Muséum*, Nos. 14, 16, 17,
18 et 28 ; et *Journal de Physique*, tom. LXI.
(2) *Journal de Physique*, tom. VII.

guancourt, au pied de cette montagne, dans des couches gypseuses, sont de cette espèce(1).

~~~~~~~~~~~~~~~~~~~~~~~~~~~~

CHAPITRE IV.

Particularités des Sources et des Rivières (2).

————

Sɪ l'on voulait décrire toutes les sources de la France, qui présentent des singularités propres à piquer la curiosité, soit par leur manière de couler, soit par la nature du fluide qu'elles produisent, on serait sûr de remplir plus d'un volume. Une simple

————

(1) *Journal de physique*, tome LI. Voyez aussi le mémoire de M. Cuvier, *sur les ossemens d'oiseaux....* dans le 9ᵉ. vol. des *Annales du Muséum.*

(2) *Dictionnaire d'Histoire naturelle*, par Valmont de Bomare , 15 vol.

Encyclopédie, art. *Fontaines.*

De l'Origine des fontaines, par Perrault.

Rivières de France, ou *Description géographique et historique des cours et débordemens des rivières de France...*, par Coulon. 1644, 2 vol. in-8°.

nomenclature de toutes les sources curieuses
ne serait d'aucun intérêt pour le lecteur;
tout ce que nous pouvons faire de mieux,
pour ne pas passer les bornes que nous nous
sommes prescrites dans cet ouvrage, c'est
donc de ne parler que des plus fameuses,
et de passer sous silence toutes celles qui
offrent des particularités semblables ou analogues : mais pour ne rien laisser à désirer,
nous traiterons sommairement, dans ce chapitre, des phénomènes qui font sortir grand
nombre de sources de la classe commune, et
leur assignent un rang parmi les merveilles
de la France.

SOURCES PÉRIODIQUES.

Les naturalistes appellent périodiques les
sources qui ne coulent pas toujours, mais
seulement à certaines époques du jour, de
la saison, de l'année; elles sont *intermittentes*,
lorsque leur écoulement cesse totalement, et
reparaît à différentes reprises en un certain
temps : telles sont la fontaine du lac de
Bourguet en Savoie; celle de Colmar en
Provence, dont nous parlerons plus bas;
celle de Fontestorbe, et beaucoup d'autres.
On explique d'une manière fort ingénieuse,
et qui paraît très-naturelle, le mécanisme

des fontaines périodiques. On suppose dans les collines des cavités où se réunissent les eaux; et comme il y a dans les couches de la terre des courbures très-propres à donner aux couches que traversent les eaux pluviales, la forme d'un siphon, on suppose que les écoulemens périodiques dépendent du degré de hauteur de l'eau dans une des branches du siphon. La durée des intermittences de ces fontaines varie beaucoup; les unes ont des intermittences très-longues, et d'autres très-courtes. Il y a une source auprès de Senez en Provence, qui coule huit fois dans une heure, et s'arrête autant de fois; et une autre, située dans le département du Jura, croît et décroît alternativement, dans l'espace de sept minutes. Tous ces effets doivent dépendre, en partie, de la cavité plus ou moins grande qui correspond à une des branches du siphon. Une autre raison des intermittences des sources, c'est la fonte des neiges sur les hautes montagnes, qui ne peut avoir lieu que durant les heures du jour que le soleil darde ses rayons sur ces montagnes. Voilà pourquoi plusieurs sources ne commencent à couler que vers le soir, et cessent le matin; et voilà pourquoi celles qui éprouvent dans leur course des variations dépendantes de la sécheresse ou des pluies, sont des espèces de météoromètres qui, la plupart du temps, prédisent juste. La source intermittente, par exemple, qui est située à un quart de lieue de Beaune en Bourgogne, ne coule qu'après des pluies de longue durée, et au retour du beau temps ; elle sort tout à coup du bas d'une vigne, entre les ceps, et forme tout de suite un torrent condérable d'une eau très-claire, filtrée à travers d'une couche de gros gravier ; quand elle commence à couler, c'est un signe que la pluie va cesser, le beau temps succède, la fontaine donne de l'eau ; mais le volume diminue ensuite, et elle disparaît tout-à-fait. La petite rivière de *Sans-Fond*, également située en Bourgogne, s'enfle dans les sécheresses, et diminue dans les temps des pluies. Il y a, au contraire, d'autres sources en Bourgogne qui ne croissent ni ne décroissent dans aucun temps, excepté dans les pluies les plus abondantes ; telles sont les sources d'Alban à Tanay. Il y a des fontaines qui ont un flux et un reflux, comme celles de Cayelle dans le Cerda ; étant situées, pour la plupart, dans les environs de la mer, elles doivent avoir une communication souterraine avec les eaux de la mer : dans ce

cas;

cas, l'intumescence produira un refoulement jusque dans le bassin de ces sources, assez semblable à celui que les fleuves éprouvent à leur embouchure.

La source de la Reinette, à Forges, offre un autre phénomène digne de remarque. Sur les six ou sept heures du soir et du matin, l'eau de cette source se trouble, devient rougeâtre et se charge de flocons roux, sans être plus abondante dans ces changemens. On peut aussi ranger dans la classe des fontaines périodiques celle qui est située dans la commune de Trijac, canton d'Apchon en Auvergne. Cette fontaine, nommée dans le pays la *Fons-Bousdouire*, sort de la vacherie des Cayroux, désignée sous le nom de Tieroux dans la carte de Cassini, où cette fontaine est indiquée. Elle sort de terre, à l'extrémité d'une pente assez douce, adossée à la chaîne des montagnes, qui se joint au Puy - Mary. Cette fontaine s'est formé un bassin de trente pieds de diamètre, sur dix-huit pouces de profondeur; elle sort en petits jets bouillonnans en divers endroits du bassin, et forme un ruisseau qui serait assez considérable pour faire aller un moulin. A en juger par l'époque ordinaire de ses écoulemens, elle est purement temporaire; elle a

F

souvent cessé de couler pendant plusieurs années de suite : elle ne se montra point depuis 1784 jusqu'en 1788, où elle reparut au commencement d'avril, et elle continua de couler jusqu'en 1791, où elle disparut à peu près à la même époque. Elle resta à sec jusqu'au mois de mai 1796; ce nouvel écoulement ne dura que six mois. En l'an 7, on l'a vu reparaître encore, depuis la fin de floréal jusqu'au commencement de brumaire an 8; enfin, l'écoulement a recommencé vers le 15 germinal an 9, et a duré jusqu'au 30 fructidor an 11. Nous ignorons si elle a reparu depuis. Dans le période de ses écoulemens, on n'observe ni accès, ni intermittences; soit qu'elle coule pendant six mois, ou pendant une ou deux années, la masse d'eau est toujours la même; elle n'éprouve ni augmentation, ni diminution; elle paraît en entier, et disparaît de même. Le vulgaire attache des préjugés à l'apparition de cette source : quelques uns prétendent qu'elle charrie quelquefois des feuilles d'arbres étrangers au pays; elle mériterait d'être examinée plus attentivement.

La fontaine de Colmars en Provence est aussi au nombre des sources périodiques. Le moment qu'elle commence à croître, est

précédé d'un bruit sourd ; ensuite elle monte
pendant une demi-minute ; l'eau sort de la
grosseur du bras, diminue insensiblement,
s'arrête durant une minute, et recommence
à monter. La durée de ce phénomène est
de sept à huit minutes, et se renouvelle huit
fois par heure. Il y a dans un faubourg de la
Ciotat une fontaine dont l'eau hausse et
baisse aussi, comme le flux et le reflux de la
mer. Auprès de la Vidourle, à Fronsanches,
se trouve une autre source, sortant de la
terre, au bas d'une montagne escarpée, et
sujette, ainsi que la précédente, à des écoulemens périodiques. Cette source est tout à la
fois intermittente et minérale. Elle coule régulièrement deux fois en vingt-quatre heures ;
au bout de cinq heures elle reparaît, et ne
s'épuise qu'au bout de sept heures vingt-cinq
minutes : les écoulemens retardent chaque
jour d'environ cinquante minutes, relative-
ment à ceux du jour précédent, auxquels ils
répondent. A moins d'attribuer la cause de
ce phénomène à l'air comprimé ou raréfié
dans l'intérieur de la terre (voyez ce que
nous avons dit des fontaines en général), il est
difficile de l'expliquer d'une manière satisfaisante. On ne peut supposer ici aucune communication souterraine avec la mer, puis-

qu'elle en est éloignée de plus de deux cent soixante lieues, et que ses écoulemens périodiques ne sont nullement analogues au flux et au reflux de la mer, ni au passage de la lune par le méridien. Mais revenons à notre objet.

Parmi les fontaines périodiques, dont le nombre est assez considérable en France, il faut encore remarquer celle de *Fontestorbe* ou de Belestat en Languedoc (1); elle est située au bout d'une chaîne de montagnes qui s'étend jusqu'au bord du Lers, dans le canton de Mirepois. Non loin du rivage, on voit un souterrain, ayant vingt à trente pieds de profondeur, sur quarante de largeur et trente de hauteur; c'est du côté droit du roc que sort la source, par une ouverture triangulaire dont la base a environ huit pieds de large. Ce qu'il y a d'extraordinaire à cette source, c'est qu'elle coule sans interruption pendant toute l'année, excepté dans les mois de juillet, d'août et de septembre;

<hr>

(1) *Observations sur la fontaine de Fontestorbes*, par le P. Planche, de l'Oratoire, 1732.
Mémoire d'Astruc, de l'Académie de Montpellier.

elle ne coule alors que trente-six à trente-sept minutes de suite, et finit par disparaître pendant quelque temps. La durée de son absence est moins longue lorsqu'il a plu en abondance, et elle commence à reprendre un cours régulier, si la pluie continue plusieurs jours de suite. Lorsque le flux arrive, on entend un grand bruit du côté d'où viennent les eaux, et elles coulent avec tant d'abondance, que l'on s'aperçoit qu'elles grossissent la rivière de Lers, plus de deux lieues au-dessous.

Nous parlerons encore d'une autre source, située à quatre lieues de Brest, dans le voisinage du golfe qui s'étend jusqu'à Landerneau. Au temps de la marée, l'eau de la mer n'en est éloignée que de soixante-quinze pieds, et se trouve plus haute que le fond de la source : il n'y aurait rien d'étonnant que cette source, à cause de la proximité de la mer, éprouvât les mêmes changemens que la mer, et qu'elle s'accrût et baissât avec celle-ci ; mais c'est précisément le contraire qui arrive. A mesure que la marée monte, l'eau de la source baisse, et, arrivée au plus bas, tandis que la mer est la plus élevée, elle reste dans le même état durant une heure, et lorsque la mer rentre dans son lit, la

3

source s'accroît visiblement, et s'arrête ensuite de nouveau, pendant deux heures,
pour redescendre une demi-heure avant la
marée. En 1724, durant les grandes sécheresses, on remarqua que la source se tarissait pendant que la marée montait, et
qu'elle recommençait à se remplir lorsque
le reflux arriva.

On observe le même phénomène dans
un puits qui est à Tréport en Normandie,
proche le port. L'eau y descend quand la
mer monte, et elle y monte quand la mer
descend.

FONTAINES CHAUDES.

On en trouve dans plusieurs contrées de
la France. Celle de Dax, entr'autres, mérite
d'être citée : elle est au milieu de la ville ;
l'eau sort à gros bouillons ; elle a le goût
d'eau ordinaire ; mais elle est également
chaude et abondante dans toutes les saisons.

FONTAINES MINÉRALES.

La France possède un grand nombre de
sources chargées de particules minérales,
qui, par-là même, deviennent un remède
salutaire pour diverses maladies. Nous ne

pourons ni les décrire, ni les citer toutes (1). C'est une matière qui n'entre pas dans notre plan, étant plutôt du ressort de la chimie et de la médecine. Nous nous contentons de nommer, comme les plus renommées parmi les eaux thermales, celles de Barége, Plombières, Canteretz, Saint-Amand, Aix-la-Chapelle, Vichy, Bourbonne-lès-Bains ; parmi les eaux froides, celles de Forges, Passy, Balaruc, Aumale, Spa, etc.

On trouve en Franche-Comté des fontaines ou puits dont l'eau est chargée de sel marin : le sel qu'on en tire est beaucoup plus clair, mais il a moins de saveur. Nous reviendrons sur les *Fontaines salées*. Les *eaux de Vic* en Auvergne (appelée dans le pays *Font - Salade*, c'est-à-dire fontaine salée), sont minérales et salées en même temps.

---

(1) Lelong, dans sa *Bibliothèque historique de la France*, cite seulement plus de quatre cents traités, tant généraux que particuliers, écrits sur les eaux minérales de la France, tome I. On peut lire aussi sur cet objet les *Nouveaux Elémens thérapeutiques*, par M. Alibert, 2 vol. in-8o., seconde édition. Paris, 1808.

Traité analytique des eaux minérales..., par Raulin, docteur.... 2 vol. in-8o. Paris, 1774.

A Acqs , dans le pays de Foix, il y a une fontaine, dont l'eau, savonneuse, sert à dégraisser et à blanchir les étoffes.

Il y a des sources chargées de bitume et de pétrole; les eaux en sont grasses, volatiles et en partie inflammables : telles sont les eaux de Tremolac et de Clermont; celles-ci sont noires comme de l'encre, mais plus épaisses, et d'une odeur extrêmement forte et désagréable. Il s'amasse au fond un limon très-gluant, qui se répand à l'entour du tertre au haut duquel elle est située.

Au pied du Pic-de-l'Etoile (ancien volcan du Vivarais) il y a une fontaine dont les eaux sont épaisses, noirâtres, visqueuses, laissant à leur superficie une espèce d'huile très - peu épaisse qui réfléchit toute sorte de couleurs vives. Elle ne gèle jamais, malgré le froid excessif qu'il fait dans ces lieux élevés, pendant six mois de l'année. A côté de cette fontaine, on voit sortir un autre filet d'eau qui est une branche de la source précédente, et qui a les mêmes qualités.

A deux lieues d'Alais, et à trois d'Uzès, on voit une fontaine nommée la *puante*, qui fournit une grande quantité de soufre vif. Auprès d'elle les habitans ont creusé une mare pour en faire des bains, dont ils se servent avec succès pour guérir les maladies qui attaquent la peau des hommes et des animaux. L'eau de la mare est extrêmement claire, au-dessous d'une croûte grise qui la couvre entièrement. Elle est purgative dans un très-haut degré. On trouve chaque matin, à l'intérieur des conduits de la fontaine, une écume jaunâtre qui coule à gros flocons, mêlée avec l'eau de la source. Cette écume, séchée, se durcit, et forme un vrai soufre vif. Dans le même pays, près le village de Servas, on trouve une fontaine appelée par les habitans *Ton-de-la-Pegue*, ou fontaine de la poix, parce qu'elle est chargée, entre les fentes d'un rocher d'où elle sort en été en bouillonnant, et mieux encore aux endroits plus élevés et plus exposés au soleil, d'un bitume noir, gluant, inflammable, luisant, et ferme quand il est refroidi. On l'emploie avec succès pour guérir les plaies des animaux, et dissiper les tumeurs froides.

Toutes ces fontaines sont ordinairement fort limoneuses. Les environs d'où elles sortent sont empâtés de bitume noirâtre ; les brins d'herbe qui tombent dans leurs eaux, de même que les morceaux de bois, sont bientôt imprégnés de cette eau ; une sorte de vase très-grasse et très-limoneuse se trouve au fond du réservoir extérieur de la fontaine. On croit que leurs eaux se chargent de matières bitumineuses , en passant à travers quelques restes de matières volcaniques non incendiées. Comme elles présentent d'ailleurs des phénomènes uniques , nous nous proposons d'en décrire quelques-unes dans la seconde section de cet ouvrage.

FONTAINES PÉTRIFIANTES.

Il y a des sources qui entraînent avec leurs eaux des substances pierreuses , qu'elles déposent sur les objets qu'elles rencontrent dans leur cours, de manière à en former des pétrifications et des incrustations fort singulières. De là toutes ces merveilles qu'on admire dans les grottes, et qui ne sont que les dépôts des eaux qui ont filtré à travers les couches de terre et de pierre; de là l'origine des bruits populaires au sujet des eaux qui , dit-on , changent en pierre solide tout ce qu'on y trempe. Les plus remarquables parmi ces sources , en France , ce sont, sans doute, celle de Saint-Allire à Clermont , et celle de Créqui, auprès de Meaux. Nous donnerons la description de chacune d'elles. Du reste, on sait que les eaux d'Arcueil près Paris , les eaux d'Albert en Picardie , et beaucoup d'autres possèdent la même vertu que celles de St.-Allire , quoique dans un moindre degré.

Il y a dans la paroisse de Suriet-Bois-Berry un puits taillé dans le roc, dont les parois, après un certain espace de temps, se rapprochent; elles se fermeraient même entièrement, si on n'avait pas soin de les tailler; ce qui arriva en 1722. Ce puits, qui auparavant avait quatre pieds de diamètre , n'en avait plus qu'un pour lors. Il se trouve pratiqué au-dessus d'un ruisseau souterrain qui sort à une demi-lieue de là, et qui a la même propriété.

Parmi les rivières et les fleuves de la France, il y en a aussi quelques-uns qui méritent une attention particulière par les phénomènes qu'ils présentent, ou par quelque qualité remarquable. Nous consacrons le reste de ce chapitre à un précis des principaux phénomènes qu'ils offrent à la curiosité.

RIVIÈRES AURIFÈRES (1).

Il y a en France plusieurs rivières ou

(1) Mémoire de Réaumur, inséré dans l'*Histoire de l'Académie* de l'année 1718.

Traité des métaux, par Chambon, page 80.

Mémoires pour servir à l'Histoire du Lyonnais..., par Alléon Dulac. Lyon, 1763, tom. I.

ruisseaux qui entraînent des paillettes d'or. Réaumur en compte dix que voici :

Le *Rhin* , depuis Strasbourg jusqu'à Philipsbourg.

Le *Rhône* , après sa jonction avec l'Arve, au-dessous de Genève , dans le pays de Gex.

Le *Doubs* , dans la Franche-Comté.

La *Cèze* ou *Seize*, qui prend sa source auprès de Villefort dans les Cévennes.

Le *Gardon* , qui vient des mêmes montagnes, et se jette dans le Rhône auprès de Beaucaire.

L'*Arriège* , dans le pays de Foix , dans le Mirepoix , et surtout aux environs de Pamiers.

La *Garonne*, à quelques lieues de Toulouse.

Les ruisseaux du *Ferriet* et de *Bénagues*, sur le chemin de Varilhère à Pamiers ; et enfin le *Salet*, qui traverse le pays de Couserans.

Les paillettes que charrie le Rhône y viennent, d'après l'opinion de Guettard, des montagnes du Dauphiné, où, parmi des mines de toute espèce, il s'en trouve aussi plusieurs d'or, du Languedoc et du Vivarais , s'il est vrai toutefois qu'on n'en trouve ordinairement que depuis Lyon jusqu'à Valence.

L'Arriège est une des rivières de l'Europe

qui en charrie le plus. Elle n'est pas également riche dans toute l'étendue de son cours; elle ne devient aurifère que vers Crampagnon, et ne fournit même qu'une très-petite quantité de paillettes; mais celles-ci augmentent en nombre à mesure qu'on approche du Nord. Les rivages de l'Arriège, dans la plaine de Bénagues, les bords des ruisseaux du Perriet, de Bénagues, de Riaux, de la Grosse-Milly, de Trébaut.... sont les lieux où elles abondent le plus. La plupart des terrains pleins contenus entre l'Arriège et ces divers ruisseaux, contiennent encore de l'or en paillettes; mais cet or disparaît depuis les lieux où les montagnes calcaires commencent à joindre cette rivière. On a également remarqué que toutes les rivières et les ruisseaux qui reçoivent leurs eaux entre Crampagnon et Saverdun sont aurifères : Tels sont les ruisseaux de *Rieux*, de *Peyne-Blanque*; de *Barou*, de la *Caramile*, de la *Gante*, de *Pailhès*, de *Béouze*, de *Toliol*, de *Pitron*, de *Harise*, d'*Ordes*. On peut ajouter à ce nombre les rivières de *Moline*, du *Lot* et beaucoup d'autres.

On s'imagine bien que la quantité des paillettes qu'on tire du sable de ces rivières n'est pas très-considérable, et ne peut nulle-

ment être mise en balance avec les productions des rivières d'Amérique et d'Afrique.
D'ailleurs, il y a des jours heureux et d'autres extrèmement stériles pour ceux qui s'occupent de la récolte de ces paillettes. Les endroits qui en contiennent le plus sont ceux
où les rivières coulent avec moins de rapidité, où leur lit s'élargit, mais surtout dans
les espèces d'anses où l'eau commence à
perdre de sa vitesse, auprès des coudes où
se change la direction dela rivière, et autour
des pierres qui se trouvent au fond de l'eau.
On ne fouille pas à une grande profondeur,
quelquefois à deux pieds, souvent à quatre
doigts. Le temps le plus propre à cette recher-
che est celui où les eaux sont basses, et principalement peu de temps après les débordemens, parce qu'alors elles ont détaché, des
mines qui fournissent l'or, plus de parcelles de ce métal. Ces parcelles, arrondies
par le frottement, sont souvent si petites et
si peu nombreuses, qu'elles échappent aux
yeux les plus clairvoyans. Ordinairement
elles n'ont pas plus de deux lignes dans le
sens où elles sont les plus grandes; cependant on en trouve quelquefois de bien plus
considérables. Le sable noirâtre, rougeâtre
ou d'une couleur différente de celle du reste

est toujours celui auquel les pê cheurs s'attachent ; s'il y a de l'or, c'est là qu'il se trouve ou qu'il abonde plus qu'ailleurs.

RIVIÈRES SOUTERRAINES (1).

Il y a des rivières qui disparaissent souvent, pendant un certain espace, sous la terre, et reparaissent ensuite. Ce phénomène a été regardé comme fort extraordinaire, tant par les anciens que par les modernes. Pline en parle avec cette emphase qui lui est si familière ; et Sénèque en fait mention dans ses *Questions naturelles*. Il divise même ces rivières en deux sortes : celles qui se perdent peu à peu, et celles qui sont absorbées tout d'un coup ou dans un gouffre ; ce qui ferait penser que les anciens avaient sur ces rivières plusieurs observations qui ne nous sont point parvenues. En France, la perte du Rhône est ce qu'il y a de plus remarquable sous ce rapport : nous en donnerons une description plus bas. Mais il y a beaucoup d'autres rivières qui présentent le même phénomène.

_____

(1) Mémoire de Guettard, inséré dans l'*Histoire de l'Académie*, année 1758.

La Normandie est la province où il s'en
trouve le plus. L'Eure, l'Itou, la Rille, et
plusieurs autres rivières coulent toutes sous
terre pendant un certain temps. L'Eure
passe au-dessous de la forêt de Senonches ;
l'Itou se perd à Villalet, et ne reparaît au
jour que soixante-dix-neuf mille quatre-vingt-
dix-sept toises plus loin. La Rille, qui ne se
perdait pas autrefois, disparaît au-dessous
du fourneau du moulin Chapelle, coule sous
la forêt de Beaumont, et reparaît à Grosley,
dans un endroit nommé la *Fontaine enragée.*
On observe en France le même phénomène
dans les rivières de Laure, de Sap-André et
de la Drôme. La Sap-André se perd en partie,
avec cette particularité qu'à l'extrémité de son
cours elle s'engouffre, mais sans chute ; l'eau
passe entre des cailloux. Ce qui lui fait
prendre une direction souterraine, c'est que
dans son cours elle rencontre une éminence
de six à sept pieds de haut, dont elle a miné
le dessous. A quelque distance de là elle reparaît ; mais, comme l'eau est plus abondante, elle passe par-dessus cette élévation,
et son cours devient continu. La perte de
cette rivière ressemble totalement à celle du
Rhône.

La Drôme, après avoir perdu une partie

de ses eaux dans son cours, se perd entièrement à la fosse du Soucy. Dans cet endroit,
elle rencontre une espèce de gouffre qui a
près de vingt-cinq pieds de large et plus de
quinze de profondeur, où la rivière est comme
arrêtée, et dans lequel elle entre, mais sans
aucun mouvement sensible, pour ne plus
reparaître.

Dans un canton de la Lorraine, qui n'est
pas fort étendu, on remarque cinq autres rivières qui se perdent de même. L'Yère, au
voisinage de Paris, se perd aussi.

A un quart de lieue de Villers-Coterets, on
voit une source formant un petit ruisseau
qui, après avoir coulé l'espace d'une demi-
lieue, s'engouffre dans la terre, reparaît à
un quart de lieue de là, et forme l'étang de
Cayolles, que l'on regarde comme la source
de la rivière d'Automne; celle-ci va se décharger dans l'Oise à Verberie. Le gouffre
dans lequel le ruisseau se jette, a, dit-on,
environ dix pieds de diamètre, et tous les
torrens qui descendent des hauteurs voisines
viennent s'y perdre, sans qu'il se déborde
jamais.

En Bourgogne, on trouve aussi plusieurs
rivières qui se perdent tout à coup dans les
terres; telles que celles de la Venelle, de

Suzon et de Villain. La Venelle, qui sort
de l'étang de Vernoy, passe à Fonce, Grive,
Selongey...., rallentit son cours, perd ses
bords en coulant sur un pré, et s'absorbe
à cent pas plus bas, sans laisser apercevoir
aucune cavité (1).

Nous ne devons pas oublier de dire un
mot d'un ruisseau situé dans la commune
de Huelgoat, département du Finistère, et
qui présente le même phénomène, mais avec
des circonstances particulières. Ce ruisseau
porte le nom de Kervisien. Une partie de ses
eaux se rend dans un canal que l'on a pratiqué pour l'usage des mines de Huelgoat;
l'autre partie s'échappe avec fracas par une
chute de plus de soixante pieds, à travers
de gros rochers qui sont entassés de vingt à
trente pieds, et qui ont cinquante pieds de

_____

(1) Il y a une longue dissertation de Chaussier
pour prouver que les eaux absorbées de la Venelle
et celles de la Lille, qui diminue son volume en
cet endroit, se réunissent par des canaux souterrains pour aller former, à une lieue plus loin, un
vaste réservoir sans fond, d'où jaillit la belle
source de Bèze par un bouillonnement de quatre
à cinq pieds de haut, et tellement rapide, que les
pierres lancées au centre sont renvoyées à la circonférence avant de parvenir au fond.

diamètre. Le ruisseau disparaît, et ne se montre de nouveau qu'à sept ou huit cents pas dans le vallon, au pied de la montagne. Mais voici en quoi diffèrent les effets de la perte de ce ruisseau de celle des autres. Au lieu de voir rompus et divisés les rochers qui s'opposent au passage ou à la chute du Kervisien, on les trouve arrondis et polis comme des cailloux roulés. Ils sont sans doute les débris d'une montagne énorme dont les filtrations, dans un temps très-reculé, auront miné les bases. La terre au loin est couverte de ses débris : que de siècles il a fallu pour que les eaux du ciel aient arrondi toutes ces surfaces! Elles ne peuvent l'avoir été par aucun frottement. Le ruisseau a trop de force pour produire ces changemens; les vagues de l'Océan mêmes ne pourraient agiter ces masses, qui se couvrent, se supportent et s'amoncèlent : c'est donc le temps seul qui opéra ces merveilles (1).

(1) Une preuve que ce phénomène n'est pas sans exemple, c'est qu'on voit dans la même commune une pierre de dix-huit à vingt pieds de diamètre que l'eau de la pluie, sans cesse agitée par le vent, a creusée à huit pieds de profondeur sur une largeur de quatre pieds. *Voyage dans le Finistère*, par M. Cambri.

Il paraît résulter de toutes les observations qu'on a faites sur la perte des rivières, qu'il existe dans l'intérieur de la terre de vastes réservoirs où les eaux englouties s'accumulent, et des canaux qui leur donnent un libre cours au milieu des couches de toute espèce. Les pays, qui, comme la Normandie, ont beaucoup de rivières qui se perdent, doivent nécessairement être souminés par le cours de ces eaux souterraines. Dans la carrière de Bapaume, située dans la forêt d'Evreux, il y a d'immenses cavités au fond desquelles coule sur la marne un ruisseau assez considérable pour faire tourner un moulin, mais dont le cours est tout-à-fait inconnu. Les expériences qu'on a faites pour le découvrir ont toujours été infructueuses; les objets qu'on y a jetés, tels que de la paille hachée, de la chaux.... n'ont jamais reparu dans aucune fontaine d'Evreux.

Ceux qui travaillent aux carrières des pierres blanches, près de la ville d'Aire, département du Pas-de-Calais, trouvent quelquefois des ruisseaux souterrains qui les obligent d'abandonner leur travail. Il y a dans plusieurs villages des environs d'Aire des puits, au fond et à travers desquels passent des courans plus rapides que ceux

qui coulent à la surface de la terre : on a
remarqué qu'ils se dirigent tous du continent
vers la mer, et qu'ils sont à cent jusqu'à
cent dix pieds de profondeur.

Dans la Bresse, il y a deux lacs souterrains qui se dégorgent souvent dans le temps
de la plus grande sécheresse et inondent un
grand terrain : celui de Drou a une ouverture assez large, par laquelle ses eaux sortent et rentrent en terre ; à la lueur d'un
flambeau qu'on y a jeté, on a aperçu une
assez grande étendue d'eau sous terre. Le lac
de Certines, au contraire, est absolument
caché, et l'on n'a jamais pu découvrir ni
source ni ouverture apparente ; cependant il
arrive quelquefois que dans les temps les
plus secs, il sort de cet endroit une grande
quantité d'eau pour inonder toutes les prairies voisines,

Auprès de Narbonne, on trouve cinq
abîmes remplis d'eau et appelés *œlials* : ils
sont d'une profondeur extraordinaire, et
l'eau qui en sort de temps en temps forme un
canal qui se joint à celui de la Kobine. La
terre qui environne ces gouffres tremble
sous les pieds de ceux qui y approchent. Ces
abîmes sont fort poissonneux, et les paysans
des environs y vont souvent pêcher.

On trouve dans plusieurs autres contrées de la France des indices visibles de l'existence de réservoirs et de courans d'eau souterrains (1). On a remarqué, par exemple, dans les carrières des environs de Paris, qu'elles sont sèches ou humides, selon la hauteur de la Seine. Les puits y augmentent aussi dans cette proportion. On fait la même remarque dans l'île de Camargue, à un quart de lieue du Rhône : ce fait semble donc prouver que les eaux circulent continuellement dans les terres, comme le sang circule dans les veines du corps humain.

Nous ne pouvons mieux placer qu'ici les détails d'un phénomène qui n'est pas moins curieux que ceux-ci, quoiqu'il tienne à d'autres causes : c'est la *neige rouge* qui se montre sur les hautes montagnes à l'époque des grands dégels. Saussure l'a remarqué sur les Alpes, et M. Ramond sur les Pyrénées, à une hauteur de deux mille à deux mille quatre cents mètres (2). Ce n'est qu'au

(1) Voyez plus bas la description des fontaines de *Goug* et *Bouley*.

(2) *Mémoires de l'Institut*, tome V, sciences mathémat. et physiques.

printemps que l'on voit les sillons , que
tracent sur la neige les eaux fondues , se
teindre d'une légère nuance de rose ; cette
nuance se renforce aux endroits où plusieurs
rigoles se réunissent , et elle s'élève quelquefois au ton de carmin , dans les passages où
un grand nombre de ruisseaux ont déposé la
poudre qui les colore. Saussure ne sut à quoi
attribuer ce phénomène ; il présuma cependant qu'il fallait en chercher l'origine dans
la poussière séminale de quelque plante particulière aux hautes montagnes ; mais
M. Ramond en attribue la cause, avec plus
de vraisemblance , au mica qui abonde sur
les rochers des Alpes et Pyrénées, et qui, se
réduisant probablement en poussière lors
de la fonte des neiges et des grands dégels ,
suit et colore les eaux qui l'entraînent.

CHAPITRE V.

Particularités des Vents.

Ce n'est qu'à la position particulière de
divers lieux qu'il faut attribuer la cause de
certains phénomènes de l'air. La proximité

de la mer ou des hautes montagnes y amène,
à certaines époques, des vents qui ne se font
point sentir ailleurs. Nous allons parler des
plus connus de ces phénomènes.

LE VENT PONTIAS (1).

Ce vent, particulier au territoire de la ville
de Nyons en Dauphiné, a passé long-temps
pour une de ses merveilles. On lui attribuait
des qualités extraordinaires; et ce n'est que
depuis que la physique a fait des progrès que
l'on sait à quoi s'en tenir à ce sujet.

Le vent Pontias vient du nord de Nyons,
du côté où sont la montagne de Devez et
un rocher escarpé, auquel on a donné le nom
de *Pontias*, parce qu'on prétend que le vent
en sort. Derrière cette montagne, il s'en
élève d'autres en amphithéâtre, couvertes de
neige la plus grande partie de l'année. Comme
il sort beaucoup d'eau de la montagne de
Devez, les vapeurs qui s'en élèvent dans l'atmosphère sont condensées par l'air froid des
hautes

---

(1) *Minéralogie du Dauphiné*, par Guettard, pag. 73 et 74.

Description de la France, par l'abbé Ex-
pilly, art. *Nyons*.

hautes montagnes situées au nord, et dont le sommet est chargé de neige. Ces vapeurs condensées descendent dans la vallée de Nyons, et y forment le vent régulier que d'autres montagnes de droite et de gauche obligent de suivre le cours de la rivière d'Aygues. Ce vent souffle constamment de la même façon. Il s'élève, en hiver, vers minuit, et ne cesse le matin que vers 9 ou 10 heures ; en été, il se fait sentir depuis le lever de l'aurore jusqu'à 8 heures ; au printemps. et en automne, il commence à souffler à 4 heures du matin, et cesse à midi. Cette différence vient de celle des époques où le soleil se lève. Le *pontias* souffle d'une façon continue, parce que l'action des neiges est constante. Il est plus violent en hiver que dans les autres saisons, parce que les neiges, étant plus abondantes sur les montagnes, donnent plus de force et d'activité à l'air condensé, et alors son cours s'étend jusqu'au Rhône ; il est quelquefois si froid qu'il gèle l'eau en l'air : au reste, c'est un vent salutaire. Il est à remarquer que dans les années où il n'y a point de neige sur les montagnes, le *pontias* ne se fait point sentir ; c'est peut-être la cause pour laquelle il n'a point soufflé pendant les années 1639 et 1640.

G

Il y a à Nyons un autre vent local aussi remarquable que le précédent ; on l'appelle la *vesine*, c'est-à-dire mauvais vent. Il souffle dans le milieu du jour : plus il fait chaud, plus il est violent ; il est l'opposé du pontias, et remonte la rivière d'Aygues. Les gens du pays assurent qu'il sort des crevasses ou portions de rocher qui se touchent par leur base à peu de distance du pont jeté sur la rivière d'Aygues,

LA MONTAINE.

La ville de Poligny (département du Jura) est située dans une plaine, au pied des premières montagnes qui font partie de la chaîne du Jura : elle ne contient que quatre rues parallèles à la direction de la montagne ; vers le milieu de la cité, cette montagne est ouverte et forme un large et fertile vallon, qui, s'y renfonçant et rentrant d'une demi-lieue, se termine là subitement. On nomme cet endroit la *Culée de Vaux*.

Par cette culée descend assez régulièrement tous les soirs, et subitement, un vent léger qui règne fort avant dans la nuit, reprend au lever du soleil et cesse une heure après. Ce vent, qu'on appelle à Poligny *la montaine*,

se partage naturellement au milieu de la
ville, où les édifices arrêtent son cours ; il
se glisse et coule des deux côtés dans les rues,
comme ferait tout autre fluide : la partie la
plus élevée souffle par-dessus la ville, et se
fait sentir dans la plaine jusqu'à une limite
qui se trouve à un petit quart de lieue. Rendu
là, ce vent cesse d'être senti ; car tout pressé
qu'il sort de la gorge, formant la Culée de
Vaux, pour s'étendre dans la plaine, il perd
de sa force à mesure qu'il se répand et qu'il
trouve de la résistance dans l'air de la plaine.
Ce vent n'a pas ordinairement une grande
force ; il se charge de vapeurs élevées pendant le jour ; il ne souffle uniquement que
dans la direction de l'est à l'ouest ; quoiqu'il
soit commun à presque toutes les positions
pareilles sur la côte occidentale du Jura, il
est accompagné à Poligny de quelques particularités locales qui rendent ce phénomène
encore plus curieux (1). La montaine est un
vent malfaisant, surtout pour les étrangers ;
il affecte vivement les poumons, et peut à

---

(1) L'auteur de l'*Histoire de Poligny* en a
donné une explication satisfaisante. Voyez-le
Voyage dans le Jura, par M. Lequinio, tom. I.

l'instant supprimer la respiration. Il a surtout une influence funeste sur les dents; quiconque, avec de mauvaises dents, se trouve
dans la croisée au moment que la montaine
arrive, en est averti subitement, non par un
souffle sensible et impétueux, mais par un
froid insupportable, comme s'il se mettait
de la glace dans la bouche. Aussitôt qu'il rentre sa douleur se passe. Cet effet est notoire,
étant prouvé par de nombreuses expériences.

LE MISTRAL.

C'est un vent particulier à la Provence, et au
Languedoc, qui répand dans les campagnes
un air aussi froid que la glace(1).Il est extrêmement piquant et impétueux, et outre qu'il
contribue beaucoup à former la grêle, il glace
les fruits lorsqu'ils ne sont pas encore parvenus à une certaine grosseur: il cause beaucoup
de maladies, parce qu'il fait passer en un instant d'une température douce à une température très-froide. On voit par ce qu'en ont dit les
anciens, tels que Strabon, Pline, Sénèque,
qu'il a été de tout temps le même en Provence. La cause de ce vent n'est pas très-bien
connue; on peut cependant présumer que la
position de la France méridionale y contribue

---

(1) *Voyage dans les Alpes maritimes*, par
S. Papon,

(149)

beaucoup. En effet, deux grandes chaînes de montagnes, les Pyrénées et les Alpes, resserrent le golfe de Lyon, et opposent des barrières aux vents qui les traversent : de là cette impétuosité qui est particulière au mistral (1). On a cru remarquer que sa violence est en proportion de la pluie qui tombe dans les Cévennes et le Vivarais. Il s'étend fort loin, et le territoire de Nice même, malgré le rideau qui l'enveloppe, n'est pas tout-à-fait à l'abri de ses effets. Cependant, dans le mois d'octobre 1778, le mistral a trouvé des obstacles, soit dans les nuages qu'il n'a pu dissiper ni diviser, soit dans un vent contraire. Il n'a pas été plus loin que les îles d'Hyères; mais ce phénomène est rare. Dans les lieux exposés au vent mistral, tous les arbres sont fort inclinés, et on n'en trouve pas un de perpendiculaire ; de plus, les branches sont toutes dirigées du côté opposé au vent, et les racines du côté d'où il vient : par ce moyen, les arbres lui opposent une plus forte résistance, et les branches se cassent aussi moins facilement. On a généralement observé que les arbres se conforment à la force du vent,

_____

(1) Voyez Saussure, *Voyage dans les Alpes*, tome III.

3

qu'ils se tiennent plus en terre dans les pays où le vent est plus fort. Il y a au rocher d'Orgon des arbres qui résistent à huit livres et plus de vent, tandis que, selon Bouquer, six livres suffisent dans les autres pays de la France pour les arracher. La sève que le vent pousse en avant, et les branches qui ne sont presque pas disposées en sens contraire, y joint l'inclinaison de l'arbre, tout cela fait que les branches résistent aussi davantage dans la gorge d'Orgon : les arbres y restent rabougris à cause de la force du vent; mais ils lui opposent une résistance qu'il a de la peine à vaincre. Il en vient cependant à bout, lorsqu'en grandissant l'arbre lui offre plus de surface. De là vient qu'on ne plante point d'arbres dans ce lieu, et que ceux qui y croissent naturellement ne deviennent pas vieux (1).

On sait que la nature des vents dépend presqu'entièrement de la température du climat ; c'est la raison pour laquelle ils changent aussi lorsque celui-ci n'est plus le même. Le vent de la Maguellone, qui souffle à Sallon en Provence, y amenait autrefois

_____

(1) Extrait des Observations manuscrites de Paul de Lamanon.

la pluie; mais depuis qu'on a desséché les marais autour de cette ville, il n'est plus pluvieux : cependant ce vent est de sud-ouest et vient de la mer; ce qui prouve que ce n'était pas tant l'évaporation des eaux de la mer que celles des marais, qui rendaient ce vent pluvieux.

A Nîmes et aux environs de cette ville, les vents soufflent en plus grand nombre qu'en d'autres contrées. On les divise en deux classes qui ont plusieurs subdivisions, *bises et marins*; ceux-ci viennent du sud, ceux-là du nord. Le *tramontane*, qui est de la classe des bises, et qui descend des Alpes par les vallées de Dauphiné et de Provence, souffle avec tant de violence, qu'il cause souvent de grands dommages, et qu'il sèche en peu d'heures le terrain le plus humide. En passant par une gorge de montagnes, ce vent impétueux fait naître quelquefois des phénomènes aériens que les habitans du pays nomment *foulets;* ce sont des trombes d'air dont la hauteur est quelquefois de quinze à vingt toises. Le *garbin* est encore un vent remarquable; il ne souffle que pendant le plus fort de l'été, c'est-à-dire depuis le commencement de juillet jusqu'au commencement de septembre; on le sent sur toute la côte de la

Méditerranée. A Nîmes, il s'élève à dix
heures du matin dans la direction du sud-est;
peu à peu il augmente de force et suit le cours
du soleil ; à deux heures il est très-fort; vers
les six heures du soir il souffle dans la direction du nord-ouest et disparaît avec le soleil.
Ce vent périodique, en tempérant l'ardeur
des rayons du soleil, est un vrai bienfait
pour les provinces méridionales (1). La ville
de Montpellier a encore d'autres vents périodiques que le peuple appelle *vaccarions* et
cavaliers. Les vaccarions soufflent avec impétuosité vers le temps des équinoxes, à la fin
de mars et au commencement d'avril. Les
cavaliers arrivent quelques semaines plus tard:
d'après un préjugé vulgaire, ils soufflent in-
variablement le 23 et le 25 avril, le 3 et le 6
mai : il est vrai que le plus souvent ces vents
s'élèvent pendant ces journées; mais quelquefois ils sont remplacés par des pluies assez
abondantes (2).

---

(1) *Mémoires sur le Languedoc*, par Astruc.
Vincent et Beaume, *Topographie de la ville de
Nîmes*, 1802, in-4o.

(2) J. Poitevin, *Essai sur le climat de Montpellier*. Montpellier et Paris, 1803, in-4o.

~~~~~~~~~~~~~~~~~~~~~~~~~~~~~~~~~~~~~~~

SECONDE SECTION.

DES CURIOSITÉS NATURELLES DE LA FRANCE EN PARTICULIER.

CHAPITRE PREMIER.

BELGIQUE.

~~~~~~~~~

DÉPARTEMENT DE LA LYS.

La Forêt souterraine (1).

Dans les environs de Bruges en Flandre, on trouve, en creusant la terre jusqu'à une profondeur de quarante à cinquante pieds, une si grande quantité de bois de toute espèce, que l'on doit croire que cette masse ne forme qu'une forêt souterraine. Ce qu'il y a de particulier, c'est que tout est bien conservé, qu'on n'a nulle peine à discerner, par l'inspection des branches, de l'écorce et des feuilles, à quelle espèce appartient chacun

---

(1) *Histoire naturelle*, de Buffon.

de ces arbres. On s'est épuisé en conjectures sur la cause qui peut avoir enseveli ainsi tout ce bois ; quelques-uns prétendent qu'un tremblement de terre a produit ici le même effet qu'ailleurs, c'est-à-dire qu'il a fait disparaître des terrains, pour les remplacer par d'autres, et qu'ainsi cette forêt a cédé la place à un autre terrain ; d'autres croient que les Romains, qui ont été dans ces contrées, comme on sait, ont fait couper, pour leur usage, ces bois, et qu'une inondation, survenue subitement, les aurait ensuite couverts de limon et de terre, au point de les dérober à la vue des hommes ; d'autres encore soutiennent que ces arbres y ont été portés d'une côte peut-être peu éloignée, et déposés par la mer : il faut supposer alors que les eaux de la mer y ont amené quarante à cinquante pieds d'épaisseur de terre, et qu'ensuite elles se sont, retirées. Ce qui semble confirmer cette opinion, c'est qu'effectivement on remarque à la plupart de ces arbres les traces de la hache qui paraît n'y avoir passé que depuis hier, et que d'ailleurs il est certain que le pays où ils se trouvent faisait autrefois partie de la mer.

On a fait une découverte semblable au mont Genelon, près de Compiègne : on voit d'un côté de la montagne les carrières de belles pierres et les huîtres fossiles dont nous avons parlé, et de l'autre côté de la montagne, on trouve à mi-côte un lit de feuilles de toutes sortes d'arbres, et aussi des roseaux et des goémons, le tout mêlé ensemble et renfermé dans la vase.

DÉPARTEMENT DE LA MEUSE.

Les Carrières de la montagne de S. Pierre (1).

CETTE montagne, si remarquable sous le rapport d'histoire naturelle, est située auprès de la ville de Maëstricht. On peut s'y rendre à pied dans moins de trois quarts d'heure. Du côté droit de la montagne règne un escarpement rapide, découpé en plusieurs parties, et formant des sinuosités analogues à celles que produirait un courant qui rencontrerait sur les bords des obstacles qui se seraient opposés à sa marche. La partie gauche offre également un escarpement élevé sur la rive gauche de la Meuse. Ce fleuve en baigne presque le pied, surtout lorsqu'on a dépassé une maison isolée appelée *Slavante*, située à une demi-lieue du chemin de la ville. Ici l'escarpement est comme taillé à

_____

(1) *Description des carrières de Saint-Pierre*, par M. Faujas de Saint-Fond.

6

pic, et offre des couches horizontales d'un sable blanc très-fin, tandis que le plateau de la montagne est couvert d'une couche de galets arrondis ou ovales.

Immédiatement contre l'escarpement qui fait face à une petite rivière nommée le Jaur (Jecker), et dans une partie élevée d'environ cinquante pieds au-dessus du niveau de cette rivière, il y a l'ouverture d'une grande excavation qui est l'ouvrage de la nature; sa largeur prise à la base est de plus de cinquante-deux pieds; son élévation, mesurée du milieu de cette base jusqu'à l'extrémité du ceintre de la voûte, passe quarante-trois pieds. Le rocher s'élève ensuite par gradation et comme par étages, en formant au-dessus de la grotte un couronnement d'environ quatre-vingts pieds de hauteur. La grotte a neuf cents pieds de longueur, depuis l'entrée jusqu'à la partie du fond, où deux issues qui mènent aux galeries s'annoncent par leur sombre obscurité; la largeur moyenne est de cinquante-deux pieds et la hauteur de quarante-quatre.

Les murs, façonnés des mains de la nature, offrent des masses variées d'un effet très-piquant; et la lumière, qui n'arrive ici que par l'ouverture extérieure, produit une clarté douce qui plaît à l'œil, et fait ressortir en

même temps tous les effets de cet antre souterrain.

Une habitation rustique, pratiquée dans
une des fissures du rocher, vers la partie
gauche de l'entrée, semble avoir été destinée
à servir de manoir à quelque Fée, ou de
demeure au gardien de ces profondes cata-
combes.

A une très-petite distance de l'ouverture
principale, dont les voûtes souterraines se
prolongent à plus d'une demi-lieue au loin,
il en existe une seconde beaucoup moins
élevée et néanmoins très-profonde, qui doit
être considérée comme l'ouvrage de l'art.

La facilité d'extraire et de tailler une
pierre aussi tendre que celle dont se compose
la montagne de Saint-Pierre, a fait choisir
de préférence ce second emplacement comme
plus commode pour les voitures; aussi les
pierres qu'on a tirées par-là depuis les temps
très-anciens, ont dû nécessairement laisser
dans le sein de cette montagne des vides si
considérables, que le plan de ces galeries
profondes qui se croisent dans tous les sens,
présente un labyrinthe inextricable, si compliqué et d'une telle étendue, qu'il est probable qu'il n'en existe nulle part aucun qui
puisse être comparé à celui-ci. On est forcé

de croire, d'après cela, que non-seulement
les pierres qui ont servi à la construction de
Maëstricht et des villes voisines sont sorties
de là, mais qu'il en a été fait d'immenses
transports autrefois, par la Meuse, dans le
Brabant, dans la Hollande et ailleurs; et ce
n'est pas la montagne de Saint-Pierre seule qui
a fourni tant de pierres; car les collines qui
l'entôurent sont criblées, de toutes parts et
au loin, d'excavations et de galeries souterraines d'une grande étendue, dont plusieurs
même se sont abîmées.

L'opinion générale dans le pays, au sujet
de ces excavations, est qu'elles se prolongent jusqu'à Visé, c'est-à-dire à plus de
trois grandes lieues de là, et qu'elles passent
sous la Meuse; ce qui n'est rien moins que
prouvé.

Nous extrairons de l'ouvrage précieux que
M. Faujas de Saint-Fond a publié sur la
montagne de Saint-Pierre, la description
du voyage que ce naturaliste fit dans les souterrains de la montagne, accompagné de
plusieurs officiers de marque, peu de temps
après que le fort de Saint-Pierre fut remis
aux Français (1).

_____

(1) Dans la dernière guerre en Belgique, un

Nous entrâmes, dit M. Faujas, par la galerie excavée de mains d'hommes ; là, plusieurs hommes nous attendaient avec des torches allumées. On marche d'abord, pen-

---

fort détachement de cavalerie française s'était mis en possession de la grande entrée des carrières. Les Autrichiens, assiégés dans le fort de St.-Pierre, sachant que des casemates du fort on pouvait arriver par un escalier dérobé dans les cavernes souterraines, résolurent d'y descendre en force, et s'avancèrent à la lueur des flambeaux et à petit bruit, par le calme de la nuit, pour gagner le vestibule et y surprendre le détachement. Mais les chasseurs, toujours aux aguets, entendant tout à coup un bruit sourd, occasionné par la marche des Autrichiens, entrèrent bien armés dans la plus grande des galeries : apercevant alors de loin les lumières, ils en profitèrent adroitement pour marcher eux-mêmes en avant à pas comptés et dans le plus grand silence. Quand les ennemis furent à portée du fusil, ils commencèrent, à l'improviste, un feu roulant, répandirent le désordre et la frayeur parmi eux, et en tuèrent le plus grand nombre. L'horreur du carnage fut augmenté au-delà de toute description par la lueur pâle et vacillante des flambeaux, ainsi que par le retentissement formidable des coups de mousqueterie dans ces vastes cavernes.

dant cent cinquante pas environ, dans une
espèce de couloir assez large et assez élevé
pour que les voitures puissent y circuler,
et qui a été creusé de cette sorte pour
atteindre les masses qui donnent la meilleure qualité de pierre. Lorsqu'on a parcouru
cet espace, l'on voit de nombreuses arcades
se développer de toutes parts, et dans tous
les sens, de la manière la plus hardie et la
plus pittoresque.

Toutes les voûtes, taillées avec assez d'art,
sont supportées tantôt par des piliers, tantôt par des murs pris dans la pierre même,
et cette quantité innombrable de colonnes
et de voûtes exhaussées, imitent tantôt d'immenses temples, tantôt des aqueducs qui se
succèdent et se perdent dans le lointain; il
résulte de cette réunion de pérystiles, de
dômes, d'arcades et de galeries, un ensemble si extraordinaire, si disparate et si
compliqué, qu'au milieu d'un si vaste labyrinthe on ne sait plus par où l'on est entré,
ni par quelle route on pourra sortir.

Une ligne tracée avec du charbon sur un
des côtés dirigeait notre marche : cette précaution avait été prise quelques jours auparavant par des ingénieurs qui, à l'aide
d'un ancien plan, de la boussole et de l'as-

sistance de plusieurs sapeurs, étaient parve
nus à trouver une route qui traversait l
montagne dans sa partie la plus étroite
et aboutissait vers une ancienne ouvertur
correspondante au bord de la Meuse.

A peine eûmes-nous parcouru un espac
de trois cents pas de longueur environ dan
les premières galeries, qu'on nous fit voir, à
côté d'un emplacement assez vaste, un four
à cuire le pain, très-artistement creusé dan
le massif de la pierre, ainsi qu'une cheminée taillée de la même manière, dont l
conduit, dirigé par un tuyau dans une de
galeries latérales, empêchait la fumée d'in-
commoder personne.

Des étables à vaches et à moutons avaient
été disposées tout auprès par de malheureux
cultivateurs qui, quelques mois auparavant, avaient transporté dans ces espèces
de cachettes retirées, leurs bestiaux et leurs
principales provisions, afin de les soustraire
à l'armée des ennemis avant le siége de
Maëstricht.

Nous continuâmes notre route, guidés
par ceux qui nous précédaient : les flambeaux qui éclairaient notre marche se trouvant disposés sur divers plans, et quelques-
uns à de grandes distances, nous mettaient

à même de jouir des plus singuliers effets de lumière, en même temps que ceux qui étaient les plus rapprochés nous permettaient de considérer les objets de très-près.

Nous n'étions pas encore au milieu de notre course, lorsqu'un des officiers d'artillerie légère, qui conduisait la caravane, vint nous avertir qu'il fallait tous nous réunir, et faire ici une station, pendant qu'il irait, avec deux ou trois sapeurs, à la découverte d'une galerie un peu détournée, dans laquelle il désirait nous faire entrer pour voir ce que l'on y avait découvert depuis peu de jours.

Il ne tarda pas à revenir, et nous engagea à le suivre. A peine eûmes-nous fait cent pas en détournant à droite, que nous nous trouvâmes dans une galerie vaste et exhaussée, mais qui différait des autres, en ce que les deux murs qui la forment, sont contigus, c'est-à-dire sans ouvertures latérales, tandis que les autres sont percées de toutes parts d'arcades qui embarrassent le voyageur, et l'exposent à s'égarer à chaque instant. Ici, au contraire, l'on se trouve comme dans une longue et large rue, en quelque sorte isolée des autres, et qui de loin paraît n'avoir d'autre issue que celle par où l'on est entré. Nous étions arrivés vers la moitié de cette espèce de caverne, lorsque les flambeaux qui nous précédaient nous permirent de voir d'assez loin un objet qui ressemblait à un homme étendu sûr la terre, comme s'il dormait ; cette idée semblait se confirmer à mesure que nous approchions, lorsqu'enfin nous aperçûmes à l'aide de la lumière un corps mort... Le lieu, l'état de ce malheureux, excitèrent en nous une surprise mêlée d'horreur. Ce n'était plus qu'un squelette desséché, vêtu d'un habit, un chapeau à côté de sa tête, ses souliers détachés de ses pieds et un chapelet près d'une main. On jugeait par son costume que ce devait être un ouvrier qui, s'étant égaré dans ces réceptacles souterrains, y avait péri de faim et de désespoir. L'état de dessiccation complète dans lequel il se trouvait, annonçait qu'il devait y avoir plus de soixante ans que cet infortuné était venu s'ensevelir dans ce vaste tombeau. Il est probable que personne n'est entré depuis lors dans cette galerie : on venait seulement, depuis quelques jours, de faire cette découverte. L'air sec qui règne dans ces carrières souterraines, l'absence de toute espèce d'insectes dans ces lieux ténébreux, avaient

permis à ce corps de se conserver, en se
desséchant à la manière de ceux qu'on voyait
autrefois dans les caveaux des Cordeliers de
Toulouse (1).

DÉPARTEMENT DE L'ESCAUT (2).

Les Dunes auprès de Dunkerque.

LES vastes plaines et collines de sable auxquelles on donne le nom de dunes, et qui
s'étendent le long de la mer auprès de Dunkerque (3), leur aspect uniforme et monotone
et l'aridité du sol contrastent singulièrement

---

(1) Ces fameux caveaux, appelés le *grand
charnier*, renfermaient, avant la révolution, soixante-dix cadavres d'hommes et de femmes desséchés, n'ayant que la peau collée sur les os:
ils étaient tous dressés, à l'entour du souterrain,
contre la muraille. On y a vu, pendant deux
siècles, le corps de la *belle Paule*, qui, de son
temps, avait été la première beauté de Toulouse.

(2) *Voyage dans les départemens du Nord,
de la Lys et de l'Escaut*, pendant les années 7
et 8, par Barbault-Royer. Paris, 1800, in-8o.

Voyage pittoresque, par M. Forster.

(3) Le nom de Dunkerque est dérivé des
dunes qui environnent cette ville.

avec les champs rians et fertiles et les gras
pâturages de la Flandre. Ces monceaux de
sable se présentent à l'œil comme des flots
orageux : on dirait qu'une main toute-puis-
sante a changé en sables les eaux de la
mer au moment d'une tempête ; leur élévation perpendiculaire est de quarante pieds
au-dessus du niveau de la mer. L'œil y découvre quelques petites plantations ; tout le
reste est sable : ce qui donne à cette contrée
un air sauvage, nu et triste. Le voyageur
éprouve à cette vue des sensations conformes
à l'aspect de ce pays désert ; sa tristesse augmente lorsqu'il sait que le sable de ces dunes
s'élève souvent en nuages épais et horribles,
dont l'air est obscurci, et, traversant les
environs, accompagné d'une tempête effroyable, vient fondre sur les champs cultivés,
qu'il frappe de stérilité pendant tout un siècle,
ou ensevelit les habitations et les fait disparaître à jamais. Au milieu de ces dunes on
croit être à une grande distance du monde
habité ; pas un endroit où l'on aperçoive les
traces de l'homme. Un horizon bleuâtre et
incommensurable qui s'étend au-delà de la
mer, et qui semble se terminer aux extrémités du monde, achève l'illusion. Tout est inanimé autour du voyageur, tout est immobile,

excepté les vagues de la mer qu'il voit se
soulever, s'engloutir tour à tour et disparaître
celles qui leur succèdent.

L'arrivée de la marée le distrait enfin de
ses pensées mélancoliques. Les flots, mus
par une force invisible, s'avancent avec une
majestueuse lenteur, couvrent une partie
des sables, et se retirent ensuite non moins
lentement. Une quantité d'animaux rares et
de productions intéressantes étalent leurs
formes, leurs nuances variées aux regards
curieux de l'observateur. Le sable fourmille
d'étoiles de mer, d'algues marines, de co-
ralines, de madrépores, de moules, que la
mer a déposés en se retirant. Une foule de
petits animaux de toutes couleurs se mêlent
avec les autres. Les rayons du soleil, en ré-
fléchant leurs couleurs brillantes, donnent un
nouvel éclat au magnifique tableau dont
jouit le spectateur émerveillé. Alors la couleur bronzée des eaux de la mer se change
en un vert pâle rehaussé d'un bleu transparent. Les flots qui se brisent sur les bancs
de sable paraissent se retirer avec plus de
rapidité, et forment de bruyantes montagnes d'écume, que de loin on prendrait pour
des avalanches de neige. La réfraction d'une
foule de rayons lumineux donne à la vaste

étendue des mers l'aspect d'une mer argentée;
à l'extrémité de l'horizon ces voiles ne paraissent plus que des points blancs.

D'après ce que nous venons de dire sur les
dunes, on n'a sans doute qu'une idée relati-
vement à l'état de ces petites montagnes
ambulantes, l'idée de leur aridité entièrement stérile : cependant, lorsqu'on veut bien
y réfléchir, il est facile de se convaincre que
ces sables, qui semblent si purs et si fins à la
vue et au tact, doivent renfermer une grande
quantité de parties terreuses d'autant moins
arides, que l'humidité y circule avec peine,
et ne peut s'en évaporer que très-lentement ;
et voilà précisément la cause d'un phénomène qui, au premier abord, paraît assez
extraordinaire : c'est que dans les parties de
ces sables où la végétation se développe, les
plus fortes chaleurs et les plus longues sécheresses n'altèrent point la fraîcheur des végétaux qui y croissent ; les graminées mêmes
viennent bien sur le sommet des dunes (1).

_____

(1) Les cultivateurs du département de la Manche connaissent bien ce phénomène, puisqu'ils
vont sur les bords de la mer chercher du sable ,
sous le nom de *tangue* , pour en recouvrir leurs
terres. Ce sable les fertilise autant que la marne.

Dans les plantations qui sont parfaitement
à l'abri des vents, les fruits et les légumes
sont excellens, et devancent même ceux des
serres chaudes : c'est que l'humidité intérieure de ces sables y entretient cette végétation, tellement copieuse, qu'elle permet
de creuser des fossés et d'élever de hauts
tertres dans ces dunes ; on peut même dire
de hauts remparts, puisque ceux de la place
de Dunkerque ne sont formés que de ce terrain. Les eaux qui sortent par filtration du
sable des dunes, sont toujours plus ou moins
colorées, corrompues, saturées de sel à base
terreuse, et quelquefois de gaz hydrogène,
résultant de la putréfaction végétale ; aussi
leur usage en devient très-mal-sain. De là
l'explication des principales causes des maladies endémiques des landes et des lieux ha-
bités dans les dunes.

DÉPARTEMENT DE LA SARRE.

La Montagne brûlante (1).

Sur la droite de la route de Sarrebruck,

à

---

(1) *Journal des Mines*, No. 13.
*Naturwunder und Laendermerkwuerdig-
keiten*, von S. C. Wagner. Berlin, 1802, tom. I.

à Artweiler, entre Duttweiler et St.-Imbert, est une montagne qui recèle un feu intérieur. La fumée qui s'exhale à travers les pierres, la chaleur que l'on ressent à travers les fentes des rochers, le soufre, le vitriol et l'alun que l'on voit sublimés sur quelques-unes de ses parois, le bruit même de l'air dilaté qui se fait passage, et que l'on entend quelquefois sourdement, enfin, le dépérissement des végétaux de cette contrée, ne laissent pas de doute sur un incendie; mais il n'a aucun rapport avec les volcans, et ne doit donner aucune inquiétude pour les effets terribles qui souvent en sont le résultat. Cependant il est à craindre qu'un jour le feu se communique aux mines de charbon de terre qu'on exploite dans cette montagne. Il y a plus d'un siècle que ce feu y dure. La superstition, la crainte et l'ignorance ont fait interpréter cet accident de diverses manières. Les personnes les plus sensées racontent qu'un berger, pour se réchauffer pendant l'hiver, alluma du feu contre une vieille souche, que celle-ci s'embrasa et communiqua le feu, à l'aide de ses racines, à la houille. Ce cas est possible : cependant la combustion a lieu quelquefois naturellement, dans les veines de houille, par la décomposition des différens sulfures

II

qui l'accompagnent ordinairement. Peut-
être ce feu s'éteindra lorsqu'il aura consumé
la veine de houille dans toute la longueur
de la montagne jusqu'aux gorges qui l'interceptent, et il gagnera en profondeur tant
qu'il trouvera assez d'air pour s'alimenter.

La montagne brûlante est remarquable
pour les minéralogistes, en ce qu'elle offre
une variété de pierres plus ou moins vitri-
fiées, dont la diversité de nuances est due
à la quantité plus ou moins grande de fer
qu'elles contiennent, et à une vitrification
plus ou moins parfaite. Elles sont composées
de grès à houille ou de schistes. Ceux – ci,
étant d'une fusion plus facile, vont souvent
à l'état de l'émail, tandis que les autres n'ont
éprouvé que quelqu'altération dans la couleur, et l'agrégation de leurs molécules in-
tégrantes.

CHAPITRE II.

PICARDIE.

DÉPARTEMENT DE LA SOMME.

Le Souterrain d'Albert (1).

Ce souterrain, situé à Albert, petite ville de Picardie, à cinq lieues d'Amiens, est une cave de plus de cent pieds de long, ou plutôt c'est une espèce de boyau étroit, large au plus de deux à trois pieds, ouvert sur le côté d'une carrière. A droite et à gauche de ce long souterrain, l'on ne voit que tuyaux de différentes longueurs et grosseurs, des masses de corps infiniment ramifiées, des espèces de colonnes plus ou moins cylindriques, droites ou couchées, du corps desquelles il sort quelquefois des branches assez

_____

(1) *Mélanges d'Histoire naturelle*, par A. Dulac, tom. II.

considérables. La masse entière de tous ces différens corps, au milieu de laquelle on a percé ce souterrain, repose sur un fond de glaise d'un brun très-foncé, qui contient une espèce d'huile très-grasse. A la vue de ce souterrain singulier, on est surpris du spectacle curieux qu'il présente ; on ne peut se lasser d'admirer ces masses si délicatement ramifiées, ces incrustations fines, cés cylindres arrondis et purs, ce grand nombre de coquilles blanches, dont le tout est entremêlé : les plus curieux des coquillages sont ceux qui s'élèvent en pyramides. Un tronc d'arbre d'où sortent plusieurs branches qui s'élèvent dans un groupe de roseaux pétrifiés, attire surtout les regards par la grosseur des branches, qui peuvent avoir environ quinze pouces de circonférence. Si l'on considère avec soin les différentes espèces de terre que la tranchée laisse voir, on en remarque d'abord une blanche et légère, dans laquelle se trouvent les roseaux et les herbes qui forment le fond de la pétrification ; plus bas, on découvre une autre terre plus brune et plus forte, dans laquelle on trouve quelques morceaux de roseaux cassés et pétrifiés : ces roseaux sont plus lourds, plus serrés et plus bruns que ceux de la pétrification supérieure. Sous cette terre brune, il y a une espèce de sable, tantôt gris, tantôt brun : ce sable contient des morceaux de roseaux encore plus pesans et plus lourds que ceux dont on vient de parler ; on en découvre même qui ressemble au grès et au marbre. Quant à la formation de ces curiosités, il paraît que le souterrain d'Albert a été anciennement un marais ou une mare remplie de masses d'eau, de roseaux et d'autres plantes aquatiques, qui ont été incrustées d'une matière de la nature de la craie ou de la marne, entraînée des montagnes par les pluies et les débordemens des rivières. Ce qui confirme cette opinion, c'est que la pente du terrain sur lequel coule la rivière d'Albert, doit avoir occasionné dans cet endroit beaucoup de mares ; et même des marais assez étendus. Après avoir traversé la ville, cette rivière forme, en tombant de la montagne sur laquelle Albert est bâti, une cascade qui peut avoir trente ou quarante pieds de chute ; on la lui a ménagée, en formant un mur de pavés de grès, depuis l'endroit où commence sa chute jusqu'au fond de la vallée (1). Outre

(1) Anciennement la rivière d'Albert ou d'A-nère avait un autre cours que l'on a été forcé de

3

l'utilité dont ce mur est pour la conservation de la montagne ; il procure à la ville
un spectacle qui ne peut diminuer de
beauté que par l'habitude de le voir tous les
jours. Lorsqu'on est à une cinquantaine
de pas de cet endroit ; on dirait que c'est une
belle nappe d'une matière argentée qui coule
sur un plan incliné, et qui paraît d'autant
plus belle à cette distance ; qu'on ne s'aperçoit pas des petits intervalles qui peuvent se
rencontrer entre les petits flots que la chute
occasionne.

Le Puits de Boïaval.

A Boïaval, village de Picardie, on remarque un puits extraordinaire, qui a cent
pieds de profondeur, à ce que l'on prétend.
On n'y trouve quelquefois point d'eau pendant quinze jours ou trois semaines, et
d'autrefois, mais plus rarement, il dégorge
si abondamment, qu'il forme un ruisseau

changer lors de la construction de la ville. Avant
ce temps, la carrière de pétrification formait la
partie la plus profonde de la prairie actuellement
comblée, et allait se joindre au premier lit de la
rivière.

très-considérable, comme on l'a vu en 1736. Il y avait alors quelques années qu'il n'avait répandu d'eau ; mais dans cette année l'eau s'y éleva avec tant de force, qu'elle pénétra dans les caves des maisons voisines, et, après les avoir remplies, elle se rendit par les soupiraux jusque dans les rues.

On remarque que la crue de ces eaux et leur abaissement dépendent du plus ou du moins de vent du nord qui règne dans ce pays pendant l'année. L'abondance des pluies ne fait point monter les eaux du puits, si le vent du nord ne souffle, et on les voit s'y élever dans les temps très-secs, lorsque ce vent règne avec force. Les habitans de ce village, qui sont obligés de se pourvoir d'eau à ce puits, savent, par la qualité des vents qui règnent, s'ils auront à la tirer d'une grande profondeur, ou non.

———

4

CHAPITRE III.

NORMANDIE.

DÉPARTEMENT DE LA MANCHE.

Les Salines de l'Avranchin (1).

LE grand usage que font presque tous les peuples du sel commun ou marin, la différente situation des lieux où l'on est à portée de le recueillir, le plus ou moins d'industrie dans les hommes qui s'occupent de ce travail, ont donné occasion à différentes manières d'extraire le sel des eaux de la mer et de le rendre propre à nos besoins.

Dans les marais salans on obtient le sel par la voie simple de la cristallisation ; dans quelques endroits on fait passer les sources salées dans des bâtimens de graduation garnis d'un grand nombre de fagots d'épines, sur lesquels, par le moyen de pompes, on fait

_____

(1) *Mémoires de l'Académie des Sciences,* année 1758.

tomber l'eau salée comme une espèce de pluie: cette eau, ainsi subdivisée en gouttes, et exposée à l'air qui circule dans ces bâtimens, s'y évapore avec facilité ; il commence à se faire un dépôt successif de sel sur les fagots ; l'eau qui en distille sans cesse, va se rendre dans des réservoirs d'où elle est portée ensuite dans des vaisseaux sur le feu, où s'achève l'opération. Les salines de l'Avranchin, qui font l'objet de cet article, n'appartiennent point à la classe de celles où la cristallisation a lieu, et diffèrent des dernières en ce que l'eau n'y commence point dans des bâtimens de graduation : l'eau n'y est salée, à proprement parler, que d'une manière accidentelle, et qu'en filtrant à travers des monceaux de sable chargés de sel ; elle se dissout et l'entraîne dans des réservoirs. Ce sel, dit Guettard, pourrait être appelé sel de *lavage*, comme on désigne les autres sous le nom de sels de cristallisation ou d'évaporation.

La côte de la mer de Normandie qui s'étend le long de l'Avranchin, et une partie de la basse Bretagne, forment par leur courbure une anse ou baie considérable où s'élèvent les rochers de Saint-Michel et de Tomblaine : la plage y est plate et le sable très-fin ; on n'y voit point de cailloux, et les co-

quilles y sont rares. C'est dans cette anse
favorable que se forme le dépôt continuel qui
entretient les salines dont il s'agit. Lorsque
la mer est calme, elle entre dans cette baie
par un mouvement très-lent, et n'y apporte
presque aucun corps étranger ; quelques débris de granit jaune et rouge y bordent seulement les rochers auxquels ils appartiennent. Ce que la mer dépose de plus considérable sur la plage, d'ailleurs très-nette, est
une terre glaise bleuâtre., fine et bien la-
vée ; il résulte de ce dépôt des amas de limon
connus sous le nom de *lisses*, et dangereux
pour les voyageurs qui les traversent peu de
temps après qu'ils ont été formés : ces lisses
en effet ont alors si peu de consistance, qu'on
court risque d'y être presque enseveli ; soit à
pied, soit à cheval, si l'on n'use pas de quelque précaution : outre celle de prendre un
guide, il est essentiel de franchir ces lisses
en courant au galop, afin que la glaise ait
moins de temps de se délayer ; et il est prudent, par la même raison, qu'un voyageur
s'écarte un peu de la route qu'un autre a
tenue.

L'eau de la mer, en entrant dans cette baie,
s'y étend avec tranquillité, et y forme une espèce d'étang où le dépôt du sel se fait facile-

ment. On ramasse pendant toute l'année le sable qui en est chargé, à l'exception de deux ou trois mois d'hiver, et l'on profite avec raison d'un temps sec pour ce travail : les pluies laveraient le sable, et le dépouilleraient du sel qu'il s'agit de recueillir.

Lorsque le temps est favorable, deux hommes, à l'aide d'une espèce de râteau, raclent la superficie du sable, et en forment peu à peu de petits monceaux que l'on transporte ensuite dans les endroits où ils doivent être réservés sous la forme de meules que les ouvriers nomment *moies*, jusqu'à ce que l'on fasse les opérations nécessaires pour les dépouiller du sel qu'ils contiennent.

On sent bien que cette manière de se procurer du sel n'est propre qu'aux pays qui ne peuvent avoir des marais salans, qui n'ont pas une mer paisible, et qui ne possèdent ni fontaines ni puits salés, ou qui ne renferment pas de ces mines de sel, si étonnantes par l'étendue et par le volume prodigieux des rochers de cette matière nécessaire.

Les côtes couvertes de cailloux ne permettraient pas à la mer de déposer son sel, parce que le mouvement continuel des cailloux détruirait tout ce qu'elle ferait à cet égard. Il serait, par exemple, impossible

6

de se procurer un pareil dépôt sur la côte
entre Dieppe et le Havre, qui est toujours
couverte d'une masse énorme de gros galets
ou cailloux, que la mer remue et bouleverse
à chaque instant.

La Carrière de Caumont.

A quatre lieues de Rouen, dans un lieu
dit Caumont, proche la petite ville de la
Bouille, on voit une carrière nommée Jac-
queline, qui présente un grand vestibule dans
son entrée, qu'on ne peut passer sans être
courbé. La grotte est inégale dans sa hauteur et sa largeur, et remplie de stalactites
et d'un amas de pierres brisées les unes sur
les autres. On arrive par un chemin assez
raboteux à la première grotte, qui a vingt-
deux pieds de diamètre et douze de hauteur,
éloignée de l'entrée de cent sept pieds. Les
murailles en sont tapissées de colonnes et de
rangs de tuyaux, d'autels et de stalactites
de différente figure pendantes de la voûte
qui est ornée de pyramides et de stalactites
tombant en culs-de-lampe. Au bout de cinquante pas, le chemin conduit dans une

autre grotte que la proximité des stalactites sépare en deux parties arrangées de la même manière. Une quatrième grotte plus petite, mais plus belle, suit cette double grotte ; elle paraît étroite et bouchée par des congélations jusqu'à vingt-cinq pieds de hauteur. On passe de là dans une demi-grotte tapissée de stalactites blanches, d'où une allée de quarante-neuf pieds de long conduit dans une grotte fort ample, pleine d'argile, et à une allée de vingt-neuf pieds, dont l'extrémité est toute bouchée. On compte en tout cinq cent sept pieds et demi de long.

On voit sur le chemin du Port-Saint-Ouin, à deux lieues de Rouen, des stalactites plus petites que les précédentes, composées de lames transparentes, sortant de la marne et des couches de pierre et de cailloux qui sont au pied des falaises dont le chemin est bordé.

Dans les jardins de Gaillon il y a une fontaine en forme de grotte, garnie de stalactites et de congélations tombant en forme de culs-de-lampe, entourées de plantes percées de tout côté et ayant des parties pétrifiées. Cette fontaine pétrifie encore tout ce qu'on y jette.

Sur le penchant du mont Renard, proche

la montagne dite le Mont-aux-Malades , vers Rouen , on rencontre beaucoup de fossiles et beaucoup de tuf, avec de longs morceaux de terre pétrifiés qui forment une espèce de sta-lactite de couleur jaune. Dans les vallées de Marum, Malenné, Boudeville ; aux environs de Rouen, à une lieue et demie de cette ville, on trouve à quelque profondeur sous la terre un tuf pierreux de quatre pieds d'épaisseur, dans lequel il y a des morceaux de bois pourri et pétrifié, des tuyaux de grès incrustés, des stalactites, différens coquillages d'eau douce et quelques parties d'animaux. A deux lieues et demie du Havre, et à une de la ville de Harfleur, sur le bord d'une falaise escarpée, on voit des incrustations, des cristallisations, des stalactites formées par l'eau d'une source qui se répand sur les rochers, dont les groupes en culs-de-lampe composent des grottes admirées de tous les naturalistes.

~La Normandie renferme beaucoup de curiosités de ce genre. Nous nous contentons de recommander à l'attention des voyageurs, outre les endroits indiqués ; la carrière de Verone, proche la ville de Vernon, département de l'Eure, et les grottes d'*Armanches*, à six lieues de Caen et à quatre de Bayeux,

très-fréquentées pour leurs belles congélations, ainsi qu'une autre caverne près l'ancienne abbaye de Longues , et peu éloignée
d'Armanches.

La Pointe de la Roque (1).

CETTE curiosité se trouve auprès de la vallée
de Risle, arrosée par la rivière du même nom.
Vers l'orient est un vaste terrain uni, que la
mer recouvrait autrefois , et qui forme une
anse de plus de deux lieues de profondeur sur
environ trois lieues d'ouverture. De l'un et
de l'autre côté le sol est fertile et parfaitement
nivelé ; mais sur la ligne qui sépare ces deux
plages , on voit se prolonger une montagne
étroite et longue, qui se dirige en pointe vers
la Seine ; la coupe en est escarpée , s'élève
perpendiculairement à sa base , et présente
des pics isolés que la dureté de leurs assises
a préservés de la chute dans les écroulemens

(1) *Voyages des Elèves du Pensionnat de
l'Ecole centrale de l'Eure dans la partie occidentale du département.* Evreux , an 10, in-8o.
avec fig.

anfruels. Depuis le haut de la montagne jusqu'au sol sur lequel elle repose , on . n'aperçoit qu'un amas de roches , de sables aride: et de blocs saillans ; en quelques endroits d: profondes crevasses sillonnent les rochers; en d'autres ils sont couverts d'arbrisseaux à moitié déracinés ; dans toutes ses parties elle est d'un aspect nu et stérile , tandis que le pied de la montagne forme un terrain fertile , couvert d'une herbe succulente qui nourrit un grand nombre de troupeaux. On ne considère pas sans surprise ces bancs de cailloux et de terre calcaire , alternativement superposés , ne laissant voir de différence entr'eux que dans leur épaisseur, conservant le plus parfait parallélisme sur une longueur de plusieurs lieues , offrant l'image d'une construction en maçonnerie, et représentant des assises régulières , telles que les ouvriers en emploient pour consolider de gros murs.

C'est particulièrement dans les pics de cette roche qu'on remarque cette disposition des différens lits dont elle se compose : transportés sur un autre sol, ils ressembleraient à l'ouvrage des hommes; toutes les assises sont uniformes et parallèles.

Le pavot cornu , la christe marine ou fenouil marin , et quelques autres plantes croissent en petit nombre sur ce roc stérile. Les pierres y renferment une quantité de fossiles de toute espèce, des vis, des buccins, des oursins, des dendrites, etc.... Combien de temps n'a-t-il pas fallu pour endurcir le limon amené par les vagues de la mer, et pour les changer en pierres ! On y voit fréquemment des oursins dont le centre est transparent comme l'agate, tandis que l'enveloppe et le creux formé dans le caillou par l'oursin sont calcaires à une certaine épaisseur ; après cela le silex reparaît, sa transparence diminue peu à peu, et le bloc se confond à la fin par le ton, la couleur et la dureté avec la pierre calcaire qui forme sa dernière enveloppe. On se demande avec étonnement par quel moyen le limon a pu devenir transparent, et acquérir la dureté du silice, à des profondeurs qui paraissent inaccessibles à l'action de l'air.

Quant à la position régulière des lits de pierres de cette montagne, on en découvre la cause en considérant les attérissemens que la mer a formés au pied de la roche. On remarque dans la coupe de ce terrain la même singularité, le même parallélisme des assises; ce qui prouve que les alluvions de la mer ont produit cette égalité : mais elle était beaucoup

plus élevée sur le sol lorsqu'elle posa les fondemens de la colline ; aussi agissait-elle alors
en grand avec toute la puissance des courans
et des grandes marées ; au lieu que les bancs
qui se sont formés au pied du roc, ne sont que
les dernières lames du flux et du reflux, et
n'ont pas à beaucoup près l'épaisseur de ces
bancs de silice et de terre calcaire qu'on voit
dans la montagne. Si l'on veut jouir d'une
belle vue, il faut monter au point le plus
élevé du plateau, qu'on appelle dans le pays
le *camp des Anglais*. Rien n'est plus varié que
la scène qui se présente alors aux yeux du
voyageur : vers le sud, ce sont des collines
cultivées et couvertes de bois ; vers le nord,
la Seine avec les côtes du pays de Caux, cou-
ronnées de grands arbres, entre lesquelles on
distingue quelques habitations ; à l'est, une
chaîne demi-circulaire de montagnes, avec
des attérissemens fertiles, qui s'étendent jusqu'au delà de Quillebœuf ; et vers l'ouest,
la superbe embouchure de la Seine, et les
rives qui la bordent ; les ports de Honfleur
et du Havre, le mouvement que donnent à
ce tableau toutes les barques qui montent et
qui descendent la rivière.

Le sol même que l'on foule commande
l'attention ; sur la pelouse les regards sont

attirés par un grand nombre de ces bandes circulaires connues sous le nom d'anneaux ou cercles magiques, et formées d'un gazon différent de celui qui se trouve autour et au-dedans de ces anneaux. La différence qu'on remarque entre la couleur des bandes et celle du gazon environnant n'est pas toujours du même genre : il y a des temps où le gazon des anneaux est plus frais et plus vert que celui qui les entoure ; il y en a d'autres où il est au contraire sec et fané, tandis que celui des environs conserve encore sa fraîcheur. Il n'y a pas un cercle, pas une seule bande où l'on ne trouve des champignons ou des débris de champignons. Aussi paraît-il certain que ce phénomène ne doit son origine qu'à quelques espèces de champignons qui croissent dans l'étendue des bandes, et qui proviennent sans doute d'un seul champignon qui a répandu sa graine ou sa poussière autour de lui. L'espèce appelée vesse-de-loup lance en effet, à l'époque de sa maturité, sa graine sous les formes d'une poussière noirâtre.

L'If extraordinaire (1).

Dans le département de l'Eure il existe plusieurs arbres remarquables par leur grosseur et leur vétusté. L'if que l'on voit dans la commune de Fouillebec en est un des plus remarquables; il a vingt-un pieds de pourtour; sa grosseur prodigieuse et sa solidité extraordinaire suffisent pour soutenir le chœur de l'église à laquelle il est adossé, et qui s'écroulerait dans un profond ravin si l'arbre ne lui prêtait pas son appui. Le terrain dans lequel l'if a ses racines est composé de sable et de cailloux; au-dessous de l'if on voit la coupe d'un cercueil de plâtre, dont la direction est de l'ouest à l'est comme celle de l'église. Il est facile de reconnaître, par le diamètre de la coupe du cercueil et par les os du squelette qui percent la terre, qu'il n'y en a qu'une petite partie de rompue; que c'est l'extrémité répondant aux pieds du squelette, qui s'est cassée dans l'éboulement du sol, et que le milieu de l'if répond au

_____

(1) *Voyages des Elèves du Pensionnat de l'Ecole centrale de l'Eure*, etc.

milieu du cercueil. Cela fait présumer que
cet arbre fut autrefois planté sur le tombeau
de la personne dont on aperçoit le cercueil,
et qui sans doute était d'un rang distingué.
Dans le feuillage de ce vieux if nichent une
foule d'oiseaux, tels que fauvettes, merles
et grives, qui dévorent avec avidité les baies
extrêmement douces que l'arbre produit encore en abondance.

A trois lieues de Fouillebec il existe un
autre if d'une grosseur semblable. — Sur la
route d'Honfleur, on voit à côté d'un moulin un osier ayant près de neuf pieds de contour, trente-un pieds de tige jusqu'aux
branches, et environ cinquante-six avec le
couronnement.

CHAPITRE IV.
ISLE DE FRANCE.

DÉPARTEMENT DE SEINE-ET-MARNE.

Le Rocher de Crécy (1).

Ce rocher, situé à un village peu éloigné de Meaux, est remarquable non-seulement par les grottes et les curiosités qu'il renferme, mais encore par sa formation même, due à une fontaine qui coule dans ce lieu, et dont les parties pétrifiantes ont produit ici le même phénomène qu'on remarque à la fameuse fontaine de Saint-Allire à Clermont (2). Le seul aspect de ce rocher fait

---

(1) *Mémoires sur les Stalactites*, par Guettard, insérés dans les *Mémoires de l'Académie*, année 1754.

De l'*Origine des Fontaines*, par Perrault.

(2) Voyez chap. XII.

connaître son origine; les espèces de cascades ou d'étages qu'il représente, ne doivent leur forme qu'à un dépôt successif des eaux de la source.

Le rocher fait partie d'une montagne assez considérable, et peut avoir environ cinquante à soixante pieds de haut sur plus de cent cinquante de large. A l'extrémité orientale de cette roche, est une grotte de quinze à vingt pieds de long sur presque autant de large, et dont la hauteur varie depuis cinq jusqu'à huit pieds. Cette grotte est percée dans un massif d'une pierre tendre, molle, blanchâtre, et de la nature de celle des environs de Paris. Dans le fond de cette grotte sont un trou, et un filet d'eau qui alimente la source qui vient du haut de la montagne, et coule jusqu'à l'ouverture qui est dans la grotte; l'eau y est reçue dans une rigole pratiquée sur le fond de cette grotte, va se perdre sous terre, et se jeter ensuite, après en être sortie, dans une auge de pierre qui est toujours pleine: le superflu s'écoule dans les fossés voisins de cet endroit. Comme le cours de la source est accéléré par le rétrécissement de son lit et par l'inclinaison du terrain, elle ne forme maintenant des dépôts qu'à la longue, et sur des corps auxquels les parties pierreu-

ses peuvent s'attacher facilement, spécialement sur les plantes, telles que cresson,
mousses et autres qui croissent sur les bords
de la rigole dans la grotte.

L'humidité que produisent dans cette
grotte la source et le suintement de la voûte,
altèrent sensiblement les plantes et les mousses, et leur donne également quelque ressemblance avec les pétrifications ; en effet, les
mousses et les autres plantes qui y sont attachées, sont incrustées de la matière pierreuse que les pleurs de la montagne détachent
en les traversant, et qu'elles déposent sur
ces plantes. Elles sont fréquemment entraînées avec la matière pierreuse qui se détache
des parois, et ensevelit les plantes dans une
masse, au milieu de laquelle se trouvent des
milliers de petites ramifications, dont les
branches sont ordinairement creuses; parce
que les plantes se pourrissent à la longue,
se détruisent entièrement, et laissent des
vides au milieu de la matière pierreuse ; le
rocher même est percé, dans toute son étendue, de petites grottes plus ou moins garnies
de ces ramifications. Le plus souvent ces
petites grottes ne sont que des cavités de
quelques pouces de profondeur ; quelquefois
elles ont un ou deux pieds. On en a détaché
plusieurs,

sieurs, et même on en conservait une autrefois dans le couvent des Carmes, bâti sur la
montagne avec des pierres tirées de ce rocher; cette petite grotte était remplie non-
seulement de ces ramifications qui ressemblent à des plantes, mais aussi de petites
colonnes si bien disposées, qu'on aurait dit
que l'art avait voulu représenter quelque
petit modèle d'architecture rustique. En outre, plusieurs petits enfoncemens avaient
leurs parois couvertes de mamelons diversement figurés qui ressemblaient assez aux
choux-fleurs. Les parois de quelques autres
enfoncemens avaient une espèce de placage
de lames perpendiculaires ou horizontales,
relevées de mamelons semblables aux précédens; en un mot, cette grotte renfermait
en petit presque tout ce qui fait la beauté et
le merveilleux de ces souterrains, dont nous
avons décrit plusieurs dans cet ouvrage.
On voit encore dans le rocher plusieurs cavités aussi jolies que celles qu'on en a détachées.

DÉPARTEMENT DE SEINE-ET-OISE.

Les Masses d'Ostéocolle (1).

LES naturalistes appellent *ostéocolle* une espèce de fossile très-curieux à connaître, et auquel on a attribué pendant un certain temps des qualités merveilleuses (2). Ce fossile se trouve surtout en quantité auprès d'Etampes.

Deux rivières, la Louette et la Chalouette se réunissent à l'entrée d'Etampes, et traversent cette ville pour aller arroser une belle prairie dans laquelle elles se joignent à la Juine, pour ne former qu'une seule rivière, nommée la rivière d'Etampes, qui va se décharger à Corbeil dans la Seine. C'est sur les bords de la Louette qu'on rencontre principalement le fossile dont il s'agit. La

---

(1) *Mémoire sur l'Ostéocolle*, par Guettard, dans l'*Histoire de l'Académie*, année 1754.

(2) Avant 1752, on ne connaissait l'ostéocolle que très-imparfaitement; elle n'était même connue que comme une drogue propre à remettre les os fracturés : c'est pourquoi les anciens médecins lui avaient donné le nom de *lapis ossifragus*.

canton où il est le plus commun commence
à la porte de *Chaufour*. On y remarque un
amas de tuyaux de différentes longueurs ; ils
varient depuis quelques pouces jusqu'à deux
pieds ; leur diamètre est de deux, trois,
quatre lignes, et même d'un pouce ; ils sont
pour la plupart d'une forme cylindrique :
quelques-uns sont formés de plusieurs portions de cercles qui, réunies, composent une
colonne à plusieurs pans. Il y en a d'aplatis ;
les bords de quelques autres sont roulés en
dedans, suivant leur longueur, et ne sont
par conséquent que demi-cylindriques. Plusieurs n'ont qu'une seule couche, mais la
plupart en ont deux ou trois ; on dirait que
ce sont autant de cylindres renfermés les uns
dans les autres : le milieu d'un tuyau cylindrique, fait d'une ou de deux couches, en
contient quelquefois un troisième de la forme
d'un prisme. Quelques-uns de ces tuyaux sont
coniques ; d'autres sont courbés et forment
presque un cercle. L'intérieur de tous ces
tuyaux est assez poli et ordinairement strié ;
leur surface est raboteuse, bosselée, et d'une
couleur de marne ou de craie. Quoiqu'ils
soient très-bien distingués les uns des autres, et qu'il soit facile de les séparer, on
peut cependant dire qu'ils ne composent

qu'une seule et même masse, qu'ils forment une espèce de rocaille naturelle assez semblable à celle avec laquelle on orne les petites grottes et les jets d'eau. En effet, la position respective de ces tuyaux, dont les uns sont comme suspendus à la couche des terres qui les recouvrent en dessus, tandis que les autres sont dans un sens contraire et assis sur le sol, donne à l'ensemble l'air de ces ouvrages d'architecture qu'on appelle rustiques.

Le bord occidental de la rivière est aussi incrusté de cette espèce de tubes ; mais la masse qui s'y est formée n'est pas si élevée ni si étendue que celle de l'autre bord. Guettard pense qu'elle n'est qu'une suite de celle-ci, et qu'elle en est séparée par la rivière, qui aura naturellement changé son cours, ou à laquelle on l'aura fait changer pour des raisons qu'il est aisé d'imaginer.

A la première inspection de ces masses on est étonné du nombre, de la forme et de l'arrangement bizarré de ces tuyaux ; mais lorsqu'on veut en chercher la cause, lorsqu'on veut savoir ce qui peut leur avoir donné naissance, on est encore plus embarrassé. Qui peut avoir produit ces espèces de tuyaux? qu'est-ce qui leur a donné leur forme et le poli qu'on observe au-dedans, tandis que le dehors est ondé et raboteux?

Faute de preuves assez convaincantes, nous ne pouvons que douter : cependant l'opinion de Guettard qui a long-temps réfléchi sur ce sujet, est très-vraisemblable. Ce naturaliste présume que le banc de terre dans lequel se trouve l'ostéocolle d'Etampes n'est formé que des dépôts de la rivière, et que ce terrain a été un marais rempli de plantes aquatiques qui ont servi de noyau pour former les tuyaux, par les dépôts que l'eau de la rivière y a dû amener dans les grandes crues. Les naturalistes qui ont précédé Guettard avaient tous regardé l'ostéocolle comme un produit de la marne qui se moulait dans les cavités de la terre, suivant la figure de ces cavités, ou qui enveloppait les racines d'arbres.

CHAPITRE V.

BRETAGNE.

DÉPARTEMENT DU FINISTÈRE (1).

Le Mont Saint-Michel.

La Bretagne n'a pas, comme le Dauphiné, l'Auvergne ou comme les autres provinces méridionales de la France, de grandes montagnes, de magnifiques vallons coupés par des rivières ou des ruisseaux limpides ; ce n'est que sur les côtes qu'elle offre des vues dignes du pinceau et de l'admiration du voyageur. L'intérieur est un pays uni, et plus remarquable par les mœurs antiques de ses habitans que par les beaux sites. La nature y a une physionomie particulière, qui cependant n'est pas sans intérêt.

Écoutons l'auteur du *Voyage dans le Finistère* s'exprimer sur ce sujet : « Quand

_____

(1) Cambri , *Voyage dans le Finistère.* Paris, 1802, 3 vol. in-8°.

je me suis trouvé, dit-il, sur les rochers sauvages de la Bretagne, dans un climat toujours battu par les tempêtes, sous un ciel noir et rigoureux, entouré de déserts, de sable, de goémon, n'ayant pour compagnons que les oiseaux de mer qui sifflent en pêchant, en dessinant des cercles dans les airs, en tombant du ciel sur leur proie ; quand le silence auguste et redoutable qui régnait sur ces vastes plages n'était interrompu que par la vague énorme qui se déployait en bouillonnant au milieu des rochers dont la chaîne se prolonge dans la mer et se perd à l'horizon ; quand je cherchais dans une chaumière enfumée quelque notice sur les mœurs, sur les antiques usages de la Bretagne ; que la misère la plus profonde, les instrumens les plus grossiers, les vêtemens des premiers âges, des habitations telles qu'on en trouve chez les Lapons, dans la Californie, étaient les seuls objets qui frappassent ma vue... je ne pouvais m'empêcher d'être surpris de l'incroyable différence que vingt lieues établissent quelquefois entre des hommes qui vivent sous le même ciel, sous les mêmes lois, sous la même religion. »

Nous venons de dire que l'intérieur de la

4

Bretagne n'offre qu'un sol à peu près plat, et par conséquent très-uniforme. On remarque cependant une petite chaîne de montagnes, appelées les montagnes d'Arès, dont le point le plus élevé est le mont *Saint-Michel.* Vers la cime de ce mont, la terre se dépouille d'arbres et de buissons, comme au mont Cénis et au sommet des Hautes-Alpes; elle n'est plus couverte que de bruyères et de rochers brisés par les orages ou décomposés par les temps. Tout prend un caractère sauvage, une apparence de mort; c'est l'aspect d'un vaste désert, dont rien n'égaye ni ne varie la longue et fatigante uniformité. Les derniers villages, les derniers champs forment des îles séparées, entourées de rochers; leur sol est une espèce de tourbe, d'une terre noirâtre et marécageuse, résultat de bruyères corrompues, accumulées pendant des siècles. Tout est d'ardoises dans ce pays : les maisons en sont couvertes; les champs en sont environnés; les ponts en sont formés; vous voyagez enfin sur le bord d'un petit ruisseau, parmi des pierres brisées et des rochers schisteux, et recouverts d'une espèce de grès jusqu'à la sommité, où l'on trouve une chapelle antique.

Quoique le mont Saint-Michel ne soit pas

extrêmement élevé; le climat y est très-orageux et sans cesse agité par les vents; la nature y est peu productive : on n'y trouve que cinq ou six plantes communes.

La vue dont on jouit au haut de la montagne, sans être d'une étendue immense, est cependant fort agréable. Vous apercevez le vaste ceintre formé par les montagnes d'Arès et les montagnes Noires, qui n'en sont qu'un embranchement : elles terminent à quinze lieues le point de vue de l'est-sud-est, coupé de collines peu pittoresques. La tour de Carhaix, celle de Rosternen se distinguent sur les nuages : l'œil, descendant au sud, est arrêté par la forêt de Las; à l'ouest, le point de vue perd son uniformité, et offre plus d'accidens : dans les beaux jours on aperçoit la mer et les terres prolongées de la presqu'île de Crozon. Les montagnes voisines du mont Saint-Michel bornent la vue du nord; elles présentent, à peu de distance, des tapis de bruyères d'un très-beau rouge, des rochers dépouillés, et dans quelques vallons, des langues de terre cultivées, des cabanes et quelques petits bouquets de bois.

C'est un tableau dont les masses sont bien distribuées, les détails variés, les couleurs vives; une odeur embaumée parfume l'atmosphère. Fatigué du noir des rochers ; du vague des lointains vaporeux, de la ceinture uniforme des montagnes, l'œil s'arrête avec plaisir sur dès tapis d'une mousse jaunâtre, sur de jolis champs de verdure qui se détachent au milieu des bruyères pourprées, comme les oases de l'Égypte sur les sables qui les entourent.

Les Grottes de Crozon.

Sur la côte de Crozon on voit une chose assez curieuse ; c'est une quantité de grottes de trente-sept à quarante pieds de hauteur et de soixante à quatre-vingt pieds delargeur. Le jour n'y pénètre qu'avec peine. Elles sont habitées par les oiseaux aquatiques, tels que les cormorans, les goëlans et les gods (1). Lorsque les pêcheurs approchent avec une chaloupe pour les en chasser, ils sortent en poussant des cris aigus; les pêcheurs saisissent alors leurs œufs et leurs petits. Pendant l'hiver et les momens d'orage la mer se précipite dans ces grottes en bouillonnant et en écu-

_____

(1) Le god est plus petit que le canard ; mais ses œufs sont deux fois plus gros que ceux de cet oiseau.

mant ; mais dans les jours calmes de l'été les
habitans du pays s'y mettent quelquefois à
l'abri.

A la pointe de la Chèvre on nomme une
de ces cavernes, dans la langue bretonne ,
queo Charivari, la cave du Charivari : les cris;
les sifflemens, les chants variés des oiseaux
qui la quittent ou qui s'y jettent, l'ont fait
nommer ainsi. La mer découle dans ce pays
de dix-sept pieds dans les grandes marées.

C'est dans les environs, à Plogeff, qu'existe
le fameux endroit nommé l'*Enfer*; c'est un
abîme où la mer s'engouffre avec un bruit
épouvantable : les rochers du fond y sont
de couleur rouge ; le jeu des vapeurs et de
l'écume les font paraître en mouvement. En
montant sur la pointe de Ratz ; élevée de
trois cents pieds, on voit avec effroi la mer
saper les fondemens de ce roc dépouillé ; les
vagues, poussées par un vent de nord-ouest,
se déploient avec une force , une puissance
qu'il est impossible de calculer ; le plus intrépide matelot ne passe jamais, sans implorer
la pitié du Très-Haut, devant la baie qui
porte le nom *des Trépassés,* dont l'aspect
lui rappelle les milliers d'hommes qu'elle
a dévorés et qu'elle engloutit encore.
Que sont les tourbillons de Carybde et de

Scylla, si vous les comparez à cette sène?
C'est ici que l'on voit réalisées les sombres
rêveries des anciens poëtes.

« Les sènes gauloises, dit l'auteur du
Voyage dans le Finistère, la baie des Trépassés, l'enfer de Plogoff, la tradition, les
cris des morts et des noyés qu'on croit encore
entendre dans l'île de Sein, cette multitude
de pierres druidïques, d'aiguilles élevées,
consacrées au génie du Soleil par la piété de
nos pères; ces monumens... ces prophétesses
des îles de la Loire, le souvenir de villes
englouties, de terres abîmées dans les ondes;
tout nous rappelle dans ces lieux à ces événemens extraordinaires, à ces bouleverse-
mens, à ces ravages des temps qui marquent
éternellement dans le souvenir, qui sont en
tête de toutes les histoires que les colonies,
les nomades et les conquérans portèrent sur
tous les points de l'univers. »

Sur la côte de Brigneau, où l'on voit également plusieurs grottes curieuses, il est un
autre gouffre nommé le gouffre de Belarge-
net. Il est de forme conique, et il a trente
pieds de large dans la partie la plus élevée
et cinquante pieds de profondeur. La mer
s'y précipite avec un bruit épouvantable, par
une voûte de sept à huit pieds de hauteur.

Dans les grands vents, quand ce gouffre est rempli, l'onde, pressée par le flot qui succède, s'élève quelquefois au niveau de la terre.

On remarque aussi dans ce canton une conque de quatre pieds de profondeur et de trente à quarante pieds de diamètre, ronde, régulière, creusée par la nature, au milieu de rochers striés, concassés, où l'on peut prendre un bain délicieux. On appelle cet endroit les *Bains de Diane.*

Les Rochers de Penmark.

Les côtes de la Bretagne présentent, pour la plupart, un aspect triste et sauvage. C'est surtout quand la mer pousse avec fureur ses vagues écumantes contre les rochers qui hérissent le rivage, qu'elles inspirent des sentimens qui approchent de la mélancolie. La description que fait M. Cambri des rochers de Penmark en fournit la preuve.

« J'avais attendu, dit l'auteur, le moment d'une tempête pour me rendre à Penmark ; je fus bien servi par les élémens : la mer était dans un tel état de fureur, que les habitans du pays, accoutumés à ce spectacle, quittaient leurs travaux pour la contempler.

» Tout ce que j'ai vu dans de longs voyages,

la mer se brisant sur les rochers d'Actarelle, les côtes de fer à Saint-Domingue, les longues lames du détroit de Gibraltar, une tempête qui combla sous mes yeux le port de Douvres en 1787, la Méditerranée près d'Amalphi ; rien ne m'a donné l'idée de l'Océan frappant les rochers de Penmark.

. Ces rochers noirs et séparés se prolongent jusqu'aux bornes de l'horizon; d'épais nuages de vapeurs roulent en tourbillon ; le ciel et la terre se confondent. Vous n'apercevez dans un sombre brouillard que d'énormes globes d'écume ; ils s'élèvent, se brisent, bondissent dans les airs avec un bruit épouvantable : on croit sentir trembler la terre. Vous fuyez machinalement ; un étourdissement, une frayeur, un saisissement inexplicable s'emparent de toutes vos facultés ; les flots amoncelés menacent de tout engloutir; vous n'êtes rassuré qu'en les voyant glisser sur le rivage et mourir à vos pieds, soumis aux lois de la nature et de l'invincible nécessité.

La torche de Penmark est un rocher séparé de la terre par un espace qu'on nomme le Saut-du-Moine ; la mer s'y précipite avec fureur. On lui prête le bruit qui retentit au loin dans la campagne, quoiqu'il soit proluit par les nombreux obstacles que l'Océan trouve sur ces parages. »

La description que ce même auteur fait des rochers de la côte de Plougastel, n'est pas moins intéressante.

« Ces rochers saillans, brisés, suspendus sur l'abîme de la côte de Plougastel sont des schistes mêlés de grands filons de quartz; ils sont enveloppés d'une épaisse bruyère sur les parties opposées au rivage. Cet aspect est mélancolique; une multitude de corbeaux d'une très-grande espèce, la corneille à tête grise, des éperviers, des buses y font en tout temps leur séjour. Les cris aigres et plaintifs des mauves, les goëlans qui planent au-dessus des eaux; l'âpreté du climat, le vent, un ciel d'orage habituel, augmentent la tristesse de ce séjour. On s'y plairait dans les beaux jours au coucher du soleil, quand le silence et le calme du soir ne pourraient être interrompus que par les chants de quelques matelots, que par le sillage de bateaux à la voile que du haut d'un rocher et appuyé contre un arbre, on verrait glisser sous ses pieds.

» A la pointe de Plougastel, en face de Brest, sont les forts de l'Armorique et du Corbeau, d'où l'on voit l'île Longue, la

Pointe-Espagnole, le fort Quelern, la rade
dans toute son étendue. On aperçoit au mili
les montagnes du Ménès-Com, que la tradition du pays atteste avoir été jadis une demeure des druïdes. Elle fut couverte de forêts, quoiqu'à présent elle soit tellement
dépouillée, qu'on n'y trouve pas un buis-
son. De cette pointe, la côte court est et
ouest ; elle est protégée contre les fureurs de
la mer par la presqu'île de Crozon ; le sable
le plus fin borde ses rives, et forme le fond
des eaux calmes et transparentes qui les arrosent : une multitude d'anses, de petits
golfes pénètrent dans les terres où règne un
éternel printemps. Vous n'êtes plus dans la
Bretagne : les fraises, les framboises, la
rose, la jonquille, la violette et l'églantier
couvrent les champs chargés d'arbres fruitiers ; le cerisier, le prunier, le pommier
descendent jusqu'au rivage ; leurs branches,
élancées sur l'onde, chargées de fruits, sont
souvent agitées par elle, et posent quelquefois sur des lits de narcisses, dont les feuilles
larges et longues, suivent, en ondulant, le
mouvement léger que les eaux leur im-
priment. »

~~~~~~~~~~~~~~~~~~~~~~~~~~~

CHAPITRE VI.

MAINE, TOURAINE, POITOU, SAINTONGE, etc.

~~~~~~~~~

DÉPARTEMENT DE LA MAYENNE.

Les Caves à Margot (1).

———————

Le peuple donne ce nom aux grottes de Sauges situées auprès de Saint-Pierre-d'Erve , dans deux énormes rochers , entre lesquels passe la rivière qui donne son nom à la commune. Elles se composent de plusieurs salles, les unes octogones, les autres irrégulières et de différente grandeur, depuis six jusqu'à dix-neuf mètres de largeur; les voûtes en sont formées par les rochers, dont plusieurs sont tellement fendus, qu'ils semblent être sur le point de tomber. Un de ces rochers, couvert

————————————————

(1) *Procès-verbal des séances publiques de la société libre des Arts du département de la Sarthe, tenues dans les années 9 et 10 de la République.*

de stalagmites , figure la partie inférieure
d'un homme coupé par la moitié , de manière à faire illusion. L'entrée de quelques-
unes de ces salles est bouchée par des blocs de
rochers : il y en a deux qui s'élèvent jusqu'à
la voûte. A travers leurs fentes on aperçoit
des précipices, dont une sonde de trente-cinq
mètres n'a pu atteindre le fond. Quelques
stalactites sont attachées aux parois du rocher; d'autres sont suspendues à la voûte.
Ce rocher est extrêmement dur; le fond est
une terre argileuse, sur laquelle on a cru
voir les traces d'une chèvre : on trouve d'espace en espace des nappes d'eau peu larges et
peu profondes. La voix est répercutée sourdement dans ces grottes. Elles offrent sans
doute d'autres particularités que l'on con-
naîtra lorsqu'on les visitera avec plus d'attention.

DÉPARTEMENT D'INDRE-ET-LOIRE.

Les Caves gouttières.

A deux lieues et demie de Tours , auprès
d'un village appelé Savonières , et situé sur
le chemin de Tours à Chinon , non loin des
bords du Cher, il y a des souterrains ou
grottes, que dans le pays on connaît sous le

nom de *Caves gouttières*. Nous verrons bientôt pourquoi elles portent ce nom.

On descend dans ces caves par plusieurs ouvertures. Les premières chambres en sont basses ; mais elles offrent la même singularité que les autres salles, c'est-à-dire que l'eau y tombe toujours du plafond goutte à goutte, et forme toutes sortes de congélations ou de petits glaçons d'une couleur blanchâtre attachés à la voûte. Dans une autre pièce, sous une voûte exhaussée, on voit une espèce d'autel long, large et haut à proportion : il est d'une pierre blanche, dure et d'une seule pièce. En examinant ce morceau de près, on remarque qu'il a été formé par l'eau qui suinte à travers la voûte, et qui se pétrifie en tombant, comme on le remarque par les rocailles de pierre, en forme de glaçons ou de cristaux attachés au roc qui sert de base à l'autel.

De cette cave on passe, par une ouverture fort basse, dans une chambre plus longue que large, décorée de la manière la plus symétrique et la plus élégante, et qui offre un spectacle aussi brillant que curieux. Ce sont deux grands rochers d'une pierre blanche comme de la neige et dure comme du marbre, de figure pyramidale, formés par plusieurs cordóns rentrans, posés les uns sur les autres avec une régularité surprenante, et ornés naturellement de petites écailles couchées et creusées comme si on les eût travaillées au ciseau. Le cordon le plus haut et le moins large renferme un bassin toujours rempli de l'eau qui dégoutte de la voûte, et qui en se débordant coule sans cesse dans le contour des rochers, et entretient plusieurs autres bassins plus petits, que la nature a formés dans chaque cordon de distance en distance. Entre les deux rochers de cette chambre il y a plusieurs lagunes ou flaques d'eau peu profondes, dont la surface est couverte d'une croûte de glace de l'épaisseur d'une feuille de tôle : ces croûtes se précipitent à mesure qu'elles s'épaississent. Dans ces flaques d'eau, aussi bien que dans les bassins des rochers, on trouve quantité de petites dragées de pierre de toutes sortes de figures, dont quelques-unes sont si blanches et si bien arrondies, qu'on les prendrait pour de véritables dragées. Enfin les morceaux de pierre qu'on ne détache des voûtes et des rochers qu'avec bien de la peine, sont entièrement semblables à du sucre, à la pesanteur près ; la forme en est si ressemblante, qu'un observateur attentif s'y tromperait.

Ces grottes sont aujourd'hui toutes bouchées par les éboulemens des coteaux voisins. Les caves des habitans près de ces grottes sont de même nature, et l'on y trouve beaucoup de fossiles et de ces petites pierres imitant les dragées.

DÉPARTEMENT DE LA CHARENTE (1).

Les Grottes de Rencogne et les Gouffres du Bandia.

DANS les rochers qui bordent le lit de la Tardouère et du Bandia se sont formées des cavités immenses dont l'intérieur offre un spectacle aussi beau que singulier. Celles de Rencogne, à quelque distance de la Rochefoucauld, méritent une attention particulière. L'entrée en est sombre et basse ; mais lorsqu'on est avancé un peu, on se trouve dans des caveaux si vastes qu'on aperçoit à peine les voûtes qui présentent mille formes variées. En suivant les issues, quelquefois étroites, que laissent entre eux les rochers, on parvient à des souterrains remplis de stalactites de différentes couleurs et de

(1) Delaistre, préfet, *Statistique du départ. de la Charente.* Paris, an 10, in-8°.

différente nature, qui produisent, à la clarté des flambeaux, l'aspect le plus brillant et le plus riche. On jouit dans toutes ces cavernes d'un air doux et nullement malsain. Un ruisseau qui les traverse interrompt par son murmure entre les rochers et les précipices, le silence de ces lieux. Les concrétions pierreuses y forment des pyramides et toutes sortes d'ornemens.

On n'a pas encore pu bien déterminer la longueur et l'étendue de ce souterrain. Quant à sa formation, on l'attribue aux eaux qui filtrent à travers la colline où il est situé, et aux débordemens de la Tardouère qui l'ont souvent rempli, et qui ont entraîné les terres qui unissaient les différens bancs de rochers dont se compose le coteau. Cette opinion est d'autant plus probable, que les gouffres dans lesquels se perd la Tardouère, tout le long de son cours, bordent son lit le long du flanc de ce coteau, et que l'eau, dans les débordemens, a souvent bouché la grande ouverture d'entrée du souterrain, sur laquelle on voit encore aujourd'hui tracé le niveau des eaux qui y sont entrées dans les divers débordemens.

Les gouffres qui bordent le cours du Bandia sont encore plus nombreux et plus remar-

quables que ceux de la Tardouère. Auprès
du village de Chez-Robi il y a entre autres
un gouffre formé en entonnoir ou cône renversé, qui suffirait pour engloutir la rivière,
si celle-ci n'était retenue par une digue qui
en détourne le cours. Les eaux qui s'échappent à travers cette digue se précipitent dans
le gouffre avec un bruit effroyable et à une
profondeur inconnue. Quelques naturalistes
présument que les eaux englouties du Bandia
et de la Tardouère forment, à quelque distance de ces gouffres, la source de la Touvre;
en effet, cette dernière rivière est limoneuse et
saumâtre, quand il a tombé une forte pluie
dans les pays arrosés par le Bandia et la Tardouère; mais le niveau presque toujours
invariable de la Touvre semble détruire cette
opinion, puisque pendant l'été le Bandia et
la Tardouère sont presque à sec.

Il est à remarquer qu'il existe une confor-
mité frappante entre les grottes de Rencogne
et le bassin de la source dormante de la Touvre. Les voûtes de ces grottes présentent des
cônes hérissés, jusqu'à leur sommet, de roches
transversales. Le gouffre de la Touvre est
aussi un cône, mais un cône renversé, dont
le fond paraît, dans le beau temps, hérissé
de rochers entassés les uns sur les autres.

CHAPITRE VII.

GUIENNE.

Grottes de la Guienne.

La Guienne est ornée de plusieurs grottes fameuses, pleines de belles pétrifications. La *grotte de Cabrères* est située au milieu d'une montagne très-escarpée, sur le bord de la rivière de Selle qui passe à Figeac. On ne peut y entrer que couché sur le ventre ; elle a près de trois cents pieds de long sur quinze à seize de large, d'un plain-pied fort inégal dans son étendue. Le rocher qui forme la voûte a environ quatre toises de hauteur. La *grotte de Marsillac* présente dès son entrée une salle et deux chambres soutenues par des colonnes sur lesquelles on admire plusieurs statues naturelles. De là on passe dans cinq ou six chambres soutenues pareillement de colonnes, où la symétrie n'est pas moins bien observée. La dernière est

gatée

gâtée par la fumée qu'y a faite une troupe de voleurs, à qui elle servait de retraite. La grotte de Thébiron, située dans le territoire d'Armagnac, est plus grande que celle-ci, et remplie de congélations et de stalactites du même genre.

Une grotte encore plus célèbre que les trois ci-dessus, est celle que l'on nomme le Trou-Granville, à six lieues de Périgueux et à trois de Sarlat. Nous en donnerons une description particulière.

Dans la terre de Castelnau, à une lieue de Sarlat, on trouve sous des rochers des antres qui forment des chambres, des salles et cabinets remplis de congélations, dont les formes et les figures sont très-singulières. On parle encore des grottes de Bruniquel, de Saint-Antonin, de Bugeau et de Cluseau.

Une grotte inaccessible est placée sur le haut d'une montagne près Tayac, à sept lieues de Périgueux ; l'entrée en est si fort resserrée par les stalactites, qu'à peine un homme peut y passer. Il en sort une cascade, dont la chute fait grand bruit, et dont l'eau va former à cinq lieues de là la fontaine de l'Auche.

La grotte de Ba____ est fort élevée et fort large ; elle a un plafond plat, soutenu par

K

une colonne de rochers, remplie de stalactites. Il y en a une autre dans la paroisse de
Tuillères, à cinq lieues de Périgueux, laquelle a cent vingt pieds de long, avec plusieurs allées : elle est tapissée de cristallisations, imitant les gâteaux de miel.

Dans le village de Cangoireau, à trois
lieues de Bordeaux, on voit sur la côte plusieurs grottes servant d'habitations aux paysans, et trois autres pleines de cristallisations
et de congélations, dont l'une a près de deux
cents pas de long. L'eau qui tombe du haut
du rocher, y forme de petits glaçons d'environ
un demi-pied, blancs comme du cristal. La
plus curieuse de ces trois grottes est celle de
la tête, qui est à double étage. Une source y
passe à travers du rocher qui leur sert de
plancher.

Près de St.-Jean-de-Cole est une grotte toute
remplie de cristaux, et dont la profondeur
est inconnue ; souvent les congélations augmentent au point d'en boucher entièrement
l'entrée. Les cristallisations de cette grotte
sont les unes jaunes, les autres blanches; et
dans les endroits où le cristal manque, le bol
d'Arménie prend sa place.

DÉPARTEMENT DE LA DORDOGNE.

La Grotte de Miremont (1).

CETTE grotte, autrefois appelée le *Trou de Granville*, peut être regardée comme une des plus belles grottes de la France. Elle est située entre Sarlat et Périgueux, auprès d'un village appelé Pivaset, aux deux tiers de la hauteur d'une colline extrêmement aride. Sa profondeur, depuis l'ouverture jusqu'à l'extrémité de la plus grande branche, est de cinq cent quarante-cinq toises, et la totalité de ses ramifications de deux mille cent soixante-dix toises. Si l'on évalue tous les angles dont on ne peut tenir compte, et si l'on considère que le voyageur, au lieu de suivre la ligne droite du plan, parcourt toujours la courbe de l'ellipse, pour observer les objets attachés aux parois, on devra augmenter cette distance au moins d'un quart, et l'espace entier à parcourir sera de cinq mille quatre cent vingt-quatre toises. Il serait dangereux de se risquer dans ce souterrain im-

_____

(1) *Annuaire du departement de la Dordogne,* rédigé par M. Delfau.

mense, sans le secours d'un guide qui demeure sur les lieux.

L'entrée de la grotte est un peu étroite; il faut se courber pendant quelques pas pour y pénétrer; mais le terrain s'abaisse à mesure qu'on avance, et l'on chemine bientôt sans obstacle. On parcourt d'abord la branche qui est à droite, et le premier objet curieux qui se présente est une stalactite, appelée par le peuple le *tas de la Vieille*. Cette pierre présente un cône d'à peu près douze pieds de circonférence à la base, et de quatre et demi de hauteur. Elle a été formée par l'eau imprégnée de spath calcaire très-pur qui tombe de la voûte. On remarque dans cette partie un assez grand nombre de stalactites en forme de mamelons, mais d'une assez petite dimension. En général, ces sortes de congélations sont rares dans cette grotte. La voûte offre encore des pierres brillantes de diverses formes et grandeurs, et trop élevées pour pouvoir être aperçues en détail.

Plus loin on trouve une belle pièce, de forme elliptique, et appelée *chambre des Gâteaux;* elle a trente pieds de longueur sur neuf de hauteur, et elle est ornée, à hauteur d'appui, de branches de silex qui forment tout autour un double rang de rameaux entrelacés. Ces rameaux, disposés avec autant d'élégance que de symétrie, font un effet admirable, et représentent assez bien diverses figures de pâtisserie. Le plafond est extrêmement uni et orné de petites coupoles remplies des mêmes figures. A quelque distance de cette pièce, on entre dans une autre plus petite et d'une moindre élévation, dont la voûte et les parois sont tout couverts d'un spath trièdre de la plus belle transparence. Ces pierres brillent comme le diamant, et lorsque la pièce est bien éclairée, elles jettent des reflets étincelans.

La chambre des coquillages qui vient ensuite, est un assez vaste appartement tout parsemé de térébracules, d'huîtres fossiles et autres coquilles incrustées dans le roc. Cette pièce est suivie d'une autre chambre cristallisée, presque entièrement semblable à la première.

Après avoir visité toute la première partie de la grotte, on arrive au grand embranchement par un large chemin appelé la grande route, qui dans quelques endroits a trois toises de largeur, et une voûte de six d'élévation, et même plus, si l'on mesure la profondeur des coupoles que l'on y remarque de distance en distance. Ces coupoles sont

3

d'une beauté parfaite ; il est impossible d'en voir de plus régulières, et l'on peut les donner pour modèles aux plus habiles architectes. Vers les bas côtés on remarque, dans toute la longueur des murs ou des parois, des socles continus que l'on pourrait parcourir en quelques endroits, s'ils étaient moins glissans. La grotte est plus humide dans cette partie que dans aucune autre ; on y marche dans une terre bolaire extrêmement tenace. Malgré cette moiteur, il ne paraît y avoir que peu de stalactites. Il est vrai que les flambeaux et la paille même, qui ne brûlent qu'avec peine dans cet air condensé, ne répandent point une clarté suffisante pour qu'on puisse bien observer les objets qui sont à une certaine hauteur. On remarque dans cette route une grosse pierre appelée la *tombe de Gargantua*, que l'on prendrait effectivement pour le tombeau de quelque géant.

Vers l'extrémité de la grande route on entre dans une allée appelée *allée de la Labanche*, remarquable par une quantité de choux-fleurs très-beaux qui tapissent ses parois et pendent à la voûte. Ces stalactites, qui ressemblent parfaitement à la plante dont on leur a appliqué le nom, forment en

cet endroit une suite agréable de bouquets ;
mais il est difficile d'en arracher. Pour les
obtenir en entier, il faut employer le ciseau
et tailler le roc auquel ils tiennent fortement. On quitte la Labanche pour passer
dans une pièce dont l'entrée est étroite et
pénible, et où il faut descendre par un escalier assez rapide. Mais bientôt la voûte s'é-
lève, et l'on découvre une vaste place appelée
le *Marché*, dont la structure est très-belle.
Le plafond surtout est remarquable par les
coupoles que l'on y trouve en plus grand
nombre que dans aucune autre partie, et
qui sont toutes remplies de branches de silex, dont les diverses configurations font un
effet agréable et très-singulier. Ce sol, d'une
terre argileuse et d'une humidité toujours
égale, conserve des traces de tous les voyageurs qui viennent traverser cette place ; et
en examinant les traces empreintes de tous
côtés sur le terrain, on comprend aisément
pourquoi on lui a donné le nom de *place du
Marché*. En sortant de cette pièce on arrive
enfin à l'ouverture de la granche branche ;
mais on s'arrête quelques instans pour considérer deux éboulemens qui sont à l'extrémité de la grande roûte, vers le midi de la
montagne. et qui annoncent un passage.

4

obstrué, au-delà duquel il y a sans doute d'autres routes souterraines.

C'est près de cet endroit que commence la grande branche. Cette partie est aussi longue à parcourir que tout le reste de la grotte. Il serait trop long de décrire en détail les nombreuses ramifications, et il suffit de dire qu'elles sont, comme dans l'autre, toutes très-curieuses et variées : mais on ne peut s'empêcher de s'arrêter un moment sous une voûte qui mérite bien de fixer nos regards. Les hommes n'en construisirent jamais de plus élégante ni de plus solide. Le milieu de cette voûte, qui est d'une médiocre élévation, descend et vient en cône renversé s'appuyer sur un autre cône placé en sens inverse ; tout autour et vers ses extrémités on retrouve le même jeu de la nature, et ces cônes, ainsi régulièrement disposés, laissent entre eux des arceaux qui forment autant de passages par lesquels on tourne autour de cette coupole, qui présente exactement la forme d'un parasol.

À la suite de cette pièce on en voit plusieurs autres qui méritent aussi d'être visitées ; il en est surtout une très-curieuse, mais dont l'entrée est si étroite, qu'il est facile de passer à côté sans l'apercevoir. Ce cabinet, que l'on croirait tapissé de diamans, offre les plus belles cristallisations; toutes ses parties sont unies, intactes; mais il est à craindre que lorsqu'il sera plus connu, le ciseau ne gâte bientôt ses parois. Au sortir de cette pièce on pénètre dans quelques autres qui renferment aussi plusieurs objets curieux; on y remarque à la voûte de nombreuses lames de tuf calcaire d'une couleur roussâtre, retenues de distance en distance par des filets de pierre de même nature, entre les cloisons desquelles se trouve une terre argileuse de couleur brune. Sur ces mêmes voûtes, ainsi que le long des parois, sont répandues d'innombrables térébracules et coquilles de toutes les formes; et dans une des chambres latérales, dont le plancher est purement terreux, on trouve à six pouces de profondeur une terre argileuse, onctueuse, employée par les ouvriers en guise de sanguine (1). Après avoir examiné les parties principales de la grande branche, on finit

_____

(1) Cette terre peut être employée avec succès au dessin et au poli; on en a fait de bons crayons pour les ébauches. Elle a la teinte de la sanguine, qu'à Paris, dans le commerce, on appelle *terre d'Espagne.*

5

par le *ruisseau* qui n'est pas l'endroit le moins
remarquable de la grotte ; c'est un abîme en
forme d'entonnoir, dans lequel on descend
par des marches assez difficiles. Quelle est
la surprise du voyageur, lorsqu'il arrive au
fond et élève ses regards ! Devant lui s'ouvre
un passage entre des rochers élevés à perte de
vue ; à ses pieds coule un ruisseau qui traverse l'entrée et disparaît. Il pénètre dans ce
chemin tortueux qui offre une suite remarquable d'angles saillans et rentrans, et observe avec étonnement cette cavité qui est
entièrement différente de la grotte, étant
située à trente pieds plus bas, et ne renfermant aucun des objets qui embellissent les
voûtes supérieures. Il paraît qu'un grand
effort de la nature a frayé depuis peu cette
nouvelle route. En le suivant, on retrouve
le ruisseau qu'on avait perdu à l'entrée ; il
serpente, comme le Styx, dans ces noirs souterrains. A mesure qu'on avance dans ce
labyrinthe, les sentiers se multiplient et deviennent plus difficiles ; les flambeaux n'y
répandent qu'une lueur pâle, et la route, qui
descend toujours, semble nous conduire au
Tartare. Une société de curieux manqua
périr dans ces souterrains en 1765, parce que
s'étant enfoncés dans le passage dont nous

venons de parler, ils s'aperçurent que la lumière allait leur manquer, et qu'ils ne retrouveraient jamais l'issue au milieu des ténèbres. Heureusement un d'entre eux ayant plus de présence d'esprit que les autres, alla sur-le-champ à la découverte de la sortie, et amena le conducteur pour secourir ses compagnons. On raconte que trois ouvriers qui s'étaient introduits dans cette grotte sans conducteur, y périrent victimes de leur imprudence, et que cet accident fut annoncé par un chien qu'ils avaient amené, et qui ayant eu ensuite l'adresse de retrouver l'issue, resta à l'entrée, et donna continuellement des marques de douleur.

La grotte de Miremont (1) est sans contredit la plus belle qui existe dans le département de la Dordogne; on en trouve cependant quelques autres qui méritent aussi d'être visitées par les curieux : telle est la grotte de *Roffi*, de *Brantôme*, de *Sainte-Nathaline*, de *Plazac*, de *Mucidan*, de *Trémolat*, d'*Azerat*, de la forêt de *Vergt*, de *Fourqoue* et de *Boulonneix*.

---

(1) On lui a donné ce nom à cause de Gonthier de Miremont qui la fit connaître le premier.

DÉPARTEMENT DU LOT.

Le Gourg et le Bouley (1).

CE sont les noms de deux fontaines singulières qui, sortant de deux vallons corres-
pondans à une demi-lieue de Souillac, se
joignent, et vont se jeter avec le ruisseau
de Borrèse dans la Dordogne, auprès du petit
bourg des Cuisines.

La fontaine du *Gourg* vient du vallon de
Blagour ; celle du *Bouley* sort du pied de la
montagne, connue dans le pays sous le nom
de *Puy-Martin*, où l'on découvre un antre
d'environ neuf pieds de profondeur, au fond
duquel on aperçoit deux ouvertures irrégulières et presque triangulaires. C'est par ces
deux bouches que la fontaine de Bouley lance
deux jets divergens qui font avec l'horizon
un angle de près de quarante-cinq degrés.
Ce n'est jamais qu'après des pluies très-abondantes que ces deux fontaines coulent. L'é-
ruption du Bouley est précédée ordinairement
d'un bruit assez fort pour être entendu des

(1) *Sur deux fontaines du Haut-Quercy*, par
Bordes de Baillot, dans le quatrième vol. des
Mémoires de l'Académie de Toulouse. 1790.

paysans du haut de la montagne; l'eau sort avec force, et avec une espèce de sifflement, par les deux ouvertures du fond de la caverne, inonde le vallon, déracine les arbres, et cause les plus grands ravages dans la campagne.

Si les pluies sont continues, ou si le Limousin a éprouvé quelque orage violent, la source du Bouley semble presque tarie; les deux jets sont sans force et ne fournissent que quelques gouttes d'eau : mais aussitôt le Gourg soulève ses eaux et s'élance avec une telle impétuosité, que dans très-peu de temps le vallon, inondé, ne présente plus à la vue qu'une vaste nappe d'eau. Ce torrent, en se précipitant dans la Dordogne, semble dédaigner de confondre ses eaux avec celles de la rivière, et ne prend la couleur de la dernière qu'à une distance considérable du confluent. L'éruption du Gourg est toujours annoncée par une espèce de bouillonnement que l'on voit sur la surface de cette fontaine; et peu d'instans après on voit s'élever du centre une colonne d'eau qui forme un jet vertical de douze pieds de haut et d'environ trois de diamètre. A peine l'écoulement de cette fontaine a-t-il cessé, que le Bouley commence une seconde fois à vomir ses eaux avec la même impétuosité ; les deux sources s'é-

puisent enfin et rentrent dans leur lit ordinaire. Le temps de l'écoulement et de l'in-
termission de ces deux fontaines n'a rien de
fixe ni de déterminé. Le Bouley lance ses
eaux pendant plusieurs heures, quelquefois
pendant trois, quatre et cinq jours. Le Gourg
sort avec impétuosité pendant trois, sept et
même dix heures. En 1783, son écoulement
dura pendant dix-sept heures.

Le Bouley sort avec impétuosité du sein
de la terre plusieurs fois l'année. A de certaines époques ses éruptions alternent avec
celles du Gourg; d'autrefois l'écoulement du
Gourg n'éprouve aucun degré d'augmentation, quoique le Bouley donne abondamment
de l'eau; mais ce qu'il y a de certain et d'invariable, et ce qui a été constamment observé, c'est que l'écoulement du Gourg est
toujours précédé et suivi de l'éruption du
Bouley, c'est-à-dire que celui-ci est constamment le premier et le dernier à lancer ses
eaux.

Il est encore à remarquer qu'il y a autour
du Gourg d'autres petites fontaines qui tarissent toutes, dès que celui-ci commence à
lancer ses eaux.

On sent qu'on ne peut expliquer ces divers phénomènes que par les principes que

nous avons établis dans la section précédente,
lorsque nous avons parlé des sources périodiques en général. Il est très-probable que
dans l'intérieur ou sur la surface d'une montagne du Limousin, la nature ait formé un
réservoir dans lequel se rendent toutes les
eaux pluviales de ce canton, soit par la filtration, soit par plusieurs canaux naturels.
Ce réservoir communique sans doute par sa
base avec un tuyau de conduite, par lequel les
eaux se pressent à mesure que le réservoir se
remplit. Les deux ouvertures qu'on trouve au
fond de la caverne au pied du Puy-Martin,
sont les orifices de ces tuyaux. Si la quantité
d'eau qui passe du réservoir dans le canal ne
surpasse pas celle qui y est portée par les
canaux d'entretien, le Bouley ne cesse de
couler que jusqu'à ce que le réservoir soit
épuisé.

Il faut supposer de plus un tuyau naturel
recourbé en forme de siphon, dont la plus
courte branche plonge dans le réservoir,
tandis que la plus longue s'étend hors du
réservoir. Dans cette supposition, il est impossible que l'eau monte jusqu'à la courbure
du siphon naturel, sans descendre par la
plus longue branche. Comme ce canal est
plus large et plus rapide que celui du Bouley,

l'eau, en arrivant au point où le siphon et le canal se rencontrent, doit entraîner celle qui coulait par le dernier, gagner ensuite le tuyau par lequel on la voit sortir avec la plus grande impétuosité. Si de longues pluies augmentent la quantité d'eau dans le réservoir, l'éruption du Gourg dure plus long-temps, et ne cesse que lorsque la plus petite branche du siphon ne plonge plus dans l'eau; alors le plus large canal se trouve à sec, et l'eau, ne trouvant plus de résistance à l'endroit où les canaux se croisent, doit jaillir de nouveau des deux ouvertures de la caverne, jusqu'à ce que le réservoir soit vide; et lorsqu'il reçoit de nouveau une assez grande quantité d'eau pour remettre en jeu le siphon, le Gourg fait une nouvelle éruption qui sera toujours suivie de celle du Bouley, parce que la quantité d'eau nécessaire pour l'éruption de ce dernier ne doit pas être à beaucoup près aussi considérable.

Telle est, en général, l'explication de ce phénomène; quant aux circonstances accessoires, le lecteur intelligent en devinera la cause, d'après ce qui vient d'être dit.

DÉPARTEMENT DE L'AVEYRON.

La Montagne brûlante (1).

Au nord-ouest du village de Cransac, entre le Lot et l'Aveyron, est une montagne qu'on peut regarder comme le Vésuve en petit. On l'appelle dans le pays la *Montagne brûlante de Fontaynes*. Sa hauteur est d'environ quatre cents pieds. A mi-côte on voit une grande crevasse de forme elliptique, qui renferme dix-huit cratères groupés sur trois points. Bordée d'arbres d'un vert pâle, et remplie de pierres blanches calcinées, ou de terre rouge brûlée, cette crevasse présente de loin l'aspect d'une vaste plaie. Pendant le jour le feu n'est pas apparent; mais pendant la nuit on voit tout le gouffre en flamme, spectacle effrayant pour ceux qui ne sont pas familiarisés avec ce phénomène. En s'approchant de l'endroit où le feu est apparent, on sent la terre résonner sous ses pas. Si, bravant la fumée et la forte chaleur qu'on éprouve à la plante des pieds, on s'avance jusqu'au-dessus des soupiraux, l'œil plonge dans des gouffres

---

(1) A. A. Monteil, *Description du départ. de l'Aveyron.* Paris, an 10, 2 vol. in-8o.

de braise dont l'incandescence est très-vive.
Les bâtons qu'on y enfonce sont, au bout de
quelques minutes, enflammés et souvent con-
sumés. Lorsqu'on élargit l'orifice, la colonne de la fumée se grossit, et des aigrettes
de feu s'élancent hors de la crevasse. Quoique l'incendie se dirige vers la partie supérieure de la montagne, le sommet en est cependant cultivé ; il y a même à cent pas de
distance du foyer un hameau habité par de
bons paysans, élevés et familiarisés avec le
danger. Ils sont sans inquiétude, tandis que
l'incendie fait tous les jours de nouveaux
progrès. Déjà le terrain situé au-dessous des
jardins du hameau est découpé par de profondes gerçures, où la chaleur est si vive
qu'on ne peut y enfoncer la main. Les
caves et les rez-de-chaussée sont souvent
remplis de fumée.

Ce n'est pas le seul endroit où il y ait des
embrasemens. Quelquefois les débris de la
houille, laissés dans les excavations des
mines qu'on exploite, s'allument. L'incendie
se communique aux piliers de charbon qu'on
laisse pour soutenir les voûtes, et ne cesse
qu'au bout d'un grand nombre d'années.
On dit que des propriétaires peu expéri-
mentés crurent éteindre le feu, en faisant

conduire dans ces souterrains l'eau des ruisseaux, mais qu'ils ne furent pas peu surpris
d'en augmenter l'activité, au point d'en
produire des éruptions de pierres et de matières enflammées.

Il existe auprès de la montagne de Fontaynes des mines d'alun et de couperose,
dont les voûtes offrent de belles stalactites
d'alun ; l'eau qui dégoutte de ces cristallisations va former, dans les creux des galeries, des fontaines alumineuses et coupe-
rosées.

La campagne d'alentour est triste et lugubre ; les vapeurs sulfureuses qui imprègnent
l'air, et la fumée du charbon de terre qu'on
brûle au lieu de bois, répandent sur tous les
objets une teinte sombre, et noircissent
même les meubles dans les maisons.

Les Grottes de Salles et de Solsac.

A l'extrémité méridionale du vallon de
Salles, et à peu de distance de Rhodez, est
un massif de pierre calcaire sur lequel on a
bâti le village de Salles. Du sommet de ce
rocher se précipite un ruisseau qui se divise
en deux cascades de quarante pieds de haut.
Leurs eaux tombent dans deux bassins, d'où

elles s'échappent pour aller arroser les vallons de Marillac. Derrière ces cascades se trouve une superbe grotte, dont la forme ressemble à celle d'un fer à cheval. Sa voûte s'élève en entonnoir; son entrée, couronnée de frênes, de figuiers sauvages, de lierre, de scolopendre, de polypode et de plusieurs plantes sarmenteuses qui pendent en festons, est taillée en arc très-ouvert, et laisse pénétrer dans l'intérieur les rayons du soleil reflétés par la surface des deux bassins. L'intérieur de la grotte se remplit alors d'une vive clarté; les mousses fraîches dont elle est tapissée ressemblent à une tenture d'un velours vert chatoyant, et les gouttes d'eau qui tombent de tous les points de la voûte brillent comme des perles qu'on jetterait du haut de cette magnifique coupole. La fraîcheur des eaux et les parfums des prairies augmentent encore les sensations agréables dont le voyageur se sent pénétré. Il ne peut se lasser de contempler tant de beautés réunies, et ce n'est qu'avec peine qu'il s'arrache à ce séjour enchanté pour remonter sur la terre.

Lorsqu'on vient de la grotte de Salles, celle de Solsac, qui en est éloignée d'une lieue, ne semble plus qu'une caverne. Celle-ci est située vers le haut d'un coteau couvert

de bois; son entrée spacieuse, ombragée
de tilleuls et de frênes, est fermée par un
mur de maçonnerie, où l'on n'a laissé qu'une
petite porte. On trouve d'abord une grande
cave, taillée de main d'hommes, et séparée
par un autre mur du reste du souterrain. On
passe ensuite dans une allée large de quarante pieds et haute de soixante. A cent pas
plus loin la voûte s'abaisse, et le passage,
obstrué par des dépôts calcaires, n'a que deux
pieds de hauteur. Cet obstacle franchi, il se
présente une seconde allée qui se rétrécit de
même; enfin l'on parvient à l'endroit le plus
intéressant de la grotte. Ici la scène s'agrandit. L'élévation des voûtes que les lumières
ne peuvent éclairer, le ralentissement de la
voix, changée par la disposition du local en
gémissemens ou en sons entrecoupés, les parois revêtues de draperies d'albâtre mélangées
du noir des ombres, le calme profond, les
ténèbres environnantes, la triste forme des
masses pétrifiées; tout effraie l'imagination
et inspire des idées lugubres : on croit être
au passage de ce monde dans un autre,

Ensuite on entre dans une galerie longue
de dix pas, qui conduit à une vaste salle à
peu près semblable à la première. Les cristallisations y sont plus variées. Quelques-

unes ont la forme de jeux d'orgues. Frappé
avec une clé, chaque tuyau de ces buffets
naturels donne un ton différent. Les eaux
empêchent de pénétrer au-delà de cet endroit.

La partie de la grotte qu'on peut parcourir
forme un coude assez ouvert; elle a trois
cents pieds d'une extrémité à l'autre. M. Monteil présume qu'elle a été autrefois le réservoir
d'une source qui a tari, ou dont les eaux se
sont dirigées sur d'autres points. La terre
glaise qui en recouvre le fond et les parois,
les pierres roulées et les bancs de gravier
qu'on y rencontre, enfin la grande quantité d'eau qui, après des pluies abondantes,
y afflue de toutes parts, semblent confirmer
cette opinion. Il est certain que ce souterrain a été habité. Le nom de Bouche-Roland
qu'on lui donne dans ce pays, fait croire
qu'elle servit de retraite aux brigands qui,
sous la conduite de Roland, désolèrent la
Rouergue au quatorzième siècle.

Si après être sorti de Solsac on va du
côté du sud-est, on rencontre tout à coup
l'épouvantable abîme appelé dans le langage du pays *le Tindoul.* Cette grande crevasse, qui a cent quarante-un pieds de profondeur, est située sur le penchant d'un
tertre. Son ouverture, presque triangulaire,

a trois cent quatre-vingt-quatorze pieds de tour ; ses côtés sont coupés à pic. Dans les fentes des rochers croissent, sur l'orifice, des chênes, des cerisiers et des frênes qui, malgré leur position, s'élèvent perpendiculairement à l'horizon. En penchant le corps pour voir le fond, on est saisi d'effroi, et on court risque d'éprouver des tournoiemens de tête ; il est plus prudent d'y regarder couché à plat ventre. Il est vraisemblable que cette vaste scissure a pour cause l'affaissement des couches inférieures du sol ; rien ne pourrait appuyer la conjecture qu'elle a été taillée de main d'hommes.

Les voyageurs qui veulent parcourir tout le département de l'Aveyron, si riche en curiosités naturelles et en sites pittoresques, peuvent encore visiter d'autres grottes, nommément celle de la Poujade, sur la rive droite de la Dourbie, et les grottes de Saint-Rome, auprès du Tarn.

~~~~~~~~~~~~~~~~~~~~~~~~~~~~~~~~

CHAPITRE VIII.

GASCOGNE.

~~~~~~~~~

DÉPARTEMENT DES LANDES.

Les Grottes de Biaritz (1).

————

CE ne sont point des beautés riantes qui rendent ce département remarquable. Des dunes de sable, que le vent forme et détruit, des landes qui s'étendent à perte de vue, des débris de productions marines, que la mer jette sur la plage aride, des côtes hérissées de rochers et déchirées en divers endroits, voilà presque les seuls objets qui y frappent les yeux du voyageur. Quelques grottes situées sur la côte sont ce qu'il y a de plus curieux. Ces grottes se trouvent auprès du

—————————————

(1) *Sur les grottes de Biaritz*, par M. Bory de Saint-Vincent. *Annales des Voyages*, tom. VI. M. G. Thore, *Promenade sur les côtes du golfe de Gascogne...* Bordeaux, 1810, in-8°.

du village de Biaritz, à deux lieues de Bayonne. On se rend à ce village de très-loin pour prendre des bains de mer. La côte y est très-enfoncée ; la marée y monte très-haut, et les vagues, poussées par les vents du nord et de l'ouest, et brisées par les écueils, y produisent sans cesse un fracas épouvantable. Leur poids et leur agitation continuelle ont déchiré et creusé de toutes les façons le sol contre lequel elles exercent leur fureur ; les débris entassés et renversés les uns sur les autres ont formé des masses d'un aspect imposant et varié. Les uns ressemblent à des tours antiques ou à des ruines d'édifices ; d'autres à des monts isolés ; des ponts naturels, d'une structure hardie, réunissent souvent ces amas épars ; on croirait voir le champ de bataille des Titans, et leurs tombeaux, si l'écume, poussée avec force dans les cavités de ces rocs, ne venait animer la scène, en retombant comme de la neige sur les flots qui la font naître. Un grondement sourd, causé par les chocs dont le bruit se répète au-dessous de l'eau, rend cette scène encore plus imposante. Les rochers, contre lesquels la mer agit avec tant de violence, méritent de fixer l'attention sous un autre rapport ; composés de sable jaunâtre très-fin, fortement agglutiné, ils renferment une prodigieuse quantité de pierres numismales, très-blanches, très-petites, dispersées sans ordre. On a de la peine à concevoir comme le sable puisse lier ces petites pierres d'une manière assez forte pour que leur masse résiste si long-temps aux vagues, aux vents et aux variations de la température.

La base des rochers de Biaritz abonde en plantes marines : les *fucus,* les *ulves,* les *conferves,* en un mot les algues les plus belles les parent et les colorent. Des *zoophytes,* des *radiaires,* des *molusques* variés s'y joignent, et promettent au naturaliste d'abondantes récoltes. Dans les cavités où la marée laisse de l'eau salée, il est sûr de découvrir des productions inconnues ou du moins mal observées. La salsepareille, quelques ronces, et deux ou trois graminées, sont les seuls végétaux auxquels l'agitation perpétuelle de l'air permet de prospérer ; dans quelques fentes abritées du sol, on trouve cependant une espèce de fougère, belle et rare, l'*asplenium marinum* de Linné.

Parmi toutes les grottes de ces lieux, la *chambre d'amour* est la plus vaste et la plus connue. Sa forme représente un demi-cercle, grossièrement tracé, de trente-six à quarante pas de diamètre ; sa plus grande hauteur, à l'entrée, est de cinq à six mètres ; cette hauteur diminue graduellement jusqu'au fond de la grotte, où la voûte touche le sol ; il y filtre continuellement de l'eau, et la surface de la voûte est tapissée d'une espèce de pâte humide. La grotte s'encombre peu à peu de sable, et la basse mer en permet aujourd'hui l'entrée, pendant les trois quarts de l'année. Il est probable qu'un jour elle disparaîtra entièrement. Il n'y a peut-être pas trois siècles qu'elle formait une vaste et haute caverne, toujours baignée des eaux de l'Océan. Au-dessus de la chambre d'amour croissent une foule de plantes curieuses, telles que le rosier à feuilles de pimprenelle, l'œillet gaulois, l'astragale bayonnais, le muflier à feuilles de thym, et le lin maritime.

Depuis la chambre d'amour jusqu'au cap Saint-Martin, la côte s'arrondit presqu'en forme de demi-cercle ; elle est à pic, et haute partout de quarante-huit à cinquante-cinq pieds ; de distance en distance, elle est coupée de ravins étroits et profonds, que le sable de la mer ne tardera pas à gagner, comme les autres cavités de cette côte. Une foule de cancres habitent ces plages déchirées.

DÉPARTEMENT DES PYRÉNÉES.

Les Pyrénées (1).

CETTE longue chaîne de montagnes ressemble de loin à un vaste amas de nuages

---

(1) *Les monts Pyrénées*, par G. Saulon. Paris, 1681, deux feuilles in-fol.

Carte générale des monts Pyrénées, par Roussel. A Paris, en huit feuilles.

Discours sur l'état actuel des montagnes des Pyrénées et sur la cause de leur dégradation, par M. Dorcet. Paris, 1776, in-8e.

Voyage dans les Pyrénées françaises. Paris, 1789, in-8o.

Observations faites dans les Pyrénées, par Ramond. Paris, 1789, in-8e.

Voyages physiques dans les Pyrénées, en 1788 et 89, par Pasumot. Paris, 1797, in-8°.

Voyage à Barège et dans les Hautes-Pyrénées, par Dusaulx, 2 vol. in-8e. Paris, 1800.

Voyage au Mont-Perdu et dans la partie adjacente des Hautes-Pyrénées, par Ramond. Paris, 1801, in-8o.

Voyage à la Maladette, par la vallée de Bagnères de Luchon dans les Pyrénées, par Cordier. *Journal des Mines*, messidor, an 12.

Description des Pyrénées, insérée dans le neuvième volume de la *Géographie mathéma-*

bleuâtres, bizarrement groupés sur l'horizon. Il est difficile de peindre l'étonnement, l'horreur et l'admiration dont on est saisi à leur approche.

Les Pyrénées sont une continuation de cette vaste montagne qui commence dans la Vallésie supérieure, et dont les branches s'étendent fort loin au couchant et au midi, en se soutenant toujours à une grande hauteur, tandis qu'au contraire, du côté du nord et de l'est, ces montagnes s'abaissent par degrés jusqu'à devenir des plaines. Le Canigou, la plus élevée des montagnes pyrénéennes, a quatorze cent quarante toises au-dessus du niveau de la mer.

La nature s'est jouée, dans la formation de cette grande chaîne de montagnes, de toutes les règles qu'on nous dit qu'elle a gardées ailleurs. La constitution physique des

---

tique, *physique et politique*..., par MM. Mentelle et Maltebrun.

Les Pyrénées, poëme, par M. Dureau de la Malle fils ; *précédé d'un Voyage à Viguemale, et d'une Description des vallées d'Azem, de Cauterès et de Latour.* Paris, 1808.

Millin, *Voyage dans le midi de la France,* tome IV. Paris, 1811.

Pyrénées diffère absolument de celle du reste
des grandes éminences du globe. En suivant
l'arrangement de leurs couches, on ne les
trouve pas disposées suivant leur pesanteur
spécifique ; des rochers massifs portent sur
des ardoises, des sables ou des glaises. Au
premier aspect on y découvre des couches
disposées par feuillets, par lits plus ou moins
marqués ou épais ; les couches ordinairement
parallèles, inclinées perpendiculairement à
l'horizon, et rarement horizontales : toutes
ces formes se rencontrent souvent dans la
même montagne. On y voit les grès par blocs
et par masses, les pierres calcaires par lits
et par couches, les schistes affectant la forme
trapézoïde. La première pierre des Pyrénées,
celle qui les sépare du plat pays, est disposée
par couches épaisses peu marquées et inclinées à l'horizon ; cette pierre, qu'on prendrait pour du grès, offre plusieurs variétés.
Quelques voyageurs ont été surpris de ne
trouver dans les Pyrénées aucune des preuves
incontestables de la submersion qu'ont éprouvée les plus hautes montagnes ; d'autres ne
leur trouvent pas le plus léger indice de vol-
canisation. Si l'on examine cependant ces
montagnes plus rigoureusement, et si l'on
pénètre plus avant, on trouve des preuves

suffisantes de l'un et de l'autre. Nous avons
déjà parlé des couches fréquentes de coquillages et d'autres productions de mer que l'on
rencontre dans les Pyrénées. (Voyez le chapitre des *Révolutions du sol de la France.*)
Quant aux volcans éteints, il faut avouer
qu'on n'en a découvert jusqu'ici que de faibles vestiges. Usés par le temps, par la sub-
version presque totale et les révolutions physiques du globe, des siècles peut-être sans
nombre en ont changé la surface, et détruit
jusqu'aux traces des lieux où ils se trouvaient ; mais il n'en est pas moins certain
qu'il en a existé. Les matières volcaniques
que l'on trouve encore en grande quantité
dans plusieurs de ces montagnes, les noms
de quelques-unes d'entre elles, la correspondance évidente enfin qui subsiste encore entre
les Pyrénées et les pays où il y a des volcans ;
tout contribue à en fournir des preuves. Les
éruptions ont cessé depuis long-temps dans
ces montagnes ; mais les tremblemens de
terre, qui en sont un supplément plus effrayant que les éruptions mêmes, y sont très-
fréquens. Celui de l'année 1678 grossit subitement les eaux de la Garonne et de l'Adour ;
elles sortirent avec violence des entrailles des
montagnes, après s'être ouvert plusieurs pas-

4

sages et avoir entraîné les arbres et les plus
gros rochers ; des montagnes entières furent
affaissées. Lors de l'affreux désastre de Lis-
bonne, la terre s'entr'ouvrit près de Junca-
las; les maisons furent renversées à Lourde;
une montagne entière disparut et fit place à
un lac (1). Lorsque la Sicile fut ébranlée
jusque dans ses fondemens, et que des torrens enflammés portèrent de toutes parts la
terreur et la désolation, les Pyrénées se res-
sentirent également de leur action puissante.
Ces montagnes offrent sans cesse au botaniste, au géologue, au physicien, l'occasion
d'étudier la nature. Chaque canton a toujours quelque production qui lui est particulière. A la vue d'une si prodigieuse quantité
de plantes indigènes et de métaux, il n'est
personne qui ne se laisse entraîner à des recherches laborieuses et pénibles. Les travaux
d'un botaniste, au milieu de ces montagnes,
sont inconcevables. Mais s'il est exposé, dans
la même journée, aux chaleurs les plus vives

(1) Le premier novembre 1755, les commotions
furent vivement senties dans les Pyrénées. Le
tremblement de terre de l'année 1660 dérangea
le cours des fontaines ; un grand nombre furent
refroidies et perdirent leurs qualités salutaires.

et au froid le plus aigu , il en est dédommagé
par le plaisir de cueillir, dans un court espace, les plantes de la Suède et celles de l'Espagne. Il faut le voir gravir avec effort ces
murs de rochers qui dominent les nues, descendre ou plutôt se laisser rouler avec le
plus grand danger du haut des sommités
qu'il avait atteintes par tant de peines. A la
vue des précipices dont il ne peut sonder les
profondeurs, il traverse des vallées que le
soleil n'éclaire que quelques moniens, et
franchit des torrens qui s'échappent avec
violence pour se perdre en vapeurs, ou retomber en cascades d'une hauteur prodigieuse.

La partie la plus élevée des Pyrénées est
couverte de neige dans toutes les saisons. Ces
neiges ne fondent jamais avec autant d'abondance qu'au temps des pluies du printemps et
de l'été, lorsqu'elles sont portées par les vents
du sud-ouest et du midi, et qu'un orage les
verse à flots précipités. C'est alors que la confusion règne de toutes parts. Qu'on se figure
le silence morne et effrayant qui précède
cette horreur, et puis le bruissement universel qui le suit, le choc des nuages entassés, le mugissement des vents, ces tourbillons furieux qui se précipitent des régions

5

supérieures, ou s'élèvent de la profondeur des vallées, le bruit long et soutenu du tonnerre, les éclats de la foudre qui sillonne les airs, des torrens de neige fondue que grossit un déluge du ciel, et ces grands amas d'eaux qui débordent de toutes parts; enfin, le fracas et le froissement des rochers qu'elles détachent et entraînent dans les abîmes. Malheur à qui se trouve seul, égaré dans ces déserts! Qui ne se sentirait glacé d'épouvante, en voyant ainsi écrouler les montagnes, et la terre devenir fluide sous ses pas? Qui ne croirait que c'en est fait de la nature entière, et que dans l'instant tout va s'abîmer dans le cahos? Quels ravages ne doivent-elles pas produire, ces fontes subites et fréquentes, qui se forment à une élévation de quinze cents toises au-dessus du niveau de la mer, tombent souvent d'une hauteur perpendiculaire, et entraînent avec elles des masses énormes! A cette espèce d'avalanches, ajoutez celles qui sont produites par des neiges abondantes qu'un coup de vent détache des sommets et précipite dans les ravins. Elles grossissent toujours dans leur cours; elles entraînent des amas de pierres et de terres, forment quelquefois des ponts sur les torrens, et comblent les vallons. Souvent elles sont accompagnées d'un sifflement épouvantable : alors rien ne résiste à l'impétuosité de leur cours, et la commotion de l'air qu'elles produisent, est telle, que les obstacles sont renversés avant le choc même des lavanges. On a vu des villages entiers de la vallée de Barège, la plus exposée à ces accidens, perdus et dispersés. Ceux de Chaize et de Saint-Martin furent entièrement détruits avec leurs habitans par les lavanges du 10 février 1601. Un vent ordinaire suffit pour déterminer ces chutes. Lorsqu'on fait attention à quel degré le moindre son se multiplie et grossit dans les montagnes, combien les coups de tonnerre les plus légers, en se répercutant, leur donnent des commotions qui seraient à peine senties dans la plaine, on ne sera pas surpris que les voyageurs assez intrépides pour passer les ports dans la saison des lavanges, persuadés que le plus simple ébranlement dans l'air suffit pour les détacher, traversent ces défilés dans le plus grand silence, et ôtent les sonnettes à leurs mulets. Ces avalanches et les ébranlemens de neige ne sont pas les seuls dangers auxquels ils sont exposés. Croira-t-on, après ce tableau des montagnes, que l'hiver est la seule saison qui y

ramène le calme et les plaisirs? On ne voit
pas du moins les habitans se plaindre alors
d'avoir été placés par la nature dans les rochers sauvages qui sont pour eux l'asile du
bonheur.

Les avalanches et les éboulemens de neige
ne sont pas les seuls dangers auxquels sont
exposés les habitans de cette contrée. De
temps à autre de grandes montagnes s'affaissent, s'écroulent, bouleversent tout ce qui
se trouve autour d'elles, et portent au loin
le ravage et la désolation. Une grêle de
pierres descendues du pic de Héas se jeta, en
1650, sur le vallon de Héas, et rebondit du
fond du vallon, jusque sur la pente opposée. Un grand lac naquit de l'épanche-
ment du torrent qu'arrêtait la barre qui venait de se former. Ce lac n'a subsisté qu'un
moment ; car qu'est-ce qu'un siècle et demi
dans l'histoire des montagnes? En 1788,
une autre convulsion l'a balayé. Les ravages
de cette dernière catastrophe ont été terribles, et ont laissé des traces visibles dans
cette contrée. En tournant la montagne
de Héas on passe de la vie à la mort. Ce n'est
plus que ravins, que terres éboulées, que
blocs entassés, parmi lesquels on distingue
des tronçons de sapins, misérables restes

d'une forêt qu'entraîne l'effroyable débordement des torrens. Du côté de Gèdre, les murs de rochers ont cédé à leur fureur. Un jardin et un petit pont occupent aujourd'hui la place d'une masse énorme de granit, que le courant a entraînée. Qu'on se figure, s'il est possible, les tourbillons, les mugissemens des vagues, les retentissemens de roches entre-choquées, quand le torrent, forçant sa prison, se fraya des issues nouvelles pour vomir sur la plaine de Gèdre tout le lac de Héas. En 1678 il y eut en Gascogne une grande inondation, causée uniquement par l'affaissement de quelques parties de montagnes dans les Pyrénées, qui firent sortir les eaux contenues dans les cavernes souterraines.

Les Pyrénées offrent à chaque pas des couches interrompues, des débris de roches entr'ouvertes, des lits de terre coupés à plomb ; en sorte que les eaux des pluies, des brouillards et des rosées, filtrent aisément par toutes les ouvertures, et forment, dans toute l'étendue des couches, des bassins, où elles demeurent, jusqu'à ce qu'elles trouvent une issue.

Une des principales beautés des Pyrénées, et celle qui excite le ravissement des voyageurs, co sont les magnifiques cirques ou amphithéâtres que forment les intervalles qui les séparent, et que les gens du pays nomment *Oules* (1). Ceux qui connaissent les montagnes et qui n'ont pas encore vu les Hautes-Pyrénées, pourraient croire que cette disposition leur est commune avec la plupart des fonds de vallées qu'ils ont vus. On sait que ces fonds représentent ordinairement un entonnoir plus ou moins évasé: mais les cirques des Pyrénées, comme le remarque fort bien M. Ramond, tout en occupant la place de ces entonnoirs, n'en sont pas moins très-différens d'aspect et de structure. La profondeur de ces excavations, la roideur des murailles qui les ceignent, indiquent des renversemens subits plutôt que de lentes érosions. On serait même disposé à les regarder comme l'effet d'autant d'affaissemens survenus le long de la chaîne secondaire, lorsque l'on reconnaît les mêmes formes jusqu'aux moindres proportions dans les montagnes de la lisière septentrionale, et notamment autour de Bagnères, dans le Bédat, le Lhéris, où l'on trouve un grand

_____

(1) Le mot gascon *oules* vient du latin *olla*, chaudière.

nombre de petits cirques évidemment creusés par l'écroulement des cavernes intérieures. Les grands cirques peuvent avoir la même origine; mais bien d'autres causes ont pu produire les mêmes effets.

L'oule de Gavarnie est un de ces objets singuliers qu'on chercherait en vain hors des ·Pyrénées. L'oule d'Estaubé, beaucoup plus développée, est cependant moins remarquable. Mais celle qui les surpasse toutes, c'est l'oule de Héas : lorsqu'on atteint le plateau de Troumousse, et qu'on se trouve au niveau de ce cirque majestueux, on demeure interdit à l'aspect d'un objet aussi frappant. Ces deux chaînes, qui jusque-là ont resserré la feinte, s'éloignent tout à coup et s'écartent de toutes parts. Du lieu où est le spectateur, elles semblent se courber en un vaste croissant. L'une de ces branches se termine par deux énormes rochers qui se projettent en avant comme deux bastions. On les voit de Héas; leur blancheur contraste fortement avec le ton rembruni des murailles qui les accompagnent. Entre eux est la rampe qui conduit au port de la Caneau. L'autre branche du croissant est formée par une longue montagne tout unie et toute nue, dont le sommet, terminé en plate-forme,

est surmonté d'un rocher tronqué qui se
perd dans les nues. Ce rocher est ce qu'on
appelle la *tour des Aiguillons*; sa figure ressemble aux tours du Marboré, et quoique son
élévation réelle soit bien moindre, cependant son isolement lui donne une sorte d'a-
vantage; il domine sans concurrens le cirque et son enceinte. Troumousse réunit les
deux branches du croissant : chargée de son
glacier, hérissée de ses aiguilles, sillonnée
de profondes déchirures d'où s'écoulent des
torrens de ruines, elle maintient par la
fierté de ses formes l'espèce de prééminence
que lui assurait déjà sa situation. L'espace
renfermé dans une pareille enceinte serait
un gouffre, s'il n'était immense. Cette enceinte n'a nulle part moins de huit à neuf
cents mètres de haut; mais elle a plus de
deux lieues de circuit. L'air est libre, le ciel
ouvert, la terre parée de verdure; de nombreux troupeaux s'égarent dans cette étendue,
dont ils ont peine à trouver les limites. Trois
millions d'hommes ne le rempliraient pas;
dix millions auraient place sur son amphithéâtre; et ce superbe amphithéâtre et cette
vaste plaine, c'est à la crête des Pyrénées
qu'on les trouve, c'est à dix-huit cents mètres d'élévation absolue, c'est au fond d'une

gorge hideuse, où le voyageur se glisse, en tremblant,le long d'un misérable sentier dérobé aux précipices.

Les jouissances qu'on éprouve à la vue de ces scènes, ne sont rien encore en comparaison de celles qui attendent le voyageur sur le sommet de ces montagnes, lorsqu'il est parvenu à les gravir. Nous parlerons ailleurs de la plus grande des montagnes des Pyrénées françaises, du mont Perdu. Qu'on nous permette ici de citer quelques réflexions générales tirées de l'ouvrage de M. Ramond.

« On veut connaître, dit-il, les Pyrénées, et l'on se traîne le long d'un couple de sentiers que la routine a tracés. Que l'on monte au Pimené, peu de sommets sont d'un accès aussi facile ; aucun autre peut-être ne dédommagera aussi complètement de ce qu'il en aura coûté pour l'atteindre. Est-ce des aspects que l'on cherche ? voilà le mont Perdu, le Cilindre, le Marboré, ses tours et ses créneaux : on les a vus séparés, il faut les voir ensemble ; on les a vus de loin, il faut les voir de près ; on les a vus du fond dés vallées, il faut les voir de niveau, dominer ces vallées, ces cirques, ces amphithéâtres, et la source des longues cascades qui en franchissent les degrés. Comme ces murailles

s'élèvent du sein de ces obscures profondeurs!
comme elles surmontent le confus amas des
Pyrénées ! Quelles formes ! quelle couleur !
quel jour en éclaire le faîte, et quelle distance
ces clartés mettent entr'elles et tout ce qui
rivalise avec elles ! C'est ainsi que les hauteurs extraordinaires se distinguent des hauteurs communes. Plus on s'élève, et plus on
est accablé de leur supériorité, et la comparaison de ce qui en approche de plus près,
est encore ce qui les rehausse davantage.

Le spectateur est-il occupé de plus vastes
pensées ? S'agit-il de reconnaître l'ordonnance
de la chaîne ? voici l'observatoire du géologue
aussi long-temps que l'accès du mont Perdu
lui restera fermé ; les montagnes primordiales
sont derrière lui ; les secondaires sous ses
yeux, la transition à ses pieds, les alignemens
de tous côtés. Il contemple le chaînon ter-
tiaire dans toute son étendue, et il médite
sur les révolutions de la terre, en promenant
ses regards sur cet immense cimetière des
habitans de l'ancien monde.

Les Montagnes du Bigorre (1).

Cette partie des Pyrénées, pleine de beautés

(1) *Voyage dans les Pyrénées françaises.*

de tout genre, offre un spectacle digne des regards de l'observateur. Sept vallées, remarquables par leur situation pittoresque et par leurs productions variées, la divisent en autant de groupes soumis aux lois immuables et éternelles de la nature ; ces montagnes ont éprouvé anciennement des changemens considérables ; on ne saurait faire un pas sans rencontrer des traces d'inondations et de bouleversemens de toute espèce. Souvent dans ces lieux sauvages, aucun être n'a respiré, aucune plante n'a végété, aucun sentier battu ne peut rassurer le voyageur sur la fin de sa route ; aux moindres variations de l'atmosphère, les tempêtes et les tonnerres les font retentir de leurs effroyables roulemens. Des brouillards épais cachent les traces des ysards, les seules qui puissent servir de guide dans ces lieux, où s'offrent de tous côtés des gouffres effrayans. C'est au milieu de ce vaste silence, c'est sur ce magnifique théâtre que l'ame s'élève aux grandes conceptions, et que la nature se présente sous un aspect aussi terrible qu'imposant. Au mois de mai, d'impétueuses cataractes se précipitent de tous côtés du haut des montagnes : les inondations causées par les fontes de neige subites et par des pluies abondantes, se rassemblent

aussitôt dans des vallons resserrés. Les arbres,
brisés par la violence des vents, interceptent
souvent le cours des torrens, et, emportés
eux-mêmes, entraînent avec eux les moissons
et les habitations suspendues au penchant
des montagnes. Les éboulemens des terres,
l'écroulement des masses de rochers qui pa-
raissaient inébranlables ; tous ces désastres
qui parlent si fortement à l'imagination du
peintre et du poëte, se renouvellent jusqu'au
mois d'octobre, sans troubler un seul moment la sécurité des habitans.

Comme il n'y a, dans les sept vallées du
Lavedan, de grandes routes commodes pour
les voitures, que celle de Barèga, le pays est
peu fréquenté par les voyageurs; mais il est
intéressant pour les amateurs de la belle nature; des beautés sans nombre les y attachent:
ils ne regrettent plus le chemin. Bientôt le
pays se resserre; deux montagnes pyramidales, isolées et opposées, forment la grande
entrée du Lavedan. Ce sont les premiers degrés de ce vaste amphithéâtre couronné par
les montagnes de d'Avant-Aigue, d'Azne,
de Cauterès et de Barège. Le pic de Solon
élève sa tête et se perd dans les nues. La
chaîne de ces montagnes commence au couchant, se replie, se divise du midi à l'est,

pour former deux grands bassins. Ces premières roches de pierres à chaux, couvertes de bois et de la verdure des buis, ne présentent à l'œil que des ruines et des aspects effrayans ; tantôt ceux d'une ville, avec ses avenues et ses remparts, élevés les uns au-dessus des autres, en forme de gradins. Leur sommet disparaît peu à peu en avançant ; l'on ne distingue que l'entassement des blocs, dont on avait mal jugé d'abord la grandeur.

La nature a donné des limites distinctes aux six vallées qui correspondent à celle du Lavedan, la plus étendue parmi les vallées du Bigorre. Chacune a son torrent, qui, descendu du haut des montagnes où il prend sa source, la traverse dans toute son étendue. On ne peut juger de ce qu'ont été ces torrens, par leur état actuel. Ils diminuent de jour en jour, parce que les montagnes, les neiges, ainsi que les nuages qui s'arrêtent à leurs cimes et sont les premières sources des rivières, diminuent également. Dans lo langage du pays on appelle ces vallées *Ribère*, *Rivonère*, *Rivière* (*Rivus crat.*) Partout on les voit s'élargir en descendant vers la plaine, se resserrer au contraire, devenir gorge ou ravin en remontant vers leur source. D'immenses déblais portés dans les plaines ,

recouverts de sables et de débris , comblent
les anciennes vallées , et en élèvent le sol fer-
tilisé par leur décomposition.

Après avoir passé le village d'Aizac , le
paysage s'éclaircit ; chaque petite colline
offre son habitation couronnée de frênes et
de châtaigners. Les montagnes, adoucies dans
leurs formes , s'écartent pour enfermer dans
leur enceinte la vallée du Lavedan, On la
découvre à l'orient du magnifique vallon
d'Argelez , assis dans la plaine, et en partie
sur la croupe d'une vaste montagne cultivée dans toute son étendue. Les pentes ornées de chalets sans nombre , abondent en
pâturages. Vingt-deux villages situés sur la
pointe de rochers , isolés et très-bien bâtis,
annoncent l'aisance des habitans du pays.
La direction des chaînes de montagnes, et
le cours des trois branches du gave sont
autant de lignes tracées par la nature, et les
points principaux de la topographie des sept
vallées. Ces gaves n'en forment qu'un seul
près d'Argelez. Dégagé des obstacles qui
s'opposent au développement de ses forces,
il remplit un lit peu profond , et serpente à
travers le Lavedan , depuis Pierrefitte jusqu'à Lourde. L'eau en est claire et d'un vert
d'émeraude ; les bords ne s'élèvent guère

au-dessus de sa surface. Après avoir passé
à Lourde, Nau, Pau et Peyre - Horade,
grossi par les gaves béarnais, il joint l'A-
dour au bout de trente-six lieues de cours.
Tous ces torrens, entretenus par des lacs et
des glaces que l'on trouve toujours à leur
origine, produisent en abondance des truites
et des saumoneaux. On ne voit plus de grands
glaciers dans les Pyrénées ; des neiges et des
rochers de glaces que le soleil n'avait jamais
pu fondre, amollis enfin, ont coulé du haut
des montagnes ; les sources des fleuves n'ayant
plus où s'épancher, ont comblé leur lit.
Minées par les avalaisons continuelles et le
dépouillement de leur surface, dégradées
par les causes générales ou particulières de
leur décomposition, ces montagnes sont exposées aux mêmes révolutions qu'ont éprouvées
les glaciers. Si les eaux des lacs venaient à
rompre leur enceinte, et se joignaient jamais
à des inondations extraordinaires, que de-
viendraient les habitans de ces vallées ?

La partie supérieure du Lavedan, appelée
Rivière de Saint-Savin, a moins d'étendue que
l'autre, mais elle est plus fertile. Presque tous
les grains et tous les arbres à fruits y croissent ; la vigne même ose s'y montrer ; et il
est à remarquer qu'à la même latitude, du

côté méridional de ces montagnes, on trouve des plants d'oliviers et les riches vignobles de Péralta et de Tudèle. Souvent, dans ces contrées, la seule épaisseur d'une montagne sépare l'été de l'hiver.

La vallée d'Azun.

Située au couchant du Lavedan, cette vallée est exposée aux lavanges et aux éboulemens du *Grand-Pic*. Le gave d'Arrens la sillonne dans toute sa longueur, avant de se joindre près d'*Arcyzes*, au gave de *Bun*. Le premier de ces torrens sort de la montagne de Pierre-fitte, à peu de distance du *Gailleco*. Ce dernier précipite sa course dans l'Arragon et s'unit à l'Ebre sous les murs de Saragosse.

Un pont pastoral et rustique, fait d'une solive au-dessus de ces torrens, offre un passage facile pour parvenir à l'extrémité de la vallée. De hautes montagnes s'élèvent pour en former la ceinture, et laisser entre elles deux sentiers très-périlleux qui conduisent aux bains et aux lacs de Penticouse dans le val de Théna. Ils sont si étroits, qu'à peine un mulet chargé peut y passer. On va de compagnie avec les ysards. Lorsque vous
êtes

êtes parvenu au point le plus élevé, vous découvrez une étendue immense coupée par des lacs; vous comptez les cabanes, et vous distinguez les villages de Béarn et d'Azun.

On trouvait fréquemment des glaciers dans ces montagnes ; il en reste à peine quelques vestiges près des huit lacs dispersés au pied des pics ou sur les cimes inférieures. Les montagnes de Bun et de Gaillagos enferment le lac d'Estaig, abondant en truites ; celui d'Artouste, le plus considérable, et celui d'Arrens, sont à la pointe des montagnes de ce nom : les exhalaisons méphytiques de ce dernier en écartent les troupeaux.

La décomposition de toutes ces montagnes, couvertes de neige pendant une partie de l'année, tient à leur nature autant qu'à leur escarpement très - rapide. De grands bancs de marbre gris renferment des couches de sable ; celles-ci, plus ou moins pétrifiées, s'imbibent peu à peu à une profondeur considérable, et au point de former des sources. L'écoulement de ces fontaines périodiques commence en mai et finit en septembre. Plusieurs ne coulent que durant les grandes chaleurs ; ces torrens remplissent alors à peine le tiers de leur lit.

Non content de prodiguer des mines d'ar-

M

gent, de cuivre, de fer, de plomb et de zinc à la vallée d'Azun, la nature lui avait fourni encore les bois nécessaires pour les exploiter. En les détruisant, la main de l'homme a su y suppléer; son industrie l'a convertie en un vallon fertile, moins riant que sauvage. Ces montagnes, ainsi dépouillées de leurs forêts, s'offrent dans toute leur aspérité; de noirs sapins en décorent la cime, et leur donnent un air de deuil. Simples et heureux, les paisibles habitans de ces lieux écartés ne comptent parmi leurs richesses que celles qui servent aux véritables besoins de la vie. A la vue de ces hommes nourris de laitage et de chèvre salée, ignorant tous les événemens dont on se repaît avec tant de curiosité dans les villes, on croirait que des sauvages du Nord ont été transplantés au midi de l'Europe.

Deux gorges conduisent du confluent des gaves de Barège et de Cauterès aux deux vallées de ce nom; on parvient à la dernière par un chemin difficile, impraticable pendant l'hiver, tracé sur des éboulemens et des précipices. Quand vous avez perdu de vue Pierrefitte, les monts laissent à peine un passage aux eaux du torrent. A mesure que l'œil s'accoutume à débrouiller ces masses informes, il découvre des groupes hors d'aplomb et disposés sans ordre, des roches déchiquetées, les unes tronquées, les autres en colonnes et en obélisques élancés dans les airs ; les chutes d'eau et le désordre pittoresque des nuages produisent des points d'optique admirables ; la variété, le nombre, la bizarrerie même des tableaux exaltent, malgré elle, l'imagination la plus froide. En avançant vers Cauterès, le paysage change : des roches calcaires détachées interceptent le chemin (1), se joignent, et ne laissent plus d'issue. Le village est placé dans un vallon solitaire, charmant dans sa rusticité ; des habitations éparses l'environnent ; les unes sont habitées par les troupeaux, les autres par les hommes. De longs cordons de forêts les entourent d'un filet de verdure. Les sapins et les pâturages s'entremêlent alternativement, et rétrécissent l'horizon ; on reconnaît partout une culture assidue et habilement dirigée.

Douze fontaines minérales rendent la vallée de Cauterès célèbre.

Le chemin du port d'Espagne vous conduit au lac de Gaube.

_____

(1) On donne à ces grands chemins des vallées le nom d'*Abat*.

Du sommet sourcilleux des roches qui le dominent, où des glaces éternelles bravent les feux du midi, le Gave se livre à la pente précipitée de plusieurs cataractes ; ses eaux, suspendues, semblent moins rouler sur les montagnes que descendre des nues. On le voit au sud de la fontaine de Raillère, se précipiter, franchir, et se frayer un passage à travers les décombres de granit qu'il entraîne jusque dans le vallon de Cauterès ; le calme le plus profond règne dans ces lieux glacés, et n'est interrompu que par la chute des neiges ou des rochers.

Barège est à une demi-journée de Cauterès ; on revient sur ses pas jusqu'à Pierre-fitte. Le chemin de Barège, en suivant, l'espace de deux lieues, les sinuosités d'une gorge étroite, au milieu des rochers, offre les aspects les plus sauvages. La projection des montagnes inclinées et hors de leur aplomb, forme une voûte impénétrable aux rayons du soleil. Leurs sommets, et leurs pentes dégradées par les éboulemens, sont couverts de sapins et de hêtres ; partout, le long du Gave, dans les fentes des rochers, vous les voyez s'implanter, et leurs racines chercher au loin une sève stérile ; d'autres, frappés de la foudre, brisés, déracinés par les lavanges, ou blanchis par l'âge, montrent, au sein de la verdure, la ruine et la carie. Vous ne voyez pas, malgré les précautions qu'on a prises, sans un sentiment de terreur, des roches suspendues comme les nuages, ou empilées par gros quartiers les unes sur les autres, menacer votre tête. On passe promptement, dans la crainte de les voir tomber d'un moment à l'autre; il s'en détache des masses aux moindres mouvemens de l'atmosphère, après les orages et le dégel. Tout est triste et lugubre. Près du pont d'Enfer (le peuple de toutes les montagnes attribue au diable la construction des anciens ponts) le chemin est entièrement suspendu sur un abîme immense; les précipices, les escarpemens sont plus grands que dans celui de Cauterès : l'œil n'ose en sonder la profondeur. Ici la nature ne frappe que de grands coups; tout saisit à la fois le cœur et l'esprit de terreur, d'étonnement et d'admiration. Dans ses circuits nombreux, le torrent écume et tourbillonne sous des buissons d'églantiers et de coudriers, où vont se perdre, pour quelques momens, son mugissement et son cours, interrompu par des blocs de granit. Souvent l'encaissement du Gave n'est que de quelques pieds entre deux montagnes si rapprochées,

3

qu'on le franchit sans peine. Tantôt il coule lentement à travers des masses de schiste, qu'il creuse dans sa marche éternelle. Quelques cabanes éparses, et le village de Bircos, incliné sur le précipice, animent faiblement cette affreuse solitude. Attristé et presque glacé du froid qu'on y éprouve, même dans les plus grandes chaleurs, trompé dans votre attente, vous arrivez enfin au haut de la montagne, et alors se déploient la vallée de Barège et la plaine de Luz. L'ame se dilate, et n'en est que plus disposée à jouir de la vaste et superbe décoration des prairies. Des ruisseaux, aussi purs que la neige qui les alimente, portent la vigueur et la santé dans toutes les parties de la végétation ; des champs de blé sarrazin, richement colorés dans leur maturité, offrent aux regards de longues pièces d'écarlate, découpées par la verdure la plus fraîche ; et l'éclat varié d'une mosaïque rembrunie par les roches bleuâtres et les sapins du fond de l'horizon ; les sites les plus contrastés, et un enchaînement d'objets tous dignes du naturaliste, font sur lui les plus vives impressions. De magnifiques chaussées, le magique nivellement de la route, douze ponts de marbre enfin excitent aussi l'admiration de quinze mille étrangers qui, dans le cours de l'année, traversent ces montagnes (1).

La Vallée de Barège.

La vallée de Barège renferme seize villages qui, semblables aux nids d'aigles, sont placés en partie sur le sommet des rochers, et en partie sur des plates-formes cultivées : une riante végétation les environne. Des bords du Gave, ombragés de tilleuls, de frênes et de hêtres, on arrive aux bains de Saint - Sauveur, construits au bas d'une montagne très-escarpée, dans une position singulièrement heureuse. De hautes montagnes couronnent la vallée de Barège, plus avancée vers le midi que toutes les autres, et l'isolent entièrement. L'épais revêtement argileux et calcaire qui environne le noyau primitif des pics les plus élevés, brisés en tous sens en schistes mobiles, laisse à nu leurs cimes recouvertes de neige une

---

(1) Ce fut en 1746 que les habitans du Bigorre eurent le spectacle nouveau d'une voiture qui remonta jusqu'à la vallée de Barège. L'étonnement de ces bons montagnards à l'arrivée des étrangers offrait une scène fort curieuse.

4

partie de l'année. C'est à ces ruines que le vallon de Luz et le penchant des roches fécondes de son enceinte doivent leur fertilité. La main de l'homme les retourne avec la bêche; l'usage de la charrue y est bien difficile et presque inconnu. Le moissonneur ne parvient sur ces pentes effroyables , cultivées par lisières , qu'à l'aide d'un câble qui le garantit des précipices qu'il aperçoit sous ses pieds. On voit sur des revers escarpés des champs qui n'ont pas trente pieds carrés.

Le chemin de Luz , agréable et sans danger jusqu'à Barège-les-Bains , est prolongé sur d'immenses débris calcaires et graniteux. Les montagnes sont resserrées et trop escarpées pour être mises en valeur. Des saules et des peupliers dérobent la vue du Bastan , torrent destructeur et furieux depuis sa source. Il entraîne, lorsqu'il est grossi par les neiges, les plantations, les troupeaux et les maisons. Sa fureur vient expirer au bas de la montagne de Cers, dont le bouleversement annonce visiblement l'effet de quelques convulsions violentes.

Barège-les-Bains , à une lieue de Luz, au fond d'un ravin de plus de quatre cents pieds d'élévation, près du Bastan, dans le lieu le plus triste, le plus sauvage et le plus insalubre de toutes ces montagnes, n'est composé que de soixante maisons, abandonnées depuis le mois d'octobre jusqu'au mois de mai, saison pendant laquelle elles sont ensevelies sous des montagnes de neige, et livrées à la garde d'un seul berger. Au-dessous de Barège, au nord, est un joli plateau parsemé de chaumières (1). La variété, la gradation de la verdure forment un tableau si tranquille, si doux, si ami de l'œil, qu'on ne peut se lasser de le regarder. Au midi, un bois de sapins et de hêtres offre un ombrage agréable ; bois sacré, qui arrête l'impétuosité, la direction des lavanges, et protège les bains. L'inclinaison des ravins sur la digue de Louvois, le déchirement de l'enceinte des lacs d'Escoubous et d'Omar, et les fréquens tremblemens de terre élèvent sensiblement le torrent du Bastan, et pré-

_____

(1) C'est dans une de ces chaumières, alors la seule de ce lieu désert et abandonné, que la veuve de Scarron, comme elle nous l'apprend, passait son temps à filer, à méditer ces lettres touchantes qui préparaient l'élévation de cette femme à la fois spirituelle et ambitieuse, et qu'elle prit le goût de la retraite.

5

parent des dégradations plus menaçantes. On retrouve l'ancien lit du Bastan dans l'emplacement des bains ; l'écoulement des fontaines à travers des sables mouvans et des pierres roulées , le mélange et l'infiltration des sources froides , diminuent déjà la chaleur et les vertus des eaux minérales.

Il n'y a à Barège-les-Bains qu'une source minérale, distribuée à trois douches et à sept bains. Ce sont de petits caveaux dans lesquels on a pratiqué des cercueils ou baignoires en pierre brute. Représentez - vous un cachot voûté, qui ne reçoit d'air et de lumière que par la porte, toujours fermée ; des murailles noircies par le temps et les vapeurs de l'eau : tel est le lieu où affluent les malades de tous les pays et de tout état , pour y recouvrer leur santé.

La Chute du Gave.

Avant de quitter la vallée de Barège, on visite la chute du Gave à Gavarnie. Le chemin qui y conduit, toujours bordé d'un précipice, est si pénible, si étroit, et même, en quelques endroits, si périlleux, qu'on ne peut y aller qu'à cheval ou en chaise à porteurs. L'adresse et la rapidité avec laquelle les porteurs courent , pieds nus , sur les pointes des rochers, portant entre deux brancards, l'espace de quatre lieues, une espèce de fauteuil, mérite l'attention du voyageur. Depuis Saint-Sauveur, la gorge se tranforme en un étroit précipice dont le torrent ravage et occupe le fond. Vous voyez deux villages, Pragnères et Gèdre, isolés et perdus dans la plus affreuse solitude. Les Pyrénées n'offrent rien de plus lugubre ni de plus sévère. Vous marchez pendant quatre heures sur la crête des ravins formés par d'immenses éboulemens, dans un silence que ne trouble aucun bruit que le roulement des torrens et les cris discordans des corneilles. Un seul chemin conduit à une chapelle déserte et comme abandonnée dans ces montagnes. Arrivé au village de Gèdre, on visite une espèce de caverne formée par deux rochers énormes qui se rejoignent en voûte sans se toucher, et ombragée d'une infinité d'arbustes et de lianes qui pendent en festons. Dans le fond, jaillit, comme d'un escalier tournant, et se précipite sur trois degrés, une eau si transparente, que l'on compte aisément les truites qu'elle roule parmi de gros bouillons d'écume On ne sait ce qui charme le plus dans cette grotte, ou de sa fraîcheur délicieuse, ou de la tristesse mélancolique qu'inspire son obscurité, ou de

6

ce doux murmure des eaux qu'on rencontre partout dans les Pyrénées. Ce n'est qu'à regret qu'on s'arrache à ce lieu enchanteur.

En poursuivant sa route vers Gavarnie, on se trouve bientôt entouré d'un amas prodigieux de rochers énormes et carrés, de trente à quarante pieds sur toutes les faces, et dont un seul suffirait pour bâtir une assez grande maison. Ils sont portés à vide les uns sur les autres, sans aucun mélange de terre ni de sable ; et de quelque côté qu'on les envisage, ils présentent une position menaçante. L'aspect de ce lieu sauvage, très-bien nommé le *Chaos*, est d'une beauté imposante et effrayante à la fois ; ce sont visiblement les débris de deux montagnes de granit et de pierres calcaires qui se sont écroulées ensemble par leur base : la catastrophe paraît récente, et cependant elle n'a point laissé de trace dans la mémoire des hommes. L'étonnement augmente à la vue des tours de Marboré, du Pré-Blanc, de la brèche de Roland, de Neige-Vieille, de Vigne-Mâle, dont les cimes glacées et les plus élevées de toute la chaîne, sans en excepter le Pic du Midi, se perdent dans les nues et ne sont accessibles que du côté de l'Espagne. Mais combien Gavarnie est au-dessus de tout cela ! Aux

yeux du naturaliste, il n'est aucun spectacle
aussi imposant, aucun paysage ne s'annonce avec autant de grandeur et de majesté
que l'enceinte de Gavarnie : un seul de ces
effets bizarres et sublimes qu'on rencontre
à chaque pas sur la route, suffirait pour
donner de la célébrité à tout autre pays.
On arrive enfin à Gavarnie, cette montagne
qu'on découvre de si loin, qui fuit lorsqu'on croit la toucher, et dont la cime, élevée de plus de quatorze cents toises au-dessus
du niveau de la mer, sépare la France et
l'Espagne; on se croit tout à coup jeté dans
un désert, à mille lieues du monde habité,
et seul dans l'univers : figurez-vous, s'il est
possible, un vaste amphithéâtre de rochers
perpendiculaires, dont les flancs nus et horribles présentent à l'imagination des restes
de tours et de fortifications, et dont le sommet, ruisselant de toutes parts, est couvert
d'une neige éternelle, sous laquelle le Gave
s'est frayé une route et a formé un pont solide. L'intérieur de l'enceinte, l'arène, si
nous osons nous exprimer ainsi, est jonchée
d'un amas effroyable de décombres, et traversée par des torrens. Qu'on parle encore
de ces ouvrages des Romains, de ces amphithéâtres dont les voyageurs courent admirer

les ruines ! Pour être frappé de ces monnmens où de vils gladiateurs combattaient autrefois aux yeux d'un peuple oisif, il faut n'avoir pas vu ce cirque bien plus auguste, bien plus terrible, où la nature lutte perpétuellement avec le temps. En pénétrant dans l'enceinte, autrefois un grand lac dont les eaux ont rompu les digues et donné cours au Gave, on jouit d'un coup d'œil certainement unique dans son espèce. On voit le Gave sortir du lac de Mont-Perdu, se précipiter près du vieux pont et de ces éternels glaciers, dans l'enceinte de Gavarnie, de plus de trois cents pieds d'élévation, et se partager ensuite en sept cascades. La plus belle est à gauche. Elle tombe d'une hauteur si prodigieuse et si détachée du roc, qu'elle ressemble à une longue pièce de gaze d'argent, ou à un nuage délié qui glisse dans les airs ; elle en a l'ondulation, l'éclat et la légèreté. Cette eau, ainsi pulvérisée, frappée des rayons du soleil, forme une infinité d'arcs-en-ciel qui se multiplient, se croisent et disparaissent selon la rencontre des divers rejaillissemens : elle disperse, en tombant, une espèce de fumée qui mouille. L'air auprès est si froid, qu'après avoir beaucoup souffert et s'être échauffé en marchant pendant trois quarts-d'heure sur ce tas de

rocs brisés, le voyageur est obligé de se couvrir promptement et de boire quelque liqueur
spiritueuse. C'est là qu'on voit naître et fuir,
sous un pont de neige solide, ce Gave qui,
d'abord faible ruisseau, murmure à peine,
tout d'un coup se grossit, prend une couleur
d'azur foncé, s'élance des rochers, entraîne,
en grondant, les débris des bois et des monts,
et menace d'ensevelir le monde.

O d'un pouvoir terrible inexplicables jeux !
O monts de Gavarnie ! ô redoutable enceinte !
Sur vos flancs escarpés, sur vos remparts neigeux
De ce monde changeant la vieillesse est empreinte :
L'auteur seul à mes yeux s'obstine à se cacher.
De ce vaste tombeau je ne puis m'arracher.
Ces cyprès renversés, ces affreuses peuplades,
De noirs rochers au loin l'un sur l'autre étendus ,
Sur des gouffres sans fond ces hameaux suspendus,
Ce luxe de ruisseaux, de torrens, de cascades ,
Par cent canaux divers à la fois descendus ;
Tout m'attriste et me plaît, tout m'annonce l'empire
De l'éternel vieillard qui fuit sans s'arrêter :
Sur la nature enfin tout force à méditer.
Qu'elle est belle en ces lieux ! quelle horreur elle inspire !
Il nous faudrait ici Buffon pour la décrire,
    Et Delille pour la chanter.

Pic du Midi (1).

On profite d'un jour serein, et de la fraî-

---

(1) *Voyage dans les Pyrénées françaises.*

cheur du matin , pour passer la montagne
du Tranmalet, qui conduit au Pic du Midi.
Après six heures de marche, dans la triste
vallée du Bastan, (affreux désert depuis
Barège-les-Bains jusqu'à Campan) , vous
laissez sur la droite les lacs d'Escoubous, de
Laquètes, d'Aigues - Cluses et d'Obert , environnés de rochers décharnés, mais riches
en nikel , en cobalt , en cristal de roche ,
surtout en amiante cristallisée , unis au
schorl et au zinc. Le zoologue remarque
dans ces montagnes plusieurs oiseaux de
moyenne grandeur, peu connus dans nos
·plaines ; l'aigle des Pyrénées, l'oiseau céleste,
une grande variété d'oiseaux de proie ; la
corneille et les ramiers occupent les creux
des rochers du midi. Des pins antiques, des
genets, des genévriers sur des roches arides
et brisées, tout en conservant une espèce de
symétrie, présentent l'aspect d'une nature
brute et sauvage. De là vous passez entre de
hautes cascades, qui roulent à grand bruit
sur des monceaux de rochers et parmi des
entassemens d'arbres , en laissant à la droite
le lac d'Oredon. Les eaux , après s'être confondues avec fracas dans le bassin de ce lac,
circulent de toutes parts, et se dirigent vers
la vallée de Bastan. Là croissent le lotier, la

raisin d'ours, la vulnéraire rustique, et celle des Pyrénées, le diante particulier à ces montagnes, plusieurs espèces de saxifrages ; à côté du colchique, les sanges et le thalasps. Le chamærodendros, la sabine, le laurier-thym, le bois gentil et le myrtil, fournissent au chauffage des bergers. L'ellébore, la gentiane et la tanaisie, occupent les régions supérieures. Ces dernières ont aussi leurs productions végétales assorties à l'âpreté du climat. A une grande distance du pic, on quitte les chevaux du pays, qui, seuls, tiennent pied dans des sentiers aussi périlleux, et tiennent à cette race de chevaux ibériens si connus dans l'antiquité. Des guides adroits et sûrs vous portent dans une chaise commode ; ils marchent pieds nus, sur le tranchant des rochers, avec une sécurité et une rapidité incroyables. Depuis le lac de Peylade jusqu'au sommet du pic, le trajet est d'une heure. Chaque pas agrandit l'horizon d'un espace immense. La vue des précipices vous fait reculer ; mais la curiosité vous y ramène. Souvent vous êtes forcé, par des brouillards, de chercher un abri dans les cabanes des bergers qui passent l'été sur ces montagnes. Vous n'êtes pas médiocrement surpris d'y trouver une sorte d'abondance : du mou-

ton succulent, qui sent le serpolet, d'excellentes truites du lac, de l'ysard, du lait de
chèvre et de vache, du fromage, du beurre
aromatique, de la carline, des fraises d'un
parfum délicieux, du miel, des pâtes de
maïs, et jusqu'à des asperges préférables à
celles des jardins. Le petit-lait tient lieu de
vin, quand on n'en trouve pas de celui d'Espagne apporté dans des outres poissées:
voilà les mets du pays. Il ne faut qu'un
instant pour voir ces nuages, suspendus sur
la tête chenue de ces montagnes, se former
dans la région moyenne de l'air, se disperser
et disparaître comme la toile d'un théâtre
immense, levée tout à coup par un habile
machiniste. Vous voyez le Pic du Midi se
détacher des montagnes voisines, semblable
à un phare élevé. Les yeux se promènent et
se reposent à la fois sur une infinité d'objets
aussi variés que sublimes. Un immense horizon embrasse, comme dans un grand plan,
les plaines fertiles du Bigorre et du Béarn:
l'Océan, la brillante et sinueuse Garonne,
et le mont Canigou offrent la perspective la
plus reculée. Le spectateur éprouve cet agréable
embarras que donne à l'esprit l'abondance
des objets, avant que l'œil soit parvenu à les
débrouiller. Son regard plane sur les lacs,

les montagnes, les vallées. La fierté de l'homme est obligée de s'humilier devant ces masses énormes. L'imagination égarée ne garde plus que l'idée de l'immensité. L'amoncellement et l'inégalité des pointes des rochers, diversement éclairés, disparaissent ; elles offrent, au coucher du soleil, les faces variées d'un prisme, des reflets d'ombre et de lumière, dont le majestueux désordre est inexprimable. Vous voyez, du haut du Pic du Midi, tous les torrens des Pyrénées, entraînés vers l'Océan par la pente naturelle de ces hauteurs, partir du sud-est, former un demi-cercle en tirant vers le nord, et revenir à l'est, combler les vallées, et élever les terres à leur embouchure. La Garonne sort des hautes montagnes d'Aran, et prend son cours par Toulouse et Bordeaux. L'Adour et le Gave, moins larges, décrivent aussi une portion de cercle moins étendue. Ces torrens, précipités des plus hautes montagnes, entraînent dans leur cours d'immenses débris, et, parvenus à l'Océan, luttent avec lui, et le repoussent sans cesse. Leur escarpement conduit à des ruines de granit, près des sources de l'Adour, au-dessous du Pic du Midi et de celui de l'Espade. Tramesaigues et Grip sont au-dessus de l'idée qu'on peut s'en former : leurs prairies sont réellement, selon l'expression des poëtes, émaillées de fleurs. De longs filets d'eau coulent des sommets du roc, et s'étendent à travers les bois; leurs lisières sont couvertes de framboisiers ; les fraises y abondent jusqu'en novembre ; l'airelle y est assez commune: les bergers récoltent cette baie acide et rafraîchissante.

Les Cavernes de glace.

Les vallées des Pyrénées sont couvertes de neige pendant quelques mois de l'année ; mais pendant la saison des fontes la neige se retire dans le fond, où le soleil a moins d'action. La glace forme alors souvent des voûtes, au-dessous desquelles on peut descendre pour examiner le sol qu'elles couvrent. M. Ramond, dans son *Voyage au Mont-Perdu,* fait la description d'une de ces cavernes, qu'il rencontra dans le cirque de Gavarnie, dont nous avons parlé ailleurs. (*Voy.* pag. 274) C'était, dit - il page 299, une voûte régulièrement surbaissée de vingt mètres d'ouverture, de sept à huit de haut, et de plus de cent cinquante de profondeur. Il n'y a rien de plus dangereux qu'une promenade sous ces voûtes, surtout à l'époque des grands

dégels ; on risque à tout instant d'être accablé de leur chute ; mais aussi rien n'est plus
magnifique et plus singulier que leur intérieur. Celle-ci aboutissait aux murailles du
cirque, et recevait , par une de ses extrémités , une cascade qu'elle rendait en torrent
par l'autre. Les profondeurs de cet antre
n'étaient éclairées que par la lumière déco-
lorée que lui transmettaient ses parois à demi-
diaphanes ; la cascade écumant sur des quartiers de neige durcie , le vent glacé que sa
chute excitait, une pluie froide distillant du
cintre, toutes ces roches saupoudrées de
givre ; voilà ce que nous trouvâmes sous un
soleil brûlant , dont le vent du sud aug-
mentait l'ardeur, et à vingt pas d'un gazon
desséché par la canicule : c'était le palais
de l'hiver à côté de celui de l'été ; et , comme
les Islandais , nous pouvions dire que nous
tombions dans un enfer de glace au sortir
d'un enfer de feu.

Le Mont-Perdu,

Le Mont-Perdu est , dans les Pyrénées ,
ce qu'est le Mont-Blanc dans les Alpes ; le
géant qui domine toute la chaîne. Hérissé,
comme le Mont-Blanc, de glaciers, de rem-

parts de neige, et entouré de précipices, il semble avoir été rendu, par la nature, inaccessible à l'homme. Mais que sont pour l'homme tous les obstacles, quand l'instruction est le prix du succès ! Rien ne lui coûte; il brave les dangers, il se joue des difficultés, et ne se repose qu'après avoir surpris et sondé les secrets de la nature, qui en vain les dérobe à ses regards. Quelles que soient les difficultés du voyage sur ce mont, un célèbre naturaliste, M. Ramond, l'a néanmoins exécuté. Nous n'allons citer de sa relation que la partie dans laquelle il rend compte du résultat de son excursion à la fois pénible et agréable.

« Nous approchions, dit-il, enfin, du sommet de la crête; il ne restait plus qu'un petit nombre de degrés à monter; je regardais mes compagnons; aucun ne donnait des signes de joie. Une sorte de tristesse, produite par une longue anxiété, laissait à peine concevoir ce que la vue du Mont-Perdu nous préparait de dédommagemens. Après tant de plans inclinés, de rochers si droits, de glaces si perfides, nous ne sentions d'autre besoin que celui d'un peu de terrain plat, où le pied pût se poser sans délibération; mais ce terrain, nous ne le touchions pas encore, que

déjà la scène changeait et faisait oublier tout.
Du haut des rochers, nous considérions avec
une muette surprise le majestueux spectacle
qui nous attendait au passage de la brèche ;
nous ne le connaissions pas ; nous ne l'avions
jamais vu ; nous n'avions nulle idée de l'éclat
incomparable qu'il recevait d'un beau jour.
La première fois, le rideau n'avait été que
soulevé : le crêpe suspendu aux cimes répandait le deuil sur les objets mêmes qu'il ne
couvrait pas. Aujourd'hui, rien de voilé ;
rien que le soleil n'éclairât de sa lumière la
plus vive ; le lac, complètement dégelé, ré-
fléchissait un ciel tout d'azur ; les glaciers
étincelaient, et la cime du Mont-Perdu,
toute resplendissante de célestes clartés, semblait ne plus appartenir à la terre. En vain
j'essaierais de peindre la magique apparence
de ce tableau ; le dessin et la teinte sont également étrangers à tout ce qui frappe habituellement nos regards. Eu vain je tenterais
de décrire ce que son apparition a d'inopiné,
d'étonnant, de fantastique, au moment que
le rideau s'abaisse, que la porte s'ouvre,
que l'on touche enfin le seuil du gigantesque
édifice. Les mots se traînent loin d'une sensation plus rapide que la pensée ; on n'en
croit pas ses yeux ; on cherche autour de soi

un appui, des comparaisons : tout s'y refuse
à la fois. Un monde finit, un autre commence, un monde régi par les lois d'une
autre existence. Quel repos dans cette vaste
enceinte, où les siècles passent d'un pied plus
léger qu'ici bas les années ! Quel silence sur
ces hauteurs, où un son, quel qu'il soit, est
la plus redoutable annonce d'un grand et
rare phénomène ! Quel calme dans l'air, et
quelle sérénité dans le ciel qui nous inondait
de clartés ! Tout était d'accord : l'air, le
ciel, la terre, et les eaux; tout semblait se
recueillir en présence du soleil, et recevoir
un regard dans son immobile aspect. En
comparant l'imposante symétrie du cirque,
au désordre hideux qu'il offrait lorsqu'une
brume épaisse se traînait autour de ses degrés, nous reconnaissions à peine les lieux
que nous avions parcourus. Jamais rien de
pareil ne s'était offert à mes yeux. J'ai vu les
Hautes-Alpes; je les ai vues dans ma première
jeunesse, à cet âge où l'on voit tout plus
beau et plus grand que nature : mais ce que
je n'y ai pas vu, c'est la livrée des sommets
les plus élevés, revêtue par une montagne
secondaire. Ces formes simples et graves, ces
coupes nettes et hardies, ces rochers si entiers
et si sains, dont les larges assises s'alignent

en murailles, se courbent en amphithéâtres, se façonnent en gradins, s'élancent en tours où la main des géans semble avoir appliqué l'aplomb et le cordeau : voilà ce que personne n'a rencontré au séjour des glaces éternelles; voilà ce qu'on chercherait en vain dans les montagnes primitives, dont les flancs déchirés s'allongent en pointes aiguës, et dont la base se cache sous des monceaux de débris. Quiconque s'est rassasié de leurs horreurs, trouvera encore ici des aspects étrangers et nouveaux. Du Mont - Blanc même, il faut venir au Mont-Perdu; quand on a vu la première des montagnes granitiques, il reste à voir la première des montagnes calcaires.

Ici ce n'est point un géant entouré de pygmées. Telle est l'harmonie des formes, et la gradation des hauteurs, que la prééminence de la cime principale résulte moins de son élévation relative, que de sa figure, de son volume, et d'une certaine disposition de l'ensemble, qui lui subordonne les objets environnans. Elle n'excède le Cilindre que de cent cinq mètres, et ne s'élève que d'environ deux cents mètres au-dessus de la plate-forme qui les soutient tous deux; mais cette cime est le dernier de tant de rochers amassés

N

l'un sur l'autre ; c'est vers elle que remontent, comme à leur source, les glaciers amoncelés sur les rives du lac ; c'est d'elles que descendent toutes ces nappes de neige qui tapissent les gradins, se déroulent sur les pentes, se déchirent à mesure qu'elles s'éloignent, et ne couvrent qu'elle seule d'un voile qui ne s'entr'ouvre jamais. Cette cime est un dôme arrondi, placé à l'angle d'un long toit qui se dirige parallèlement à la chaîne, et s'incline en pente douce, du côté du levant. De toutes ces montagnes, c'est le seul talus d'inclinaison modérée, et le seul sommet qui ait quelque chose des formes ordinaires ; il semble que la nature, lasse d'entasser étages sur étages, ait essayé de les couronner d'un comble, et que ce comble se soulève avec peine dans la haute région, où nul autre sommet n'ose s'élancer. L'effet de cette apparence était de nous rendre l'élévation du Mont-Perdu sensible, quoique nous ne le vissions que sur une hauteur d'environ sept cents mètres, à compter du niveau du lac, qui était lui-même fort au-dessous de nous. Mais en même temps elle ravalait notre propre station au point de n'admettre aucune comparaison directe entre les hauteurs respectives. Comme nous avions perdu notre baromètre en route, il fallut nous contenter d'estimer cette hauteur à vue d'œil; mais cette estimation même n'était guère propre à nous encourager, dans le cas que nous aurions encore conservé l'espérance de gagner la cime par la route du lac. Sans doute, trois mille mètres d'élévation sont beaucoup, quand il n'en reste plus que cinq cents à monter; mais nulle proportion entre la hauteur où nous étions parvenus, et ce qu'il nous en avait coûté pour l'atteindre, et surtout nulle comparaison entre les murs que nous avions gravis et ceux dont il aurait fallu risquer l'escalade. Le dégel avait beaucoup augmenté le circuit du lac, et l'eau couvrait presque tout ce que nous avions pris l'autre fois pour des rives. Nous le trouvâmes au pied même du ravin par lequel nous étions descendus. De quelque côté que nous portassions la vue, ce lac, tout à l'heure si beau et maintenant si fâcheux, n'avait pour bords que des murailles de roche ou des murailles de glace. A l'occident seulement, les pentes s'adoucissaient, et de longs tapis de neige s'élevaient insensiblement jusqu'au pied du col : c'était là que nous voulions aller; mais c'était précisément là qu'on ne pouvait atteindre. Le passage était fermé par des rochers

d'une hauteur épouvantable, et qui s'élevaient à pic du sein même des eaux. Nulle
ressource : il n'était pas plus possible de gravir ces rochers que de les tourner : en vain on
regarde, on se consulte, on se dépite ; il faut se
résigner et reprendre nos anciens erremens.

Nous tournons donc à gauche : autre embarras. Ici ce perfide lac nous attendait encore, et l'eau battait le pied d'une énorme
lavange tombée des crêtes septentrionales. Je
ne sais si elle existait lors de notre premier
voyage ; mais alors la glace du lac nous li-
vrait passage, et nous n'avions en nul motif
de l'envisager. Cette fois, point de milieu : il
fallait rétrograder, et l'on sait par quel chemin ; ou bien il fallait attaquer de front ces
neiges dures et entièrement inclinées, d'où
un faux pas nous précipitait dans le lac. Ce
faux pas, un de nos guides le fit : il partit
comme la foudre ou comme la lavange elle-
même était partie.... Un petit enfoncement,
une pierre, un rien l'arrêta à deux pas du
lac. Sans ce hasard il y périssait, car nous
n'avions que nos cordes pour l'en tirer, et
c'était justement lui qui en était chargé.

Enfin, nous étions au terme de nos embarras, et nous atteignîmes ce promontoire
de si difficile accès, dont je voulais au moins

fouiller l'intérieur à loisir. Outre les corps marins que j'y avais rencontrés antérieurement, j'en observai plusieurs qui avaient alors échappé à mes regards, ou dont je n'avais obtenu que des échantillons informes.

Mais quelque résolus que nous fussions, il était impossible de rien entreprendre de plus ; le lac et les glaciers coupaient toutes les communications. Placés au milieu d'une aire immense, nous ne pouvions nous mouvoir en aucun sens ; touchant toutes les sommités de la main, nous ne pouvions en aborder aucune ; tout semblait nous repousser, et nous n'avions que deux issues si hasardeuses et si précaires, que tel accident que l'on puisse imaginer, qu'un orage, un éboulement, une lavange, peut tout à coup priver de l'une ou de l'autre, si ce n'est à la fois de toutes deux. Une seule chance nous restait : celle de parvenir au col de Faulo par les corniches, et d'essayer d'atteindre le sommet par sa face orientale ; mais pour tenter cette aventure, il aurait fallu être ici de grand matin, et durant les jours les plus chauds de l'année. Il y a des glaciers considérables entre le col et la cime du Mont-Perdu, et nous venions de faire l'expérience de ce que sont les glaciers à la fin

3

de l'été. Il fallait passer au moins une nuit ; et nous sentions déjà ce que c'est qu'une nuit d'automne passée à cette hauteur. Il suffisait de considérer ces affreux déserts pour concevoir l'impossibilité d'y subsister à l'époque où tout ce qui vit les avait abandonnés. On parle souvent de déserts, et l'on ne peint que des lieux où la nature a répandu le mouvement et la vie ; l'esprit se repose encore sur les sombres forêts où le sauvage poursuit sa proie, sur les sables que traverse le chameau, sur les rivages où se vautre le phoque et que visite le pingouin ; mais ici, point d'autres témoins que nous, du lugubre aspect de la nature. Le soleil, éclairant ces hauteurs de sa lumière la plus vive, n'y répandait pas plus de joie que sur la pierre des tombeaux. D'un côté ; des rochers arides et déchirés qui menacent leurs bases de la chute de leurs cimes ; de l'autre, des glaces tristement resplendissantes, d'où s'élèvent des murailles inaccessibles ; à leurs pieds, un lac immobile et noir à force de profondeur ; n'ayant pour rives que la neige, ou le roc, ou des grèves stériles. Plus de fleurs ; pas un brin d'herbe : durant huit heures de marche, je n'avais recueilli que les restes desséchés de l'anémone des Alpes, et c'était à la montée de la brèche.

Rien de vivant désormais dans ces régions inhabitables. Les ysards avaient cherché les gazons où l'automne n'était pas encore descendue. Dans les eaux, pas un seul poisson ; pas même une seule de ces salamandres aquatiques que l'on rencontre jusque dans les lacs qui ne dégèlent que trois mois de l'année. Pas un *lagopède* piétant sur ces champs de neige ; pas un oiseau qui sillonnât de son vol la déserte immensité des cieux : partout le calme de la mort. Nous avions passé plus de deux heures dans cette silencieuse enceinte , et nous l'aurions quittée sans y avoir vu mouvoir autre chose que nous-mêmes , si deux frêles papillons ne nous avaient ici précédés ; encore n'était-ce pas les papillons des montagnes : ceux-là sont plus avisés ; ils se confinent dans les vallons où ils pompent le nectar des plantes alpestres ; c'étaient deux étrangers , le *souci* et le *petit nacré*, voyageurs comme nous , et qu'un coup de vent avait sans doute apportés. Le premier voletait encore autour de son compagnon naufragé dans le lac... Il faut avoir vu de pareilles solitudes ; il faut y avoir vu mourir le dernier insecte , pour concevoir tout ce que la vie tient de place dans la nature.

4

CHAPITRE IX.

PROVENCE.

DÉPARTEMENT DU VAR.

Le Vaux d'Ollioules.

Sur la route de Marseille à Toulon, on rencontre plusieurs vallons profonds, serrés, pour la plupart, par des rochers nus et arides, incommodes pour le voyageur, dans l'été, par la forte réverbération des rayons du soleil, et dangereux, dans l'hiver, par les torrens qui s'y forment dans les ravins, et se précipitent avec une violence à laquelle rien ne résiste. Parmi ces vallons, le plus étonnant est celui d'*Ollioules.* Rien n'est plus propre, dit M. Papon, à donner une idée du pas des Thermopiles que ce passage. C'est, comme celui de la Grèce, un chemin étroit qui ne serait pas même trop large quand on y ajouterait le lit du torrent qui lui est adossé. Deux montagnes, taillées à pic, absolument nues depuis leur base jusqu'au sommet, le bordant des deux côtés, forment des angles rentrans et saillans, qui étant extrêmement rapprochés, se croisent, présentent à chaque contour l'aspect affreux de rochers déchirés, bornent la vue, et troublent le voyageur par la nouveauté du spectacle, dont l'horreur est encore augmentée par le silence et la solitude du lieu ; car on n'entend au-dessus de soi que les cris de quelques oiseaux de proie ; au-dessous on voit dans le vallon des débris de rochers, des pierres volcanisées, tristes monumens des ravages que l'eau et le feu ont faits dans ces montagnes. Les pierres volcanisées ont été apportées par les torrens qui descendent des environs d'Evenos, où l'on découvre un volcan éteint.

A peine la vue se dégage de ces tristes objets, qu'elle tombe sur les jardins d'Ollioules, où la nature étale au printemps tous les agrémens de cette saison, réunis dans une petite enceinte, et en été ou en automne les dons de Pomone dans tout leur éclat. Mais en Provence tout est contraste dans le physique et souvent dans le moral. Des jardins charmans tapissent le vallon d'Ollioules;

les vignes et les arbres fruitiers embellissent le
coteau : mais élevez vos regards, vous verrez
une affreuse stérilité régner sur la cime de
ces montagnes que vous ne perdez jamais
de vue : celles de *Broussan* et du *Revest*, le
terroir même de Montrieux offrent partout
des traces de volcans éteints.

Il y a dans ces endroits un minéral pyri-
teux qui tient du cuivre et du fer, et qui
donne aux pierres une couleur verdâtre ;
dans quelques-unes il est cristallisé. Beaucoup de ces pierres ressemblent à du mâchefer : les habitans d'Ollioules les ont employées dans tous les temps pour construire
les murailles des jardins et des maisons ;
et cependant il n'y a peut-être pas long-temps
que ces volcans sont connus.

La plupart des montagnes des cantons
d'Aix et de Marseille, et celles qui sont au
nord-ouest de Toulon, renferment des mines
de charbon de terre ; mais la partie supérieure de ces montagnes est tout-à-fait nue,
quoique anciennement elle fût couverte de
terre et d'arbres. Ceux-ci, entraînés par les
eaux pluviales au bas des montagnes, y ont
fourni la première matière des couches de
fossile qu'on y rencontre fréquemment ; on
n'en trouve point sur les montagnes schis-

leuses de la basse Provence, où les arbres
et la terre sont encore ; ni dans celles de la
partie la plus septentrionale, sur lesquelles
les arbres ne croissent point, et qui ne produisent qu'un excellent pâturage où l'on mène
paître en été les troupeaux d'Arles. En sortant du terroir d'Ollioules, on entre dans
celui de Toulon, qui présente, dans certains
endroits, des aspects beaucoup plus rians.
Il est fertile en toutes sortes de fruits ; mais
il a une particularité remarquable, occasionnée par le *saffre* dont il est rempli au
nord et au nord-ouest de la ville. On appelle
saffre un amas de petites pierres liées ensemble par un gluten qui se durcit à l'air
avec une facilité surprenante. Si on laissait
le terroir en friche pendant une vingtaine
d'années, il formerait une espèce de pou-
dingue aussi dur que celui du bord de la
mer, où il faut employer la mine pour le
faire sauter. La rocaille qu'on trouve à
Marseille sous la terre végétale, paraît être
de la même nature que le saffre.

6

La Vallée de Cabasse (1).

Dans les environs de Cabasse, il existe une vallée d'un effet très-pittoresque, que les voyageurs ne manquent pas de visiter.

Elle est située à un petit quart de lieue du village de ce nom, entre deux collines assez élevées. Celle qui est à droite n'est qu'un roc taillé à pic depuis sa base jusqu'au sommet; on l'avait rendu autrefois accessible jusqu'au milieu de sa hauteur : aujourd'hui il sert de retraite à des oiseaux de proie. L'aigle, le duc, le faucon y trouvent un asile sûr ; on les y voit planer presque en tout temps ; leur cri sombre et lugubre, répété par les échos, augmente l'horreur de ce vallon.

Des fentes du rocher s'élèvent de petits arbustes qu'on chercherait vainement ailleurs : on dirait que la nature, en leur ménageant ce dernier asile, a songé à la conservation de l'espèce ; car ces plantes se perpétuent dans ce coin solitaire malgré tant d'obstacles qui semblent s'opposer à leur reproduction. Assises sur un plan presque

_____

(1) *Voyage en Provence*, par l'abbé Papon. Paris, 1787, tome I.

vertical, n'ayant pour base que les inters-
tices d'un roc, ne végétant qu'à la faveur de
l'atmosphère, elles ne franchissent point les
bornes de ce rocher, pour aller se confondre
avec d'autres plantes, malgré la chute de
leurs graines, qui doivent être emportées
dans d'autres terrains.

La face de ce roc, exposée au midi, leur
fournit un abri qui les garantit du froid
qu'on éprouve aux environs; elles sont en
fleur vers la fin de février. On y voit une
julienne plus belle que celle de nos jardins;
une guimauve que l'on rencontre à Valence
en Espagne, la jacobée maritime, et autres
plantes dignes de l'attention du botaniste.
La rivière qui passe dans ce vallon est abondante en truites excellentes.

La grotte de Villecrose, près de Lorgue,
mérite aussi quelque attention. Elle est située
au haut d'une colline, où l'on n'aborde que
difficilement. L'entrée en est étroite ; mais
l'extérieur en est vaste et spacieux. Il y a
une vingtaine de colonnes de différentes figures, formées par le dépôt de l'eau qui suinte
à travers le rocher. Les unes pendent du haut
de la voûte jusqu'à terre ; les autres en descendent, mais ne touchent pas le sol ; elles
en sont plus ou moins éloignées de quelques

pieds. Ces stalactites sont brunes, et dans quelques endroits noirâtres, à cause du sable que les eaux entraînent. La grotte renferme une très-belle source : la terre rouge et martiale qui s'y trouve est propre à colorer les ouvrages des potiers. Le marbre du terroir de Lorgue prend un assez beau poli.

DÉPARTEMENT DE VAUCLUSE (1).

Vaucluse (2).

VAUCLUSE, si célèbre par le séjour et les chants de Pétrarque, l'est encore par sa situation pittoresque : c'est un de ces prodiges

(1) *Mémoire statistique sur le département de Vaucluse*, par Max. Pazzis. Paris, 1808, in-4°.

(2) Nous avons un grand nombre de descriptions de ce lieu fameux. La plus exacte et la plus complète nous paraît être celle qu'a publié M. Guérin, sous le titre de *Description de Vaucluse, suivie d'un Essai de l'Histoire naturelle de cette source*... Les trois ouvrages de M. Arnavon, *Voyage à Vaucluse*, *Pétrarque à Vaucluse*, Paris, 1804, et *Retour de la fontaine de Vaucluse*, Avignon, 1805, contiennent aussi un grand nombre d'observations curieuses.

de la nature, auxquels l'art descriptif ne saurait atteindre.

En sortant de Lille, on traverse une assez longue plaine, et on entre d'abord dans une gorge de montagnes ou plutôt de rochers taillés bizarrement. Le village de Vaucluse y est situé au pied d'un rocher qui soutient les débris d'un petit château, que la tradition populaire fait passer pour la demeure de Pétrarque. La rivière le long de laquelle on marche, et qui porte le nom de *Sorgue*, après être tombée du fond de la gorge, y est déjà assez forte pour faire mouvoir une papeterie qui est dans le village. Cette rivière est due aux eaux de la fontaine qui est au haut et dans le fond de cette gorge; cependant l'eau ne sort pas toujours immédiatement de cette fontaine : en été on la voit sourdre de dix à douze endroits. En hiver elle sort d'une espèce d'antre formé par une masse énorme de rochers d'un seul bloc, dont nous parlerons tout à l'heure ; elle s'y amasse et occupe un petit bassin qui en hiver se remplit entièrement. On voit la rivière sortir de cette chaîne de montagnes, comme du fond d'un vaste entonnoir; elle monte, s'élève, et tout à coup se déborde avec une impétuosité et un bruit de tonnerre, avec un bouillonnement, une écume et des chutes que ni le pinceau du poëte, ni celui du peintre ne peuvent rendre : c'est la fontaine de Vaucluse. Un instant après cette rivière se calme, comme un heureux naturel que la vivacité emporte d'abord, et que soudain la bonté modère. Elle change alors ses flots d'argent en flots d'azur, les verse, les roule, et les abandonne sur un tapis d'émeraude ; mais bientôt elle se divise en une multitude de petits ruisseaux, pour courir à travers un vallon charmant, et arroser le délicieux canton d'Avignon.

On prend sur le village à gauche, par un sentier pierreux, frayé entre les rochers et la cascade. On s'avance en tournant, et l'on admire des deux côtés un nombre infini de tuyaux naturels qui fournissent, comme on vient de voir, de l'eau à la Sorgue en assez grande quantité, pour avoir contraint les habitans de bâtir un pont à trois cents pas de là. On croit voir, non pas la seule fontaine de Vaucluse, mais vingt fontaines, dont chacune mérite d'avoir sa nymphe particulière. La curiosité vous fait redoubler votre marche, et tout à coup s'offre à vos yeux l'image de l'Averne. Un rocher large et qui s'élève à plus de cent pieds, est le sublime portique de cette source merveilleuse. Au pied de ce rocher, qui ressemble assez à un portail gothique, sont plusieurs voûtes concentriques. Le véritable gouffre est dans l'endroit le plus bas : la limpidité des eaux laisse entrevoir des sinuosités encore plus profondes. Pour bien considérer cet abîme, il faut se placer au haut du lit de rochers. Conçoit-on que de ce point il y a plus de cent pieds de profondeur, et que, pour que la cascade ait lieu, il faut que le torrent s'élève à plus de cent cinquante? Quand on a la face tournée vers la fontaine, on lit à gauche une inscription gravée sur le roc, qui explique la crue et la diminution des eaux. Ce gouffre, dont on n'a jamais pu constater la profondeur, est certainement ce qu'il y a de plus curieux. Mais n'oublions pas l'arrangement des rochers. Il semble que la nature, sensible à la beauté de son ouvrage, se soit épuisée à la décorer. Des pyramides, des obélisques, tout ce que l'architecture offre de plus rare, se trouve placé dans un ordre sublime et dans une gradation qui redoublent la surprise. Il faudrait passer huit jours dans cette grotte pour en rendre compte d'une manière satisfaisante. On jouirait encore davantage des beautés de ces lieux, si on pouvait parvenir au sommet des montagnes qui

environnent l'abîme. M. Dusaulx, dans une
description de Vaucluse, raconte que pendant'son voyage, un ami lui proposa de gravir
le sommet de ces montagnes. « Il oublie,
dit-il, que la montagne est presqu'à pic, et
que du sommet jusqu'au fond du gouffre,
il n'y a qu'un sentier large de deux pieds,
où rien ne pouvait nous retenir si le pied
nous manquait. Le voilà qui gravit : je le
suis. Au bout de dix minutes je tourne la
tête ; il me semble que je suis au milieu d'un
entonnoir, dont l'abîme est le centre. En
effet, les cailloux qui fuyaient sous nos pas
allaient tout droit s'y précipiter. Sur-le-
champ je me retourne tout doucement ; je
m'assieds, et me laisse glisser jusqu'à mon
salutaire sentier que j'arrosai de ma sueur.
Mon ami fit encore de grands efforts pour
s'élever plus haut ; mais enfin il comprit que
la mobilité de ce plan incliné ne lui permet-
trait jamais d'arriver à son but. Il fallut descendre ; sans cela, j'aurais eu peut-être le
désespoir de le voir tomber dans cet horrible
gouffre, ainsi que certaines pierres que nous
y lançâmes, et que nous aperçûmes encore
pirouetter après quelques minutes. »

Au-dessous de l'arcade et vers le milieu
de la voûte qui recouvre l'antre d'où sort

la fontaine, s'élève un figuier sortant du rocher. Cet arbre, toujours renaissant à mesure qu'il dépérit, paraît être destiné à durer éternellement. Il est autant connu que la source elle-même, dont il est pour ainsi dire le thermomètre. En effet, quand on vent savoir si la fontaine est parvenue au point où elle se porte dans les grandes crues, on s'informe d'abord si les eaux montent jusqu'au figuier ; on sait que c'est à cette élévation qu'elles déploient toutes leurs forces et toute leur magnificence. Alors cette large voûte disparaît ; on ne se doute pas même de son existence : les eaux qui en occupent toute la profondeur s'élèvent jusqu'à son ceintre, le surmontent, et atteignent le pied du figuier. A ce point, elles forment un grand bassin dont la surface paraît tranquille, et à travers lequel elles s'échappent néanmoins en abondance. En été on ne retrouve plus rien de ce pompeux appareil ; la fontaine semble alors tarir jusque dans sa source. Cette pente si rapide qui tient au bassin, ces masses de roc qui la couvrent, et sur lesquelles les eaux roulaient naguère avec tant d'impétuosité, n'offrent plus dans toute leur surface qu'une aridité dégoûtante, par la vapeur qui s'exhale de la mousse noirâtre qui les couvre : on cherche alors avec étonnement l'origine de ce fleuve constamment navigable, qui sort cependant dessous les rochers, à deux cents pas de l'antre de la fontaine, et avec la même abondance qu'il a dans tout son cours.

On est sans doute plus satisfait de voir les eaux occuper toute la hauteur de l'antre et le pied du figuier; mais il n'est pas possible d'observer, comme pendant l'été, la configuration du gouffre qu'elles surmontent, et qui, dans les temps de sécheresse, prend la forme d'un puits, dont le rétrécissement devient plus remarquable à proportion de leur abaissement.

Au profond silence qui règne dans l'antre de la fontaine, succède, dans la saison humide, un retentissement universel et tellement violent, qu'il porte l'émotion dans tous les sens. Le fracas occasionné par la chute des eaux qui s'échappent du bassin, ébranle l'atmosphère, et semble annoncer le renversement des montagnes; des bouillons impétueux tombent de tous les côtés sur la pente creusée en précipice, et usent par leur chute ces masses de rochers. La voix humaine ne saurait se faire entendre dans ce fracas épouvantable. Cependant, au milieu de cet effrayant désordre, se présente un spectacle qui en efface les tristes impressions. Des flots de neige qui, par l'effet des rayons du soleil, laissent apercevoir toutes les nuances de l'arc-en-ciel, s'élançant à une grande éléva-tion, se précipitent tour à tour et se repro-duisent sous de nouvelles formes dans leur chute. L'éclat dont ils frappent les yeux contraste admirablement avec le noir des rochers, contre lesquels ils viennent se bri-ser. Réunis par le mouvement de leurs par-ties, presqu'aussitôt qu'ils sont dissipés, ces flots attaquent avec une plus grande puis-sance les rochers qui viennent les repousser. Ils écument, ils rejaillissent, et à chaque élancement ils franchissent avec une nou-velle impétuosité de nouveaux obstacles, jusqu'à ce qu'ils se dissipent pour jamais sur le dernier rang des rochers entassés qu'ils viennent de parcourir.

Le rocher qui forme l'antre où est le bassin de la fontaine est teint à l'extérieur d'un jaune ferrugineux ou de la rouille de fer. Au com-mencement de la gorge, les rochers sont à plusieurs bancs, dont quelques-uns renfer-ment des cailloux aplatis ou ronds, et des pierres à fusil brunes ou noires. Dans le fond de la gorge, à droite de la fontaine, il y a un reste de rocher, planté comme une quille, haut d'une vingtaine de pieds et d'environ dix à douze pieds de base ; peut-être cette portion de rocher ne résistera-t-elle pas long-temps aux chocs des eaux qui tombent des montagnes.

Une autre singularité qu'on remarque dans le rocher à gauche, sont des trous ou petites cavernes placées vers le haut de ces rochers, et dont plusieurs ont une ouverture circulaire. La forme singulière de ces ouvertures porterait à croire qu'elles seraient dues au travail des hommes ; mais de quel usage ces trous auraient-ils pu être ? Ils sont près des ruines du château qui est sur la pointe des rochers ; on ne peut présumer qu'ils ont été creusés pour l'usage de cette maison, parce que les rochers où ces trous se trouvent sont coupés presqu'à pic, et d'après tous les indices il n'y a pas eu de chemin pour conduire à ces petites cavernes.

La fontaine de Vaucluse elle-même peut être mise au nombre des plus abondantes ; peu de rivières et même de grands fleuves ont une source aussi considérable.

Le souvenir de Pétrarque et de Laure anime tout le paysage ; il embellit Vaucluse et l'enchante. Le temps détruira les vestiges de leur demeure ; mais le souvenir de l'amant de Laure et ses vers vivront toujours.

Plusieurs de nos poëtes ont chanté Vaucluse. Nous ne nommons que Roucher (1), madame Deshoulières, Voltaire (2), Delille. Tout le monde connaît les beaux vers du chantre des jardins ; mais qui n'éprouvera pas un nouveau plaisir à les retrouver ici ?

Vaucluse, heureux séjour, que sans enchantement
Ne peut voir nul poëte, et surtout nul amant !
Dans ce cercle de monts, qui, recourbant leur chaine,
Nourrissent de leurs eaux la source souterraine,

---

(1) Chant VII du poëme *des Mois*.

(2) Voltaire a traduit ou imité le quatorzième canzonetta de Pétrarque ; mais a-t-il transporté aussi dans son imitation tout le charme et toute la grâce que respirent les vers de l'original ?

Chiare, fresche e dolci acque
Ove le belle membre
Pose colei che sola a me par donna
Gentil Ramo ove piacque
(Con sospir mi remembra)
A' lei di fare al ben fianco colonna
Herbe e fior che la gonna
Leggiadre ricoverse ;
Con l'angelico seno
Aer sacro sereno
Ov' amor co begli occhi il cor m'apperse
Date udienza insieme
Alle dolenti mie parole estreme.

Sous la roche voûtée, antre mystérieux,
Où ta nymphe, échappant aux regards curieux,
Dans un gouffre sans fond cache sa source obscure,
Combien j'aimais à voir ton eau, qui, toujours pure,
Tantôt dans son bassin renferme ses trésors,
Tantôt en bouillonnant s'élève, et de ses bords
Versant parmi des rocs ses vagues blanchissantes,
De cascade en cascade au loin rejaillissantes,
Tombe et roule à grand bruit; puis, calmant son courroux,
Sur un lit plus égal répand des flots plus doux,
Et sous un ciel d'azur coule, arrose et féconde
Le plus riant vallon qu'éclaire l'œil du monde !
Mais ces eaux, ce beau ciel, ce vallon enchanteur,
Moins que Pétrarque et Laure intéressaient mon cœur:
La voilà donc, disais-je; oui, voilà cette rive
Que Pétrarque charmait de sa lyre plaintive !
Ici Pétrarque, à Laure exprimant son amour,
Voyait naître trop tard, mourir trop tôt le jour;
Retrouverai-je encor sur ces rocs solitaires,
De leurs chiffres unis les tendres caractères?
Une grotte écartée avait frappé mes yeux;
Grotte sombre, dis-moi si tu les vis heureux !
M'écriai-je; un vieux tronc bordait-il le rivage ?
Laure avait reposé sous son antique ombrage ;
Je redemandais Laure à l'écho du vallon;
Et l'écho n'avait point oublié ce doux nom.
Partout mes yeux cherchaient, voyaient Pétrarque et
    Laure,
Et par eux ces beaux lieux s'embellissaient encore.

On ne peut douter que la fontaine de Vaucluse ne soit alimentée par les réservoirs du
mont Ventoux, qui communique avec les
collines de Vaucluse par l'enchaînement
d'autres montagnes. Dans quelques endroits
                                    de

de cette chaîne, jusqu'à l'éloignement de douze à quinze lieues de la fontaine, on rencontre, sur le sommet, des abîmes entr'ouverts, que l'on appelle dans le pays *avens*, et qui en certains temps exhalent une vapeur très-épaisse. On comprend aisément que ces ouvertures sont autant de soupiraux, dont la nature a ménagé la distribution, et d'où les colonnes d'air, agitées et entraînées par les courans intérieurs, s'échappent avec facilité. Ce roulement des eaux dans les abîmes se fait entendre à la distance de sept à huit lieues : le tonnerre semble gronder sourdement dans ces immenses souterrains. La voûte qui les couvre s'entr'ouvre de temps en temps, et occasionne des phénomènes extraordinaires (1).

---

(1) En 1783, un événement de cette nature répandit le plus grand étonnement parmi le peuple. La fontaine était alors à une grande élévation, lorsque tout à coup l'on vit ses eaux, d'un cristal si pur, sortir du bassin, fortement colorées d'un rouge de sang : elles se soutinrent pendant près d'un mois en cet état. On apprit dans cet intervalle la cause du phénomène. A neuf lieues de Vaucluse, il s'était ouvert sur les montagnes un vaste gouffre, et une grande quantité de terre

La fraîcheur de la température de Vaucluse pendant l'été forme un contraste remarquable avec la douceur de l'hiver. Cette masse de roche qui couvre la fontaine de ses voûtes immenses, et s'élève au-dessus des montagnes qu'elle tient enchaînées à ses flancs, garantit tout le fond du vallon des ardeurs du soleil ; pendant la plus grande partie de la matinée. Une vapeur imperceptible, qui s'échappe à travers le courant rapide des eaux, modère la chaleur du reste du jour, et rend la soirée délicieuse. On croirait d'abord qu'en hiver ce pays doit être continuellement enveloppé debrouillards, si l'on n'observait que l'eau est emportée par une pente si rapide, qu'elle n'a pas le temps de renvoyer dans l'atmosphère beaucoup de vapeurs ; et s'il se forme quelquefois de légers brouillards, ils sont dissipés par les rayons

---

rouge, détachée en masse de son sol incliné, par l'effet de longues pluies, s'y était totalement engloutie ; aussi les eaux conservèrent-elles cette couleur jusqu'à ce que, par l'impétuosité de leurs roulemens dans ces cavernes profondes , elles eurent dissous entièrement cette terre qui leur opposait de la résistance. *Retour à la fontaine de Vaucluse.*

du soleil et par le vent. Aussi le climat est-il extrêmement salubre à Vaucluse; ce qui vient non-seulement de la situation du lieu, mais aussi des plantes odoriférantes, qui dans cette contrée couvrent les montagnes et les vallons, et peut-être aussi, selon l'opinion de M. Arnavon, de la rapidité du cours de l'eau.

DÉPARTEMENT DU GARD.

La Fontaine de Nîmes (1).

CETTE fontaine a été toujours fort célèbre. Le bassin de la source est situé dans une des collines calcaires qui environnent Nîmes. Son diamètre est d'environ douze toises, et sa profondeur de près de quatre. Il est creusé par la nature, en cône renversé, dans un roc vif, auquel il ne manque que la variété des couleurs pour être un véritable marbre. L'eau jaillit de son centre, souvent à gros bouillons; un gravier calcaire très-pur en couvre le fond; ses bords sont tapissés d'un grand

(1) *Topographie de la ville de Nîmes et de sa banlieue,* par J. C. Vincens et Baumes; publiée avec des notes, par Vincens-Saint-Laurent. Nîmes, 1802, in-4°.

nombre de plantes, dont le beau vert foncé annonce la vigoureuse végétation.

La chaîne de collines, du pied de laquelle sourd la fontaine de Nîmes, renferme des grottes et des cavités qui s'étendent à plus de six milles et communiquent entre elles. C'est vraisemblablement à cette disposition naturelle qu'est due l'abondance de la fontaine, parce qu'elle réunit les eaux de ces bassins naturels, qui formeraient autant de petites sources particulières, s'il n'existait aucune communication entre eux, et s'ils n'avaient un écoulement commun. En effet, les eaux des puits creusés dans le roc sur la même chaîne, mais à de grandes distances, éprouvent instantanément les mêmes variations que la source, soit dans leur niveau, soit dans leur couleur. Dans un de ces puits on entend distinctement le bruit des battoirs des blanchisseuses placées dans le bassin de la fontaine, éloigné de plus de mille toises; et l'on assure que des corps légers jetés dans un autre à une plus grande distance, sont venus ressortir par l'entonnoir d'où jaillissent les eaux.

Quelquefois la fontaine de Nîmes, au milieu des plus grandes sécheresses, croît tout à coup sans qu'il soit tombé une seule goutte d'eau de pluie sur la ville. Cet effet singulier a lieu toutes les fois qu'il éclate quelque orage au-dessus des vallons qui dominent la ville vers le nord-ouest, à la distance de cinq à six milles. Ces crues sans pluie sont une nouvelle preuve bien évidente de l'éloignement et de la situation des réservoirs de la fontaine.

Dans ses grandes crues, qui arrivent également dans toutes les saisons, après les longues pluies, ou même après de simples averses, la fontaine devient presque toujours, dans l'espace d'un petit nombre d'heures, une rivière considérable, dont l'abondance et l'impétuosité attirent l'attention générale. Pendant la crue, les eaux, en bouillonnant dans le bassin de la source, s'élèvent jusqu'à trois pieds au-dessus de la surface, ce qui suppose un jet de vingt-sept à trente pieds de hauteur. Communément on ne remarque qu'un simple frémissement produit par le mouvement lent, mais perpendiculaire, par lequel les eaux s'échappent du fond du bassin.

Les eaux de la fontaine de Nîmes sont très-limpides, pures et légères.

CHAPITRE X.

LANGUEDOC.

DÉPARTEMENT DU TARN.

Le Rocher Tremblant(1).

C'EST en Languedoc, à une lieue de Cas
tres, qu'on voit ce rocher, dont la propriété
singulière attire l'attention des voyageurs(2).
Il est placé dans un lieu nommé la Roquette,
à cause de la quantité de rochers qui y sont
confusément dispersés. Parmi ces rochers
énormes, dont les angles extérieurs sont
arrondis, on en voit qui sont rompus et dis-
loqués, pour ainsi dire, par quartiers ; les uns

---

(1) *Mémoire de Marcorelle, de l'Académie
de Toulouse; Mercure de France*, janvier, 1749.
Alléon Dulac, *Mélanges d'Histoire naturelle*,
tom. I.

(2) Le régent trouva ce rocher si curieux, qu'il
en fit lever le plan en 1718.

inclinés vers l'horizon, et les autres posés dans une situation parallèle, selon la nature et la disposition des terrains qui leur servent d'appui. Voici en quoi consiste cette merveille si frappante.

Le rocher Tremblant a une forme irrégulière qui ressemble assez à celle d'un œuf aplati ; il est situé près du faîte et sur le penchant d'une montagne, et repose sur le bord d'un rocher beaucoup plus gros et incliné d'environ six pouces. La plus grande circonférence du rocher Tremblant, prise dans la partie moyenne de sa hauteur, est de vingt-six pieds ; le tout forme une masse de trois cent soixante pieds cubiques, que l'on estime du poids de plus de six cents quintaux. Il porte sur le petit bout, et n'a presque d'autre point d'appui qu'une ligne qui va du levant au couchant. La pierre dont il est formé, est dure et compacte. On dit communément dans le pays qu'elle est composée de *sidobre*. Sidobre est un terrain près de la Roquette, où l'on trouve quantité de rochers qui ont la figure de certains animaux. Le rocher se meut visiblement, lorsqu'une certaine force, telle que celle d'un homme, lui est appliquée du midi au nord. On appuie un bâton ou un autre corps quelconque contre la

4

partie méridionale du rocher, et on le pousse à plusieurs reprises. Aussitôt le rocher commence à balancer. Une force légère suffit alors pour lui conserver ses balancemens et ses vibrations, tant que l'on veut ; mais pour le mettre en mouvement, il ne faut pas moins que toute la force d'un homme. Cette particularité, prouvée par des essais répétés, contredit l'opinion du vulgaire, qui veut soutenir que la moindre action, celle du vent même, suffit pour produire ce balancement. On prétend aussi, mais faussement, qu'une force supérieure à celle de l'homme n'est pas capable de mettre ce rocher en mouvement.

Les balancemens du rocher sont toujours du midi au nord, ou du nord au midi, dans une direction perpendiculaire, à la coupe de la pente du rocher sur lequel il est assis ; ses balancemens sont actuellement tels, que le bord de la base se soulève de trois lignes ; sa cime parcourt environ un pouce à chaque balancement ; il fait sept à huit vibrations sensibles, après lesquelles il perd presque tout le mouvement qui lui a été communiqué, et il revient dans son premier état.

Il reste à expliquer comment un homme peut agiter sensiblement une masse aussi énorme, et pourquoi cette même masse, mise en mouvement, continue ses vibrations pendant quelque temps. C'est à ces deux points que se réduit toute la question. Pour en donner une solution satisfaisante, il faut d'abord rappeler ici plusieurs principes de physique; savoir : 1°. que tous les corps durs ont une élasticité sensible et un ressort qui agit lorsqu'ils se choquent; 2°. qu'un corps pesant n'est plus soutenu lorsque la ligne à plomb qui passe par son centre de gravité, tombe en dehors de la partie de la base sur laquelle il s'appuie ; 3°. que deux forces sont en équilibre, si elles sont en raison réciproque de la longueur des bras du levier, auquel elles sont appliquées ; 4°. qu'un corps qui peut rouler, cède à la force la plus légère, si son centre de gravité est à plomb du point ou de la ligne qui sert d'appui.

Appliquons ces principes au phénomène dont nous parlons. Le rocher, uniforme dans sa situation ordinaire, appuie sur une ligne quelques éminences de sa base, qui l'empêchent de se renverser. Son centre de gravité, lorsqu'il est en repos, est dans la verticale qui passe entre cette ligne et ces éminences. Si l'on pousse le roc vers le nord avec une force suffisante, sa cime s'avance de ce côté d'environ un pouce; son centre de gravité parcourt alors, par conséquent, à peu près un demi-pouce de chemin : abandonné à lui-même, il prend une direction tout opposée, et il revient vers le midi. Il s'ensuit que, lorsque son centre de gravité est le plus près du nord, il est cependant toujours au midi du plan perpendiculaire qui passe par la ligne sur laquelle il se balance; il faut donc que le centre de gravité du rocher, quand il est en repos, soit éloigné de ce plan de plus d'un demi-pouce vers le midi.

On n'aura pas de peine à concevoir pourquoi une force très-légère suffit pour continuer les balancemens ; c'est qu'après la première secousse le mouvement est aidé par l'action du ressort, qui tend d'autant plus à se déployer, qu'il a été plus tendu, et que le rocher, rendu à lui-même, represse la base avec un nouveau degré de force. Voilà toute l'explication d'un phénomène si merveilleux en apparence !

Ce n'est pas le seul de ce genre qu'on trouve en France. Près d'Uchon, dans le canton du Mont-Cénis, on voit également un rocher mouvant, planté dans la partie la plus rapide de la montagne. Il a vingt-huit pieds de tour et sept de hauteur.

Le sommet en est plat, et dans sa circonférence il présente six faces inégales. La
base, de figure ovale, est fixée sur une pierre
unie, par un pivot d'une forme si particulière, que la moindre impulsion, les efforts
d'un enfant même suffisent pour le mettre
en mouvement.

Nous avons encore à parler ailleurs d'un
phénomène semblable à celui-ci.

La Grotte de Saint-Dominique.

L'endroit dont il vient d'être question, renferme une seconde curiosité non moins remarquable que la précédente : c'est la *grotte de
Saint-Dominique*, ainsi nommée parce qu'elle
a servi de retraite à ce Saint. Elle est au pied
même de la montagne où est le fameux
rocher Tremblant.

L'entrée est une ouverture irrégulière de
quatre ou cinq pieds de haut sur trois ou
quatre de large. Comme elle est fort basse,
il faut se courber pour y entrer; mais à
mesure qu'on y avance on la voit s'élargir.
L'intérieur ressemble à un salon assez vaste.
Le dessus est voûté en berceau, et les côtés
sont formés par des masses énormes de rochers dégarnies de terre, et qui ne se sou-

tiennent entre elles que seulement par le contact. Le jour y entre par deux ouvertures, et y répand une douce lumière. On y marche sur des rochers entassés les uns sur les autres, et formant une espèce de pavé fort irrégulier et très-raboteux. Ces rochers laissent entre eux plusieurs crevasses de huit pieds de profondeur, entre lesquelles coule un ruisseau. L'eau dégoutte de la voûte de tous les côtés de la grotte, et remplit constamment un petit bassin, à qui on a donné le nom de *bénitier*.

Au fond de la grotte on voit une ouverture semblable à celle qui sert d'entrée ; elle conduit dans des caves souterraines d'une vaste étendue : quelques-unes ont sept à huit cents toises de longueur sur mille et douze cents de largeur, et sur environ trente pieds de hauteur. Elles ne sont point éclairées comme la première : ainsi, pour les visiter, il faut se munir de flambeaux. L'objet le plus curieux de ces cavernes est un tas de rochers qui ont presque tous la figure d'un sphéroïde allongé, et qui sont rangés de façon à former une voûte qui paraît être l'effet de l'art plutôt que celui de la nature. Ces rochers énormes, dont quelques-uns ont jusqu'à deux toises de diamètre, ne sont unis par aucun ciment; ils sont au contraire dégarnis de terre de tous les côtés, et ne se soutiennent que par leur contact. La chaîne qu'ils forment, vue en dehors, est un spectacle frappant; car elle suit la direction des montagnes qui sont dans le voisinage, et en imite visiblement la pente. Sous ces voûtes qui s'élèvent en s'éloignant de la grotte, coule un ruisseau qui fait un bruit assez considérable, et dont l'eau, quoique en petite quantité, coule avec assez de rapidité pour faire tourner plusieurs moulins à blé, qui sont à peu de distance de la grotte.

Dans le village de Saint-Guilhert-le-Désert, on voit une autre grotte fameuse par ses belles congélations, qui ressemblent beaucoup à celles de la grotte d'Antiparos; mais elles sont un peu plus petites.

DÉPARTEMENT DE L'HÉRAULT.

La Baume des Demoiselles (1).

On a remarqué que les plus belles grottes sont précisément celles où l'on arrive avec le plus de peine, et où l'on descend avec

---

(1) *Recueil amusant de Voyages,* en vers et en prose, tom. VII.

le plus de danger, comme si la nature s'était plu à défendre ses trésors , et à les mettre à l'abri des atteintes de la multitude. Elle semble avoir prévu l'ingratitude de ses enfans; partout où les hommes ont pu pénétrer, ils ont porté un bras dévastateur, et ce n'est qu'en faisant de nouvelles découvertes qu'on peut espérer d'admirer le travail de la nature dans sa pureté originaire. La grotte de la Baume est une de celles qui n'ont été découvertes que dans les derniers temps , et qui, sous ce rapport, sont plus curieuses pour l'observateur que celles où les traces de l'homme sont déjà trop visibles.

Cette grotte, située à trois quarts de lieue de Ganges , près Saint - Bauzile , dans un bois qui couronne la cime d'une montagne fort escarpée, appelée le *Roc de Taurach*, est connue dans le pays sous le nom de la *Baume des Demoiselles, de las Doumaiselles* ou *des Fées*. On prétend que dans le temps des guerres de religion , une famille sans ressources, pour éviter la persécution et la mort, se retira dans cet antre; que souvent on apercevait le soir quelques-uns de ces infortunés, nus, pâles, défigurés, cherchant à voler des chèvres qui gravissaient le long des rochers; qu'ils vivaient d'herbes , de racines et des captures qu'ils pouvaient faire. On croit qu'ils donnèrent le jour à quelques malheureuses créatures, qui, ayant perdu l'usage des vêtemens, devinrent des espèces de sauvages, et furent l'épouvante des bergers des environs. Le peuple aime le merveilleux : bientôt il en fit des sorciers, des fées; bientôt il ne fut plus permis de douter de leur existence, et l'on s'accoutuma à croire à leurs prodiges, comme à souffrir leurs rapines. Le temps, la misère, les maladies finirent leurs maux et leur race. Des ossemens conservés annoncent qu'ils y ont fait un assez long séjour. Plusieurs outils, grossièrement fabriqués, ont pu donner une idée de leurs arts et de leur intelligence. L'effroi qu'ils avaient répandu avait fait regarder ce lieu comme dangereux, et depuis long-temps personne n'osait suivre les détours que cette grotte offrait.

Un habitant de Ganges, excité par les narrations des gens du pays, et par les craintes même qu'ils témoignaient, ne put résister au désir de s'assurer par lui-même de la vérité des faits. Les difficultés ne le rebutèrent point : il parcourut plusieurs salles, et sa curiosité toujours renaissante, lui en faisait désirer de nouvelles. Une ouverture se présente ; elle était assez étroite pour qu'il n'y pût passer que la tête ; il y fait jeter une torche : l'espace s'agrandit, la voûte s'élève, les précipices se creusent, et le désir du naturaliste s'accroît encore. Il revient quelques jours après. La mine joue ; l'ouverture s'élargit ; il y passe, suivi d'un fidèle paysan ; mais bientôt arrêté par des difficultés insurmontables, il se retire en formant le projet de se munir de ce qui lui serait nécessaire pour descendre dans ces abîmes, qu'il n'a fait qu'entrevoir. Quelques années après il s'associa plusieurs personnes curieuses et intrépides. On fixa le jour de l'expédition souterraine, et ce moment arrivé, on se mit en marche, pourvu de tout ce qui était nécessaire, comme d'une échelle de corde de cinquante pieds, des cordes, des flambeaux et quelques vivres. C'est d'eux-mêmes que nous allons apprendre la suite et le succès de cette expédition.

« Nous n'eûmes d'abord que la fatigue ; il faut gravir (car on ne peut pas dire monter) pendant près de trois quarts-d'heure. Le soleil, la réverbération des rochers, les sentiers tracés seulement par les pieds des chèvres, les cailloux qui roulent, les marteaux, les flambeaux, les cordes, les provisions, dont chacun porte sa part, tout cela ajoute

encore à la difficulté de la marche. On avait
négligé de se munir d'eau, espérant d'en
trouver dans la grotte ; mais notre attente fut
trompée, ce qui rendit notre voyage encore plus
pénible : nous y suppléâmes par des cerises.

Au milieu de la montagne on s'arrête au
mas de la côte (1). Sur le haut du roc se trouve
un petit bois de chênes verts, qui offre un
ombrage agréable, et protège de son ombre
l'ouverture de la caverne.

Elle présente la figure d'un entonnoir ;
le haut peut avoir vingt pieds de diamètre,
et la profondeur peut être de trente pieds.
Cette ouverture est tapissée délicieusement
par des arbres, des plantes et des vignes
sauvages avec leurs raisins, et faire
regretter l'aspect de la nature qu'on va
quitter pour s'enfoncer dans ces sombres
abîmes. Il faut que l'aspect en soit bien effrayant ; car un chien qui appartenait à une
personne de la compagnie, animal très-atta-
ché à son maître, préféra de passer huit
heures à l'entrée de la grotte, en poussant
des hurlemens affreux qu'il continua tout

_____

(1) Dans le patois du pays, *mas* signifie petite
maison.

le temps de la manière la plus touchante et la plus expressive, jusqu'au moment que son maître sortit de la caverne.

Une corde tendue et accrochée à un rocher nous permit de descendre. Il fallut nous y tenir fortement, jusqu'à l'endroit où l'on fit tomber une échelle de bois qui se trouva assez solidement établie. Cette difficulté vaincue, nous eûmes le plaisir de nous trouver à l'entrée de la première salle.

La première chose qui frappe la vue, ce sont quatre magnifiques piliers ayant la forme de palmiers, alignés et formant galerie. Ces piliers peuvent avoir trente pieds de haut, et sont déjà stalactites. Ce qu'ils offrent de plus singulier, c'est qu'ils ne touchent point à la voûte, qui est parfaitement unie, et qu'ils sont plus larges en haut que par en bas; ce qui n'est pas la forme ordinaire des stalactites qui tiennent à la terre. Mais on explique ce système, en supposant que la terre s'est affaissée tout à coup, et a séparé ces piliers de la voûte à laquelle ils tenaient moins qu'à la terre.

C'est dans cette première salle, séparée en deux par ces piliers, que l'on allume des feux, que l'on déjeune, et que l'on renonce pour long-temps à la clarté du jour. On entre dans la seconde salle par un passage fort étroit, où le corps ne peut passer que de côté..... Là, pour descendre, on emploie l'échelle qui a déjà servi ; cette descente peut avoir vingt pieds, et l'inclinaison du terrain, depuis la première descente jusqu'à la seconde, peut être de trois toises.

Cette seconde salle est immense. Vous voyez, surtout à gauche, en montant, un rideau d'une hauteur qu'on ne peut mesurer, parsemé de brillans, plissé avec grâce, et touchant la terre de sa pointe, comme s'il avait été drapé par le plus habile artiste, des cascades pétrifiées, blanches comme l'émail, ou jaunâtres, qui semblent tomber sur vous en vagues amoncelées. Le premier aspect effraie ; la frayeur se change en étonnement et admiration. On s'aperçoit que tout est muet et inanimé. Il semble qu'un pouvoir supérieur ait tout arrêté d'un coup de baguette, et l'imagination nous présente l'intérieur d'un de ces palais enchantés, du temps des fées, où les voyageurs stupéfaits promenaient leurs regards sans rencontrer un seul être animé. C'étaient des colonnes, les unes tronquées, d'autres en obélisques ; une voûte chargée de festons et de lances, les unes transparentes comme du verre, les au-

tres blanches comme de l'albâtre; des cristaux, des diamans, de la porcelaine, assemblage riche et bizarre qui contribue encore à
retracer ces fictions, amusemens de notre
enfance.

Nous passâmes dans la troisième salle;
sa forme est celle d'une galerie tournante;
on y marche assez long-temps. On s'arrête
pour entrer sous une petite voûte très-écra-
sée, où l'on ne peut marcher que courbé;
sa forme, ronde et basse, lui a fait donner le
nom *de four;* ce four a deux issues. Les congélations y sont blanches, grenues, et ressemblent, à s'y méprendre, à des dragées
de toutes formes. Il est impossible de se
figurer les jeux bizarres que la nature s'est
plue à former dans ce four. Il n'y a point de
service de dessert dont les compartimens soient
plus agréablement et plus régulièrement des-
sinés; tout est parsemé d'un sable fin et
brillant.

On laisse sur la droite un second four
moins curieux, et on entre dans une salle
assez grande, où l'on ne voit rien que des
rochers renversés, brisés, roulés, suspendus,
qui annoncent les convulsions violentes qui
ont agité le sein de la terre; tout y est triste,
lugubre; on passe rapidement, dans la crainte

de voir se détacher une de ces énormes pierres qui souvent semblent menacer votre tête, et sur laquelle un instant après vous vous trouvez monté, et d'où vous en apercevez d'autres plus élevées encore qui produisent dans vous la même sensation. C'est un vaste amphithéâtre où l'optique et les règles de la géométrie paraissent sans cesse en défaut.

Toutes ces salles que nous venions de parcourir étaient déjà connues dans le pays; elles n'étaient pas le vrai but de notre voyage; mais enfin nous arrivâmes à l'endroit où l'on avait fait jouer la mine.

Le passage est étroit; l'on ne peut y entrer qu'en rampant. Ce trou conduit à une petite pièce qui peut tenir une douzaine de personnes.

Derrière trois grands piliers se trouve un réservoir, dont l'eau est sale et bourbeuse; une quantité prodigieuse de chauves-souris y habitent. Contre les rochers, nous observâmes plusieurs cristallisations sous la forme de plantes; elles étaient blanches, brillantes, et contrastaient merveilleusement avec le fond noir auquel elles étaient appliquées. Cette salle était ouverte par le côté opposé à celui où nous étions entrés; l'on n'apercevait devant soi qu'un espace dont l'œil ne pouvait apprécier les dimensions; et pour y parvenir, aucune espèce de route qu'un rocher à pic de cinquante pieds. C'était là le premier escalier par où il fallait descendre. L'échelle de corde est déployée, accrochée à une stalactite; on s'encourage, on regarde, on recule. Un précipice horrible s'offrait de tous côtés; une pierre jetée mettait un temps considérable à descendre; on l'entendait ensuite sauter et rouler, avec un bruit sourd et éloigné, de rochers en rochers, puis on ne l'entendait plus. Le danger que nous allions courir en descendant dans cette profondeur inconnue, était manifeste; une seule distraction ou un étourdissement pouvaient décider de la vie de chacun de nous. Cependant nous nous décidons à prendre notre parti. La salle qui s'offrait à nos yeux, à la faible lueur de nos flambeaux, paraissait bien faite pour nous dédommager de nos peines. Des piliers d'une hauteur prodigieuse, une salle grande comme une place publique, une voûte dont nous ne pouvions même, à la hauteur où nous étions, mesurer l'élévation, des précipices dont nous ne pouvions estimer la profondeur; tout nous effraie et nous excite tour à tour. Un paysan de

Ganges, aussi adroit que courageux, est le premier qui se hasarde ; un second le suit. Au bout de trois toises on n'apercevait plus celui qui descendait. Le temps qu'il y mettait paraissait énorme ; le rocher cessait tout à coup à vingt pieds, et l'échelle, sans soutien, vacillait et tournait sur elle-même. Le silence profond, la faible lueur qui diminuait l'obscurité sans la dissiper, l'effroi que cause cette solitude profonde, le bruit inquiétant de quelques stalactites brisées qui tombaient de la voûte et roulaient de rochers en rochers; tout contribuait à nous inspirer des sensations difficiles à rendre. Je descendis le troisième; j'étais impatient et de voir et d'attendre. L'échelle, déjà fatiguée par le poids des autres, et allongée de beaucoup, me causa des difficultés que n'avaient pas éprouvé ceux qui me précédaient. Il fallait mettre du temps à me soutenir sur les poignets pour trouver l'échelon, le détacher du rocher et faire entrer mon pied dedans : mes forces s'épuisèrent de façon qu'au tiers de l'échelle mon bras gauche ne pouvant plus me supporter, je restai suspendu, un pied sur un échelon et l'autre en l'air; j'embrassai l'échelle sans pouvoir monter ni descendre. Je restai un quart-d'heure dans

la perplexité la plus cruelle, apercevant sous
moi des précipices effrayans, n'ayant ac
pied de l'échelle qu'un rocher étroit et glis-
sant, sur lequel il fallait descendre perpendiculairement. Je me plaignais à mes compagnons qui étaient dans le plus cruel embarras; j'entendais opiner au-dessous de moi,
et par les discours des opinans je jugeai de
ma position. Au bout d'un quart-d'heure
pourtant, rappelant tout mon courage,
pressé par la nécessité, retrouvant quelques
forces, je me lance à tout hasard, je glisse
plusieurs échelons; mes deux compagnons
m'attendaient au pied de l'échelle : je me
laisse enfin couler dans leurs bras, trempé
de sueur, accablé de fatigue, et me jette sur
un rocher tout mouillé, où je repris bientôt
mes esprits. Effrayés par le grand danger
auquel je venais d'échapper, mes compagnons, qui étaient restés en haut, n'osaient
pas se fier à cette échelle mal construite,
pour entreprendre un voyage si périlleux.
Cependant nous promenâmes nos regards
sur un espace immense, enrichi et couvert de
stalactites et de stalagmites de toutes les formes et d'une blancheur éblouissante.......
Mais il y avait encore plus de cinquante
pieds jusqu'en bas; des rochers escarpés et
tellement

tellement unis, que le pied ne pouvait se soutenir, ni la main s'accrocher, ne laissaient entrevoir qu'une mort certaine au téméraire qui voudrait se hasarder à y descendre. En vain essayâmes-nous toutes les manières. Déjà épuisés par la fatigue, nous éprouvâmes une espèce de découragement. Les cordes nous manquaient. Il nous aurait fallu des fiches de fer, plusieurs marteaux, ainsi que des hommes et des forces. Enfin nous nous décidâmes, quoiqu'à regret, à remonter cette fatale échelle. Revenus en haut, nous prîmes le chemin de retour. Pour nous consoler du spectacle dont nous venions d'être privés, nous visitâmes, en sortant de cette grotte, sur le chemin même de Saint-Bauzile à Ganges, une autre grotte, petite et non humide, qui se trouve dans une vigne, au pied d'un olivier. Tout y est blanc, transparent, cristallisé, parsemé de brillans ; on y voit des morceaux très-délicatement travaillés. »

La Fontaine de Pétrole.

Le terroir de Gabian en Languedoc se fait remarquer par la grande quantité de concrétions bitumineuses qu'il renferme, et qui sont une espèce de savon fossile, ayant

P

l'odeur de l'huile de pétrole ; mais auprès du village de Gabian même, on trouve une source qui entraîne de l'huile de pétrole en grande abondance. Elle sort d'un rocher, et coule par des conduits souterrains avec l'eau dont elle couvre la surface, dans un bassin situé au milieu d'un bâtiment, et où elle se maintient toujours au-dessus de l'eau sans s'y mêler. Cette huile est opaque, et la couleur en est d'un rouge-brun foncé. Dans le bassin elle paraît avoir un petit œil verdâtre fort brun ; elle a une odeur forte et désagréable, telle que celle des matières bitumineuses. Quand on la jette dans le baril où on la ramasse à la fontaine, ce qui se fait ordinairement tous les huit jours, il s'y fait une infinité de bulles par-dessus, en forme d'écume, dont la couleur a un fond du plus beau violet cramoisi qu'on puisse voir, qui se soutient long-temps. Mais rien n'égale la beauté des couleurs de cette huile, lorsqu'on en jette sur de l'eau ordinaire : on remarque alors toutes les belles nuances que les couleurs peuvent donner ; du bleu, du vert, du jaune, du pourpre, de l'amaranthe ; enfin c'est la queue du paon déployée aux rayons du soleil. Lorsqu'on met cette huile sur le feu, et qu'on approche une bougie, la vapeur de l'huile s'enflamme à cinq pieds d'élévation. On a fait beaucoup d'expériences curieuses sur les qualités de cette huile, que nous ne pouvons citer ici. Qu'il suffise de savoir que cette huile de pétrole s'emploie fréquemment dans la médecine, pour la brûlure, les plaies, la colique....

L'eau de cette source est claire et transparente ; elle sent la pétrole, qui fait une bonne eau minérale, et la rend propre à guérir différentes maladies.

L'Etang de Thau.

Cet étang, qui communique avec ceux de Pérols et de Mauguio, entre Frontignan et Cette, est situé au bord de la Méditerranée, et dans un canton volcanisé ; il est remarquable par plusieurs phénomènes.

Au milieu de cet étang, dont l'eau est salée comme celle de la mer, s'élève une roche vive, qui porte le nom de Roqueyrols, et autour de laquelle les eaux sont très-profondes et dangereuses lorsqu'il fait quelque vent ; ce qui empêcha deux fois M. Soulavie d'examiner de près la nature de ces roches. Le pied du rocher, isolé, est garni de moules

vivantes, de lépas, de glauds de mer, d'oursins vivans qui sont fortement attachés au
roc. On les détache avec un cercle de fe[r]
emmanché dans une longue perche, aprè[s]
avoir jeté un peu d'huile sur l'eau.

Mais si le bassin de l'étang renferme cett[e]
masse saillante et solide, il contient aussi
un véritable abîme qui rejette en haut une
grande quantité d'eau, non salée, mai[s]
fraîche et douce ; en sorte que quoiqu[e]
l'eau salée de l'étang remplisse entièremen[t]
ce gouffre, la force expulsive souterrain[e]
empêche les eaux de cette source de se mêler,
pendant leur expulsion, avec elles, au moment de leur projection. La force qui lance
cette eau du fond de l'abîme à travers celle
de l'étang, est souvent si considérable, qu'ell[e]
élève sur la surface des monticules fluides,
qui, en luttant contre les vents et contr[e]
la pression des eaux de l'étang, produisent la plus horrible tempête. Comme la
température de l'eau de l'abîme est fort au-
dessus de celle de l'étang, on remarque que
l'hiver, lorsque l'étang gèle, il se forme autour de l'abîme un espace circulaire où la
gelée n'a point de prise. Des eaux salées de
cet étang, sur les bords et à travers le terrain qui le circonscrit à l'est, au sud et à

l'ouest, sortent à quatre pieds au-dessous de l'étang même les eaux minérales et chaudes de Balaruc, dont l'efficacité est constatée dans la guérison de plusieurs maladies. Une chose remarquable, c'est que le foyer brûlant qui échauffe cette source étant plus bas que le niveau des eaux de la Méditerranée, cependant la froideur des eaux maritimes ou de celles de l'étang ne paraît influer en rien sur sa température.

Enfin, M. Soulavie a observé que l'étang de Thau, renfermant, ainsi que tous les autres en général, beaucoup de matières électriques, attire les orages très-fréquemment, et les rend plus violens et plus dangereux qu'ailleurs : ce qui confirme cette ancienne observation, que les orages dépendent beaucoup de la nature et de l'état du sol où ils se forment.

On ne peut pas douter que l'étang de Thau n'ait été produit par les eaux de la mer lors de leur retraite du continent ; aujourd'hui il en est séparé par la butte ou brèche de Cette, amas bizarre de cailloux roulés, liés par un gluten spathique, que la mer y a laissé, mais qu'elle tend sans cesse à dissoudre et à entraîner pour en former d'autres. Ce qui est encore étonnant, c'est

3

qu'en 1775 on découvrit sur la montagne
de Cette, qui sert de base à la butte, deux
sources minérales, analogues à celles de
Balaruc, distantes l'une de l'autre d'environ
trois mille cinq cents toises, et séparées en
outre par l'étang de Than : ces deux courans d'eaux minérales ne peuvent nécessairement partir que d'un point central situé
au-dessous de l'étang même.

Ces deux fontaines minérales sont des
branches d'un même tronc souterrain ; le
canal qui les joint, ou du moins la matière
qui les échauffe, est située à une très-grande
profondeur.

DÉPARTEMENT DE L'ARDÈCHE.

Les Rochers de Ruoms.

LES environs de Ruoms, bourg situé sur
la rive gauche de l'Ardèche, dans le Vivarais, présentent un phénomène unique en
France : c'est un assemblage ou un amas de
rochers et de pics qui sont tous dans le désordre le plus singulier. De tous côtés on ne
voit que des masses énormes coupées, mutilées plus ou moins, isolées les unes des autres. On admire encore davantage des espèces
d'auges creusées dans le rocher fondamental
qui supporte toutes ces masses. Ces auges,

qu'on rencontre de toutes parts, ont une sorte de régularité qui attire surtout l'attention ; ce sont de grandes sphères concaves, des creux, des figures ovales formées dans le marbre, des enfoncemens de quatre, six à huit pieds de profondeur.

Rien n'est ici l'ouvrage de l'art ; nulle part on ne voit le travail de l'homme ; tout est ordonné avec tant de soin par la nature, et ces enfoncemens sont si polis, qu'on ne saurait concevoir que les hommes aient jamais passé leur temps à produire ces merveilles dans des déserts. On ne peut pas même imaginer que ces creux aient été ainsi formés par le moyen d'un corps étranger qui aurait été ensuite tiré de ces moules ; car on en trouve plusieurs qui ont plus de capacité que leur ouverture.

Mais ce qui est encore plus singulier et plus admirable que ces deux objets, ce sont les roches cubiques du même canton. Ici la régularité et l'ordre succèdent à la confusion qu'on remarque ailleurs. De toutes parts on voit des blocs de marbre s'élever au-dessus de l'horizon : ils ont quatre et quelquefois cinq faces, et pour fondement un grand rocher avec lequel ils ne font qu'un seul et même corps. On voit des cubes d'une hauteur de vingt à trente pieds, d'autres de quatre à cinq; quelques-uns en ont vingt de diamètre, et d'autres moins encore. Leur distance varie autant que leur grandeur et leur grosseur; tantôt ils sont éloignés les uns des autres d'environ trois pieds, tantôt de douze, tantôt de quinze à vingt et au-delà. On y voit de lourdes masses posées sur un très-petit piédestal de même nature, mais rongé vers sa base : on en voit d'autres qui sont renversées. Un de leurs angles les soutient sur le grand rocher fondamental; le reste de la masse est appuyé sur l'autre partie du cube, qui s'est maintenu en place sans se détacher de la base.

La vue générale de tous ces cubes, et le contraste de leur masse régulière avec toutes les irrégularités des objets voisins, offre le tableau frappant de quelque ville ruinée, incendiée ou renversée par des tremblemens de terre; mais dans la réalité ce ne sont que les ruines seules de la nature.

L'étonnement augmente encore en voyant s'élever entre ces masses des chênes majestueux, dont les racines s'y cramponnent en suivant les sillons creusés dans la pierre, lorsqu'elles ne peuvent s'étendre de côté: il en résulte dans cet endroit un surcroît de substance ligneuse munie de son écorce ; qui, embrassant étroitement le roc fondamental, pénètre dans les parties enfoncées, et entoure celles qui sont saillantes.

On voit encore de tous côtés des quartiers de rocher détachés du roc principal par les efforts compressifs des arbres ; et ces quartiers, isolés, la plupart, du reste du roc, se trouvent inclus dans le tronc même de l'arbre. La force de la sève produit alors un gonflement vers ces parties environnées de nœuds fort gros, d'où sortent des rejetons et des petites branches bâtardes.

Dans les environs on n'observe aucune sorte de pétrification ; et quoique le sol soit de nature calcaire, on ne trouve nulle part des traces d'une nature organisée. Après avoir décrit ce phénomène, il nous reste à en donner l'explication, et à faire voir la manière dont il a pu être produit. M. Soulavie pense que les rochers cubiques n'ont formé anciennement qu'un seul corps solide, et il attribue la séparation qu'il a subie, à l'action des ruisseaux, lors de l'époque où les eaux maritimes se sont éloignées. Cependant quelque probable que soit cette opinion, nous n'osons y souscrire, et nous nous contentons d'observer et d'admirer.

La Chute de l'Ardèche.

Parmi les rivières qui viennent grossir le Rhône, l'Ardèche tient le premier rang. Elle est formée par trente-six ruisseaux, qui se réunissent dans le bas-fonds du Vivarais. Un grand nombre de ces ruisseaux, en se précipitant de cascade en cascade, des pics supérieurs des montagnes, offrent de tous côtés des vues pittoresques ; mais elles cèdent toutes en beauté à celle que présente l'Ardèche à l'endroit où ses eaux descendent d'une pente presque perpendiculaire, et dans le voisinage d'une cascade qui se jette du haut d'une roche basaltique, appelée le *Ray-Pic*, et élevée de vingt toises au-dessus du bassin creusé par la chute. On peut faire le tour de ce bassin, et passer sans crainte entre la roche et l'énorme colonne d'eau qui s'engouffre avec fracas dans ce précipice.

Pendant le froid le plus rigoureux de l'hiver l'eau de ce bassin se gèle ; on voit même la colonne d'eau former une croûte de glace qui s'élève, à mesure que le froid augmente, jusque vers le haut de la roche d'où l'eau se précipite. C'est une espèce de manteau qui environne la colonne, et que le dégel fait tomber ensuite à grand bruit vers le bas de la montagne ; il entraîne avec lui les arbres les plus forts , et quelquefois les chaumières des infortunés que le besoin et la misère re- lèguent dans ces tristes climats.

Le Pont d'Arc.

C'est la seconde singularité qu'offre la ri- vière de l'Ardèche dans le Vivarais. Pour avoir une idée nette de cette merveille, il faut se représenter deux hautes montagnes coupées à pic, resserrant à droite et à gauche la rivière d'Ardèche. Ces deux montagnes servent de fondement à un pont naturel, formé d'un seul roc, ouvrage majestueux qui s'élève au-dessus des eaux, presque de la hauteur de deux cents pieds. L'ouverture du pont d'Arc offre une voûte, la plus hardie peut-être qui existe dans le monde; elle est haute de quatre-vingt-dix pieds, depuis la clef jusqu'au niveau moyen de la rivière. Sa largeur, prise d'une pile à l'autre vers le fondement, est de cent soixante-trois pieds. Quoique cette voûte soutienne une énorme montagne par ses proportions géométriques, elle porte en l'air tout ce fardeau, au grand étonnement du spectateur.

Il est certain que la nature a fait les frais

de ce magnifique monument. On a découvert qu'anciennement le lit de la rivière ne passait pas au-dessous de ce pont, mais que ses eaux refluaient à côté d'une des montagnes qui en forment la base, et où l'on voit encore une large et profonde vallée circulaire; il est donc à présumer que par la suite les eaux, après avoir miné long-temps la partie inférieure du roc, sont parvenues à la percer et à s'y frayer un passage. Mais on ignore si la main de l'homme n'est pas venue ici au secours de la nature, pour rendre facile, à l'aide de ce pont, le passage de la rivière. Ce qui vient à l'appui de cette opinion, c'est que ce pont, depuis le séjour des Romains dans ces contrées, a toujours servi de passage pour aller des Cévennes en Vivarais; il n'y en a point d'autre dans le voisinage, et on n'y trouve que des précipices qui ne permettent nulle part de traverser l'Ardèche.

On remarque tout auprès quelques cavernes remplies de stalactites et de coquillages. On frémit dans ces lieux sombres et solitaires, lorsqu'on pense qu'ils ont servi de retraite aux religionnaires pendant les guerres civiles, et qu'ils ont été le théâtre de cruautés inouies, ainsi que le pont même, qui du temps de Louis XIII, était défendu par des fortifications redoutables (1).

La Grotte de Valon (2).

Parmi les grottes du Vivarais, pays si fertile en merveilles, celle de Valon mérite une description particulière, à cause des variétés des stalactites et d'un grand nombre de curiosités que cette caverne présente. Suivons le naturaliste qui a visité cette grotte curieuse, et qui nous en fait la description suivante.

«Après avoir pris les précautions nécessaires pour observer à l'aise toutes les curiosités, et nous être munis de briquets, de falots, de torches, de bougies, de thermomètres...., nous partîmes du château de Valon pour les grottes. On emploie une heure à ce trajet, et l'on arrive au pied de la montagne, vers le sommet de laquelle se trouve l'entrée des grottes. On y parvient avec beaucoup de difficulté et de peine, à cause de la rapidité du penchant ; mais lors-

(1) *Histoire de Louis XIII*, par Bernard.

(2) *Histoire naturelle des Provinces méridionales de la France*, par Giraud-Soulavie.

qu'on est arrivé à l'entrée des grottes situées à près de cinquante toises au-dessus du niveau de la rivière ou de la base de la montagne, on observe au-dessus de l'entrée une roche coupée à pic ; c'est l'énorme carrière horizontale de pierre calcaire grisâtre qui sert de toit à la grotte souterraine. Nous nous y introduisîmes d'abord en nous couchant sur le ventre, car le passage en est très-étroit. On nous dit même qu'une dame de Valon, de beaucoup d'embonpoint, ayant voulu y entrer, s'était tellement embarrassée, qu'il avait fallu enlever des pierrailles pour la délivrer. Après avoir rampé l'espace de quelques toises, l'ouverture étroite s'agrandit tout à coup. Un majestueux corridor s'offrit à nos regards ; à la lueur des bougies que nous avions allumées, nous jugeâmes qu'il s'étendait à perte de vue.

Mille espèces d'insectes avaient choisi ce vestibule pour y passer le reste de l'automne et de l'hiver : on sait que plusieurs familles de ces animaux viennent jouir de la chaleur bénigne de la terre pendant les frimas. Nous observâmes des chauves-souris engourdies, suspendues sur leurs petites griffes, et nos conducteurs nous avertirent de prendre garde aux serpens qui viennent en foule passer l'hiver dans ces lieux. Il faut remarquer que tous ces animaux fixent leur demeure vers la porte des concavités ; on ne les trouve jamais à des profondeurs totalement privées de lumière.

Après avoir fait quelques pas dans les grottes, nous observâmes de loin plusieurs stalactites gigantesques en forme de pyramides, qui nous parurent fuir au loin dans ces lieux obscurs. Quelques-uns de notre société crurent apercevoir alors une foule de fantômes ; illusion qui provenait de ce que ces stalactites éclairées, placées entre les yeux de l'observateur et un lointain ténébreux, n'avaient dans leur voisinage aucun autre corps auquel l'esprit pût les comparer pour juger de leur grandeur et de leur nature : de là ces images fantastiques créées par l'imagination dans une pareille circonstance. Aussi ne fus-je point surpris d'apprendre que les femmes du village, et même des hommes peureux et pusillanimes, étaient souvent épouvantés des objets illusoires et inattendus qui s'offrent dans ces souterrains.

Ce beau corridor, d'une largeur variée depuis dix jusqu'à trente pas, se subdivise en plusieurs petites avenues latérales. La plupart sont creusées en pente, et vont abou-

tir à des tribunes supérieures, semblables
aux chaires des églises. Les allées sont ornées
d'une tapisserie de stalactites très-blanches,
sculptées la plupart en relief, et remarquables par leurs formes singulières.

En nous enfonçant toujours dans cet antre
long et spacieux, nous arrivâmes enfin à ces
revenans et ces diables qu'on avait vus de
loin. C'était un amusement de voir les gens
revenir de leur erreur les uns après les autres ; je les observai palper avec un certain
contentement ces objets de leur frayeur.

Ces stalactites pyramidales méritent réellement une place distinguée parmi les plus magnifiques productions de la nature ; elles ont
plus de six pieds d'élévation, à peu près sur
quatre à cinq de diamètre vers la base. Les
unes et les autres ont une stalactite correspondante suspendue à la voûte, de manière
que leurs aiguilles pointent l'une sur l'autre.

D'autrefois, une colonne de la hauteur
de la grotte est attachée à la voûte et au sol,
ne faisant qu'une seule masse, entourée de
petites colonnes, comme les piliers des églises
gothiques.

Mais j'admirai davantage des stalactites
ramifiées, partant d'un tronc commun. D'autres, attachées à un petit pédicule, représen-

(353)

taient des espèces de melons gigantesques, qui semblaient menacer la tête des observateurs.

Plusieurs stalactites creuses étaient suspendues aux voûtes, et laissaient suinter de leur centre quelques gouttes d'une eau très-limpide, qui n'ayant pas eu encore le temps de se convertir en stalactite inférieure et correspondante, formait sur le sol de petits creux, et couvrait des amas de cailloux roulés.

Arrivés au centre de la grotte, éloigné de l'entrée de près d'un demi-quart de lieue, nous vîmes le thermomètre monter à une ligne et demie au-dessus du tempéré. »

On trouve en Vivarais un grand nombre de cavités semblables ; mais celles de Valon sont les plus curieuses. Il y en a vers *Mercuer*, à *Vagué*, à *Chaumeyras*, à *Virac* près Vagnas, à *Bourg-Saint-André*, à *Viviers*...; elles offrent quelques phénomènes analogues à ceux que nous venons de décrire. Nous dirons un mot de celles de la ville de l'*Argentière*.

Cette grotte est composée de plusieurs salles, dont l'entrée n'est pas également accessible. Après être parvenu à la troisième, dont la voûte est soutenue par une pile en cône renversé, et après avoir passé à travers des blocs de granit amoncelés, et qui se sont précipités de la voûte, on arrive à un lac d'eau limpide, mais croupissante, couverte d'une pellicule blanchâtre, de la couleur du terrain. Si l'on ne prend garde en s'en approchant, on risque de se précipiter dans le gouffre, surtout lorsque les eaux sont basses, car alors le terrain s'incline considérablement tout à coup. Lorsqu'on lève cette croûte blanche, les eaux limpides restent peu de temps découvertes; elles se recouvrent promptement d'une peau naturelle. Ce lac empêche de pénétrer dans les autres salles, dont on aperçoit la continuation à la lueur des flambeaux.

Les Boules basaltiques (1).

Quoique les anciens nous aient laissé peu de détails sur les volcans, nous sommes cependant en état de suppléer à leur silence, et de faire l'histoire des éruptions et des bouleversemens volcaniques, uniquement en examinant les matières qui se trouvent ré-

---

(1) *Recherches sur les Volcans éteints du Vivarais*, par Faujas de Saint-Fond.

pandues autour de ces monts ignivomes.
L'Auvergne et le Vivarais sont les pays de
la France qui en offrent le plus. Comme
notre but n'est point d'approfondir les principes d'histoire naturelle, et encore moins
de rattacher nos observations à un certain
système, nous nous sommes borné à considérer ces matières volcaniques partout où
elles se trouvent comme des objets curieux.
Nous verrons que les basaltes d'Auvergne,
qui se présentent sous des formes très-singulières, sont tous d'origine volcanique. Les
colonnes basaltiques surtout nous intéresse-
ront fortement, tant par leur aspect bizarre
que par l'histoire de leur formation. On ne
sera pas fâché de connaître encore d'autres formes de basaltes non moins curieuses,
non moins intéressantes que ceux de l'Auvergne. On les trouve aux environs de Pra-
delles, dans le haut Vivarais. Faujas,
dans son excellent ouvrage sur les volcans
du Vivarais, en fait la description suivante.

«Arrivé à Pradelle, demandez le quartier
nommé Ardenne, connu de tous les habitans; là, vous trouverez une butte isolée et
saillante, entièrement composée d'une lave
dure et très-sonore; le basalte n'est point
ici en pavé, en table, ou en masses irrégu-

lières ; mais la crète de la butte est entièrement hérissée d'énormes poutres de basalte
grossièrement équarries, dont un grand nombre est dirigé vers le ciel; tandis que d'autres,
très-saillantes et de grandeur inégale, semblent menacer l'horizon, ou sont placées dans
des positions singulières et variées. On voit
cependant que l'ensemble est disposé de l'est
à l'ouest. La première face latérale du talus
qui est au bas de la butte, est jonchée de
boules et de débris détachés des masses supérieures. C'est dans cette partie qu'il faut
se placer pour étudier et contempler en face
ce superbe morceau.

On verra de droite et de gauche une multitude de boules variées par la grosseur, mais
toutes d'une pâte extrêmement dure et de la
plus grande pureté. Plusieurs sont détachées
et jetées pêle-mêle, tandis que d'autres, encore
en place, sont dans leur matrice primitive,
c'est-à-dire incrustées et enracinées dans le
basalte.

En remontant vers la sommité du monticule, on ne tarde pas à découvrir le principal morceau qui doit fixer toute l'attention
de l'observateur. C'est une énorme boule de
quarante-cinq pieds de circonférence, naturellement encastrée entre les poutres de ba-

salte dont j'ai parlé, et assise de manière
qu'il n'est pas possible de douter qu'elle n'ait
été ainsi formée dans l'endroit même où on
la remarque, et où elle est encore exactement
attenante à la masse totale. Rien n'a été dé-
placé dans cette partie, qui existe dans toute
son intégrité primitive.

Cette masse majestueuse, parfaitement
sphérique, en impose ; elle est d'autant plus
intéressante, que les fortes gelées qui règuent
dans ce climat, ou d'autres accidens, en ont
fait heureusement détacher une portion,
qui, loin de la dégrader, la rend plus curieuse encore, puisque l'on peut voir par-là
toute sa contexture intérieure, qui offre,
1°. un noyau de forme ronde de treize pieds
six pouces de circonférence ; 2°. six différentes couches ou enveloppes concentriques
d'un pied d'épaisseur chacune, fortement
adaptées les unes contre les autres (1).

Ces lames, qui s'amincissent par les bords,
sont disposées de manière que cette boule volumineuse, vue d'un peu loin, ressemble à
un énorme choux pommé.

On ne saurait trop recommander aux ama-

_____

(1) *Histoire du monde primitif*, tom. III.

teurs de l'histoire naturelle d'aller étudier ce beau morceau.

Nous ajoutons encore quelques remarques sur des masses volcaniques du Velay.

On trouve au Puy-en-Velay d'énormes massifs, composés de barres poreuses, de fragmens de basalte, de noyaux de roche vive et de nœuds de pierre calcaire altérée; le tout est fortement agglutiné par une espèce de sable, attaqué lentement par un feu plein d'énergie. M. Delille de Sales pense que ces massifs ont été projetés par une éruption volcanique, mais par une éruption faite à la fois du sein des eaux. Le mont Corneille, sur lequel est bâtie la ville du Puy, est une masse de ce genre. Faujas lui donne cinq cents pieds de hauteur perpendiculaire.

A quatre cents pas de là est le roc Saint-Michel, qui n'a que cent soixante-douze pieds de diamètre, mais qui présente un tableau encore plus pittoresque. Il a fallu tailler dans le basalte un escalier inégal de plus de deux cent cinquante marches, pour atteindre jusqu'au sommet de ce grand obélisque de la nature.

CHAPITRE XI.

LYONNAIS.

DÉPARTEMENT DU RHÔNE.

Les Plantes pétrifiées (1).

Il a été dit dans la première section de cet ouvrage, chapitre premier, qu'on trouve en France des vestiges indubitables d'une inondation générale. Nous avons cité des preuves évidentes à l'appui de cette opinion, aujourd'hui reçue généralement. En voici encore une aussi évidente, et peut-être encore plus curieuse et plus intéressante que les autres.

Aux environs de Saint-Chaumont, dans le Lyonnais, on trouve une grande quantité de pierres écailleuses ou feuilletées, dont presque tous les feuillets portent sur leur

---

(1) Mémoire de Jussieu, dans l'*Histoire de l'Académie* des années 1718 et 1721.

superficie l'empreinte, ou d'un bout de
tige, ou d'une feuille, ou d'un fragment de
feuille de quelque plante; les représentations
de feuilles sont toujours exactement étendues, comme si on avait collé les feuilles
sur les pierres avec la main : ce qui prouve
qu'elles ont été apportées par l'eau qui les
avait tenues dans cet état; elles sont de différentes situations, et quelquefois deux ou trois
se croisent.

On imagine bien qu'une feuille déposée
par l'eau sur une vase molle, et couverte
ensuite d'une autre vase pareille, imprime
sur l'une l'image de l'une de ses deux surfaces ou côtés, et sur l'autre l'image de l'autre
surface; de sorte que ces deux lames de vase,
durcies et pétrifiées, porteront chacune l'empreinte d'une face différente. Cependant, à
Saint-Chaumont, les deux lames ont l'empreinte de la même face de la feuille; l'une
en relief, l'autre en creux. Jussieu a observé,
dans toutes les pierres figurées de Saint-Chaumont, ce phénomène singulier. Mais ce qui est
bien plus singulier encore, c'est que toutes
les plantes gravées dans ces pierres sont des
plantes étrangères qui non-seulement ne se
trouvent ni dans le Lyonnais, ni dans le
reste de la France, mais qui n'existent que
dans

dans les Indes orientales et dans les climats chauds de l'Amérique : ce sont, pour la plupart, des plantes capillaires et des fougères. Leur tissu, dur et serré, les a rendues plus propres à se graver et à se conserver dans les moules, autant de temps qu'il a fallu; mais on ne trouve pas une seule plante du pays dans toutes les pierres de Saint-Chaumont.

Vers la même époque on fit passer à ce grand botaniste une pétrification des environs de Montpellier, formée de petits parallélipipèdes, terminés aux deux extrémités de leur longueur par des triangles isocèles ; et en visitant à Paris le Cabinet d'Histoire naturelle, il aperçut une mâchoire du poisson auquel ces dents pétrifiées appartenaient. Ce poisson ne se trouve que dans les mers de la Chine.

On peut, pour satisfaire à l'explication de plusieurs phénomènes, supposer, avec assez de vraisemblance, que la mer a couvert tout le globe de la terre; mais alors il n'y avait point de plantes terrestres, et ce n'est qu'après ce temps-là, et lorsqu'une partie du globe a été découverte, qu'il s'est pu faire les grandes inondations qui ont transporté les plantes d'un pays dans un autre fort éloigné.

Q

Jussieu croit que, comme le lit de la mer hausse toujours par les terres, le limon et les sables que les rivières charrient sans cesse, des mers, renfermées d'abord entre certaines digues naturelles, sont venues à les surmonter, et se sont répandues au loin. Que les digues aient elles-mêmes été minées par les eaux et s'y soient renversées, ce sera encore le même effet, pourvu qu'on les suppose d'une grandeur énorme. Dans les premiers temps de la formation de la terre, rien n'avait encore pris une forme réglée et arrêtée; il a pu se faire alors des révolutions prodigieuses et subites dont nous ne voyons plus d'exemple, parce que tout est venu à peu près dans un état de consistance, qui n'est pourtant pas tel, que les changemens lents et peu considérables qui arrivent, ne nous donnent lieu d'en imaginer, comme possibles, d'autres de même espèce, mais plus grands et plus prompts. Par une de ces grandes révolutions, la mer des Indes, soit orientales, soit occidentales, aura été poussée jusqu'en Europe, et y aura apporté des plantes étrangères, flottantes sur ses eaux : elle les aura arrachées en chemin, et les allait déposer doucement dans les lieux où l'eau n'était qu'en petite quantité, et pouvait s'évaporer

Telle est l'explication que donne de ce phénomène le savant naturaliste, ainsi que l'académie.

Soulavie est d'un avis un peu différent. « Il est, dit-il, dans les bas-fonds de Ruoms des carrières d'ardoises calcaires, dont les plantes incrustées sont d'une race inconnue de nos jours. Les unes et les autres annoncent par conséquent des anciens âges où les productions végétales étaient différentes, dans ces lieux, de celles que nous observons à présent. La température du climat, peut-être différente de celle d'aujourd'hui, permettait à d'autres espèces de plantes de végéter à leur aise, tandis que les révolutions arrivées au globe ont fait périr peu à peu ou dégénérer ces plantes primitives, dont il ne reste que des monumens pétrifiés. »

Ce même auteur dit aussi que dans les régions froides et montagneuses du Vivarais, il se trouve des plantes incrustées qui sont originaires des pays brûlans de la Cayenne, du pays des Malabares, de Saint-Domingue.....

La Perte du Rhône (1).

Dans le bassin qui sépare le mont Jura d'avec celui de Vouache, au-dessous de Seissel, les bords du Rhône commencent à se resserrer, et à présenter des escarpemens considérables et fort irréguliers. Près du pont de Brésin, les deux parois du roc vif, à travers lesquelles passe le fleuve, s'avancent des deux côtés, comme pour l'atteindre par leurs sommets. Ils forment sur le fleuve deux arcades naturelles, séparées par un rocher que les eaux ont laissé au milieu d'elles, et vers lequel les parois s'inclinent. Les habitans, profitant du peu d'intervalle qui les sépare, ont achevé de les réunir, en y jetant un pont rustique, dont les piles, la culée, et presque tous les ceintres sont l'ouvrage de la na-

---

(1) *Mémoires de Guettard*, insérés dans les *Mém. de l'Académie des Sciences*, année 1758.

Saussure, *Voyages dans les Alpes*, nᵒˢ. 402-414.

Recueil amusant de Voyages, tom. VII.

Voyage pittoresque et navigation exécutée sur une partie du Rhône..., par Boissel. Paris, 1795, avec 16 planch., in-4°.

Annales des Voyages, tom. IV.

ture. Au-dessous de ce passage étroit, le cours du fleuve devient de plus en plus brisé; les rochers des bords prennent plus de hauteur et d'escarpement ; les eaux tombent deux fois par des espèces de cataractes très-prolongées et très-fougueuses. La rive droite du fleuve est, dans cet endroit, coupée et déchirée par de fréquens éboulemens qui forment des précipices affreux, et entraînent d'énormes blocs de roche qui vont encombrer le lit du Rhône, et le garnir de nouveaux écueils, contre lesquels il se brise avec fracas. C'est au milieu de tous ces obstacles qu'il arrive , couvert d'écume , au gouffre qui doit l'engloutir. Un pas au-dessous des cataractes, le Rhône coule au fond d'un canal large d'environ trente pieds dans le haut, et il conserve cette largeur jusqu'à la profondeur de trente ou trente-deux pieds; mais là il se resserre considérablement. Il s'est trouvé à cette profondeur un banc de rocher plus dur que les autres, et épais d'un ou deux pieds. Ce banc n'a pas été rongé dans toute la largeur du canal; le Rhône a creusé par-dessous presque autant que par-dessus. Ce banc, plus dur que les autres roches, forme donc dans l'intérieur du canal une saillie ou une espèce de corniche , qui , de chaque côté, s'avance de huit ou dix pieds,

3

mais qui est pourtant ouverte dans le milieu, et laisse apercevoir la surface de l'eau qui coule tranquillement au fond du canal. Cette corniche divise ainsi le canal en deux parties ; celle de dessus est un peu plus large que celle de dessous. Le Rhône, renfermé en hiver dans le canal inférieur, paraît couler avec beaucoup de lenteur, sans doute parce qu'il n'a pas une inclinaison bien considérable.

Jusqu'ici le Rhône n'est point encore perdu , puisque l'on voit partout la surface de ses eaux ; mais à environ deux cents pas plus bas , de grandes masses de rochers qui se sont détachées du haut des parois du canal supérieur, sont tombées dans ce même canal, et ont été soutenues par les bords saillans de la corniche qui est au-dessus du canal inférieur. Ces blocs, accumulés ainsi, recouvrent le canal, et cachent, pendant l'espace d'environ soixante pas , le fleuve renfermé dans le fond de ce conduit souterrain. C'est donc là que le Rhône est réellement perdu. Du temps de Saussure on pouvait, en passant par-dessus ces rochers entassés , traverser le Rhône à pied sec ; cependant l'accès en était très-difficile. Aujourd'hui ce passage est impossible, attendu que le gouvernement français et le ci-devant gouvernement piémontais, pour empêcher la contrebande, ont fait sauter par la mine les parties du rocher qui débordaient sur l'abîme.

C'est en descendant sur la corniche qui existe au-dessus du canal inférieur, qu'on peut à son gré examiner de près toutes les particularités de la perte du Rhône; on observe la nature des rochers dans lesquels le canal a été creusé : on voit clairement que le banc qui forme la corniche est d'une pierre plus dure et plus compacte que les autres rochers; on reconnaît que c'est cette corniche saillante qui a été la cause de la disparition du Rhône, puisque sans elle les blocs de rocher qui cachent ce fleuve, seraient tombés jusqu'au fond du canal, et auraient laissé le Rhône à découvert.

On peut même, en suivant cette corniche, aller observer de près la renaissance du Rhône. On s'attend peut-être à le voir ressortir aussi impétueusement qu'il est entré; mais comme le canal qui le renferme continue d'être extrêmement profond, et qu'il n'a vraisemblablement pas beaucoup de pente, les eaux, à l'endroit où l'on commence à les revoir, paraissent presque tranquilles; on y remarque seulement une sorte de bouillonnement : ce n'est qu'à une certaine distance que le fleuve reprend la rapidité qui le caractérise.

On dit qu'on a essayé de jeter des corps légers dans le fleuve, pour voir si ces corps ressortiraient avec les eaux, mais que jamais on n'a pu en revoir aucun. On assure même qu'on y a jeté un cochon, comme un des animaux les plus habiles à la nage, et qu'il n'a point reparu. On devait bien prévoir, dit Saussure, que ce pauvre animal serait écrasé contre les roches entre lesquelles le Rhône se précipite, et qu'ainsi son habileté à la nage ne pourrait le préserver de la mort, ni le ramener à la surface de l'eau.

Quant aux autres corps que leur légèreté seule devrait ramener à flot, il faut considérer que le Rhône ne reparaît pas tout entier dans une seule place ; mais que, resserré, comme il l'est, dans une fente étroite, ses eaux acquièrent une très-grande vitesse, et remontent par des lignes obliques, dont plusieurs s'écartent beaucoup du premier endroit où l'on commence à le revoir. D'ailleurs, les eaux doivent prendre, dans ces gouffres profonds, des mouvemens de tournoiement qui ôtent pendant long-temps aux corps légers le pouvoir de remonter à la surface ; et comme elles suivent cependant toujours la pente qui les entraîne, ces corps ne peuvent surnager qu'à de très-grandes distances.

Le Rocher de Bidon.

En examinant l'intérieur des roches du Vivarais, on y voit un assemblage confus ou régulier de marbres, de craies, de plâtres, des ardoises, des schistes, et autres substances de cette nature qui composent la croûte extérieure du globe, et qui ne sont que des dépôts de la vase formée par l'océan universel qui couvrait tous les continens, ainsi que nous l'avons dit. On comprend tout cet amas sous le nom de matière calcaire. Une grande partie des montagnes du Vivarais sont composées de cette matière ; mais ces régions offrent en général des montagnes renversées, creusées, perforées, couvertes de cailloux roulés et amoncelés, qui forment un nouveau sol. Mille cascades tombent des sommets de ces montagnes pendant les pluies, et augmentent les désordres par la force acquise des eaux précipitées. Des orrens de gravier, de cailloux et de terre, sont entraînés avec les eaux qui deviennent leur véhicule, et se précipitent avec tous ces corps, dans le désordre le plus.affreux ; ils forment ensuite inférieurement des atterris-semens et quelquefois des roches secondai-res, que la succession des temps et les tra-vaux des sels agglutinent. Des spaths, des cristaux de toute forme et de toute couleur se trouvent dans l'intérieur de ces corps bat-tus, entraînés; déposés et réunis par les eaux, qui forment ce qu'on appelle dans le pays *brêches* ou *poudingues*, objets qu'on admire tout le long des ruisseaux et des rivières du Vivarais.

Les carrières de marbre sont fréquentes dans ces montagnes; quelques-unes ne sont même que des blocs énormes de marbre. Tel est l'immense rocher des environs de Bidon, qui mérite une description particulière.

Ce rocher a, du midi au nord, près de trois quarts de lieue de largeur, et de l'orient au couchant il forme une zône de deux lieues de distance, en suivant la même ligne du couchant au levant.

Quoique les eaux, les gelées, l'air et tous les agens destructeurs en aient altéré le som-met, qui est plus tendre que les parties in-férieures, cet immense rocher se montre néanmoins nu. Il est élevé de manière à former une véritable plaine en montagne, sur laquelle il n'y a aucune couche de terre végétale. Les habitans de Bidon, les plus misérables des environs, ne tirent leur substance que de quelques champs qu'on trouve dans deux ou trois petits ravins secs où la terre s'arrête et où le blé provient. Ils ont d'ailleurs quelques bestiaux qui broutent l'herbe qui vient fortuitement sur leur rocher pelé; car il a quelques petits creux où la terre et l'humidité nourrissent des plantes et des buis. Mais outre ces creux le rocher de Bidon présente de part et d'autre des précipices affreux, des fentes longitudinales qui vont, à ce qu'il paraît, depuis son sommet jusque vers son fondement. Ce qui étonne davantage, c'est de voir que ces fentes sont de véritables scissures du rocher, qui étaient auparavant réunies, mais qu'une force quelconque, en condensant cette masse de marbre, a séparées.

Ces fentes perpendiculaires sont d'une profondeur étonnante. On compte jusqu'à huit battemens de pouls avant qu'une pierre soit arrivée au fond. Elle tombe alors dans l'eau, à en juger par le bruit sourd qui succède à sa chute. Toutes les fentes ne sont pas de la même profondeur; quelques-unes sont remplies de déblais calcaires, granitiques et même volcanisés; d'autres ne sont pas exactement perpendiculaires. En hiver elles laissent émaner des vapeurs humides que la chaleur souterraine a divisées et volatilisées.

DÉPARTEMENT DE LA LOIRE.

Le Mont Lezore (1).

Au milieu de la plaine du Forez et à trois lieues de Feurs s'élève une montagne isolée, connue dans le pays sous le nom de *mont Lezore*; elle forme une arête qui s'étend du sud au nord, où elle s'enfonce assez brusquement; sa plus grande hauteur est du côté du sud, où elle s'élève à près de cinq cents pieds au-dessus de la plaine. Elle est en entier basaltique; circonstance d'autant plus étonnante, que la montagne n'est liée à rien qui lui ressemble; ce n'est qu'à une centaine de pas du Lezore que l'on voit des fragmens de basalte disséminés çà et là dans les champs.

Le basalte du bas de la montagne n'a pas

_____

(1) *Note sur le mont Lezore*, par F. Berger, dans le *Journal de physique*, tom. LVII.

de forme bien déterminée ; mais plus haut
on remarque des prismes réguliers à six faces,
qui n'ont pas au-delà de douze pouces de
diamètre. La montagne se termine par une
tête arrondie, couverte d'herbe, à la surface
de laquelle on voit paraître de temps en
temps des prismes basaltiques. On trouve
sur le sommet de la montagne deux vieux
châteaux, situés en face l'un de l'autre, et
qui sont construits en basalte. Du reste,
on ne distingue dans le contour du mont
Lezore aucune trace de cratère, ni de scories, ni de courant de laves.

Le mont Lezore présente deux espèces de
basalte, ceux à surface rude, et ceux à surface
lisse ; l'un et l'autre renferment des cristaux
disséminés en grande abondance dans la
masse.

On trouve sur les bords de la Loire, près
de Feurs, plusieurs basaltes roulés dont la
cassure est lisse et compacte ; ils renferment
ordinairement une substance noirâtre qui
a un brillant métallique, et qui présente
des reflets légèrement irrisés. A une lieue à
l'est de Feurs, près du château de Sailen-
douzy, est une chapelle bâtie sur d'énormes
blocs de granit qui sortent de dessous le sol
sous des formes plus ou moins arrondies.

CHAPITRE XII.

AUVERGNE (1).

DÉPARTEMENS DU CANTAL ET DU PUY-DE-DÔME.

Les Basaltes d'Auvergne.

Depuis long-temps le comté d'Antrim en Irlande passait pour être seul en possession d'un des plus curieux et des plus magnifiques monumens d'histoire naturelle : le basalte en prismes composés d'articulations régulières, n'avait été trouvé que dans cette province. En 1763, on découvrit dans l'Auvergne la même espèce de pierre, aussi en prismes réguliers et avec les mêmes détails curieux qu'on admirait, comme un phénomène unique, dans le *pavé des géans*. C'est

---

(1) *Voyage dans la ci-devant haute et basse Auvergne*, par Legrand-d'Aussi. Paris, 1795, 3 vol. in-8°.

peut-être la plus grande curiosité naturelle
que nous ayons en France ; la nature semble
avoir jeté ce monument, sans dessein et sans
règles ; cependant l'effet qu'il produit est un
des plus étonnans. La formation de ces basaltes n'est pas une chose moins curieuse
que l'aspect-même qu'ils présentent.

On sait que dans les environs du Mont-
Dor, une des plus considérables montagnes
d'Auvergne, il y a eu autrefois plusieurs
volcans qui ont produit diverses éruptions
très-considérables : les courans de matières
fondues, sorties des volcans par suite d'une
éruption, en descendant des hauteurs, ont
produit des assemblages de pierres de forme et
de nature diverse. Les basaltes en prismes ne
sont autre chose que la suite de la retraite
uniforme qu'a éprouvée la matière en fusion,
sortie d'un volcan à mesure qu'elle s'est re-
froidie et figée, en se resserrant autour de
plusieurs centres d'activité. Cependant le
basalte prend toutes sortes de formes. Si
l'on suppose que la matière coule de façon
à former un solide qui ressemble à un mur,
les prismes traverseront l'épaisseur du mur
et seront horizontaux, et leurs bases garni-
ront, comme des pierres d'un appareil régulier, les deux faces opposées. Si la matière

s'est amassée en forme de boule, les prismes seront disposés en rayons.

Buffon s'exprime, dans ses ouvrages sur la formation des basaltes, d'une manière si claire et si précise, qu'en citant le passage suivant, nous sommes sûrs que ceux mêmes qui n'ont pas la moindre connaissance de l'histoire naturelle, concevront aisément l'origine de cette merveille.

« Lorsqu'après avoir coulé de la montagne, dit Buffon, et traversé les campagnes, la lave, toujours ardente, arrive aux rivages de la mer, son cours se trouve tout à coup arrêté ; le torrent de feu se jette comme un ennemi puissant, et fait d'abord reculer ses efforts. Mais l'eau, par son immensité, par sa froide résistance, et par la puissance de saisir et d'éteindre le feu, consolide en peu d'instans la matière du torrent, qui dès lors ne peut aller plus loin, mais s'élève, se charge de nouvelles couches et forme un mur à plomb, de la hauteur duquel la lave tombe alors perpendiculairement, et s'applique contre le mur à plomb qu'il vient de former. C'est par cette chute et par le saisissement de la matière ardente que se forment les prismes de basalte et leurs colonnes articulées. Ces prismes sont ordinai-

rement à cinq, six ou sept faces, et quelquefois à quatre ou à trois, comme aussi à
huit ou neuf faces. Leurs colonnes sont formées par la chute perpendiculaire de la lave
dans les flots de la mer, soit qu'elle tombe
des rochers de la côte, soit qu'elle forme elle-
même le mur à plomb qui produit sa chute
perpendiculaire. Dans tous les cas, le froid
et l'humidité de l'eau qui saisissent cette matière toute pénétrée de feu, en consolidant
les surfaces au moment même de sa chute,
les faisceaux qui tombent du torrent de la
lave dans la mer, s'appliquent les uns contre
les autres; et comme la chaleur intérieure
des faisceaux tend à les dilater, ils s'opposent
une résistance réciproque; ce qui fait que
chaque faisceau de lave devient à plusieurs
faces. Lorsque la résistance des faisceaux
environnans est plus forte que la dilatation
du faisceau environné, au lieu de devenir
hexagone (à six faces), il n'est que de trois,
quatre ou cinq faces; au contraire, si la dilatation du faisceau environné est plus forte
que la résistance de la matière environnante,
il prend sept, huit ou neuf faces, toujours
sur sa longueur, ou plutôt sur sa hauteur
perpendiculaire.

Les articulations de ces colonnes prisma-

tiques sont produites par une cause encore
plus simple : les faisceaux de lave ne tombent
pas comme une gouttière régulière et continue, ni par masses égales. Pour peu donc
qu'il y ait d'intervalle dans la chute de la
matière, la colonne, à demi-consolidée à sa
surface supérieure, s'affaisse en creux par le
poids de la masse qui survient, et qui dès
lors se moule en convexe dans la concavité
de la première, et c'est ce qui forme les espèces
d'articulations qui se trouvent dans la plupart de ces colonnes prismatiques : mais
lorsque la lave tombe dans l'eau par une
chute égale et continue, alors la colonne de
basalte est aussi continue dans toute sa hauteur, et l'on n'y voit point d'articulations.
De même, lorsque par une explosion il
s'élance du torrent de lave quelque masse
isolée, cette masse prend alors une figure
globuleuse ou elliptique, ou même tortillée
en forme de câble, et l'on peut rappeler à
cette explication simple toutes les formes sous
lesquelles se présentent les basaltes et les laves figurées.

C'est à la rencontre du torrent de lave
avec les flots, et à sa prompte consolidation,
qu'on doit attribuer l'origine de ces côtes
hardies qu'on voit dans toutes les mers qui

sont au pied des volcans. Les anciens remparts de basalte qu'on trouve aussi dans l'intérieur des continens, démontrent la présence de la mer et son voisinage des volcans
dans le temps que leurs laves ont coulé :
nouvelle preuve qu'on peut ajouter à toutes
celles que nous avons données de l'ancien
séjour des eaux sur toutes les terres actuellement habitées.

On voit un tel assemblage de prismes
avec les articulations, à l'extrémité d'un
courant de matières volcaniques, qui finit à
la butte où était placé l'ancien château de la
Tour-d'Auvergne ; et une autre masse de
basalte, au-dessus du château de Pérénaire
(Peranera), en face du village de Saint-
Sandoux. C'est sur un coulant semblable de
basalte, qu'est situé le bourg de la Tour ; c'est
sur une esplanade de colonnes basaltiques,
qui semble, on ne peut pas mieux, à un pavé
naturel, que se tient son marché.

Le Gouffre de la Goule (1).

Ce gouffre, situé dans une vallée des mon-

---

(1) Giraud-Soulavie, *Histoire naturelle des
Provinces méridionales de la France.*

tagnes d'Usège, présente avec les environs tous les caractères d'une nature sauvage.

Les montagnes environnantes qui forment le bassin de la Goulē, ont huit lieues de tour ; la plus élevée entr'elles est d'environ cinquante toises au-dessus du gouffre, dans lequel se précipitent les eaux, et elle est élevée d'environ cent dix-sept toises au-dessus du niveau de l'Ardèche, dans laquelle se jettent les eaux du bassin de la Goule. Le fond de ce bassin est une petite plaine arrosée de sept ruisseaux qui se jettent dans le gouffre. Ces eaux, ramassées près de là dans un petit bassin formé par leur chute dans la roche vive, tombent en cataracte dans le précipice qui est de figure ovale ; elles se répandent ensuite d'un bassin dans un autre ; une cataracte souterraine succède à la première, et une troisième à la seconde, jusqu'à ce qu'on perde les eaux de vue : l'on n'entend plus alors dans ces concavités qu'un bruit sourd qui annonce des cataractes plus profondes encore.

Après avoir ainsi circulé dans la montagne, les eaux de la Goule vont se faire jour dans le voisinage du pont d'Arc : elles sortent de deux ou trois conduits souterrains voisins. Il paraît que le gouffre n'a pas existé

toujours : les eaux pluviales qui se ramassent
ici en grande quantité à cause de la situation
basse de la Goule, ont creusé peu à peu le
roc, et ont ouvert les concavités qui se
trouvaient dans l'intérieur ; car on voit
encore d'autres cavernes parallèles à celles
de la Goule, qui sont vides et remplies de
petites stalactites suspendues à la grotte :
elles sont d'un blanc éclatant; exposées au
feu, elles se consument dans l'instant.
Toutes ces grottes sont remplies de salpêtre
très-inflammable : on dit que les consuls de
Vagnas, ayant voulu faire une visite dans
ces concavités, essayèrent d'approcher leurs
bougies allumées des stalactites de salpêtre:
le feu prit de l'une à l'autre ; le corridor
étroit se trouva obstrué par cet incendie
inattendu, de manière qu'ils ne purent se
sauver qu'en rampant sous cette voûte de feu
jusqu'à l'entrée du souterrain.

Le Cratère de Saint-Léger.

La montagne de Saint-Léger fait partie
d'une chaîne de montagnes qui anciennement étaient des volcans, et dont nous avons
fait mention plus haut; mais comme elle
offre un phénomène tout particulier, nous
en parlons ici séparément. «Il est étonnant,

dit avec raison Soulavie qui a examiné et
décrit cette montagne, que ce volcan, situé au centre de la France, pays peuplé de
savans, ait été si long-temps inconnu, tandis
que cent voyageurs connaissent la *grotte du
Chien*, en Italie, qui y a beaucoup de rapport.

Le cratère du volcan de Saint-Léger présente l'enceinte d'un amphithéâtre soutenu
par des élévations latérales de roches de granit, en forme de pic, qui terminent ce bassin;
l'intérieur est composé de champs ou plaines
et de nappes d'eaux minérales froides et
chaudes, qui sortent, celles-ci du centre du
cratère, et celles-là d'un lieu plus élevé. Ce
qui distingue ce cratère de celui des autres
volcans, c'est que son élévation est peu considérable; il est placé au pied d'une montagne et dans un vallon au fond duquel se
trouve la rivière d'Ardèche, qui mouille les
bords latéraux de ses laves. Cette situation
contribue beaucoup sans doute au grand
nombre et au degré de chaleur des eaux minérales qui en sortent, ainsi qu'aux phénomènes qu'il présente; car il faut que l'on
sache que ce cratère n'est qu'un grand crible
à travers lequel émanent les abondances des
vapeurs méphitiques qui donnent la mort à

tout être animé qui les respire. Cet air méphitique se fait jour à travers les terres labourables comme à travers les pièces d'eau ; il
sort à gros bouillons de celles-ci, et se fixe,
selon son poids spécifique, au-dessus de l'eau
et au-dessous de l'air, pourvu qu'il ne fasse
absolument aucun vent; car le moindre
souffle rend cette exhalaison presque insensible, de même que les moindres pluies ou
brouillards les retiennent dans le laboratoire
souterrain ou les absorbent. Or, cette ab-
sorption est si considérable, que pendant et
après les fortes pluies il n'y a aucune éma-
nation méphitique. Leur plus haute élévation, au-dessus du fond des creux, est d'un
pied et demi, et cette élévation varie selon la
plus ou moins grande humidité de l'atmosphère. On la connaît au juste par l'effet
qu'elle produit sur le feu : une bougie allu-
mée qu'on descend dans le creux commence
à languir en approchant de la vapeur, et
toujours de plus en plus à mesure qu'on la
descend davantage. Entièrement plongée
dans cette atmosphère méphitique, elle s'y
éteint subitement; et une grande poignée
de paille, qui donnait environ un pied carré
de flamme, s'éteignit dans le moment même
qu'elle y entra. Les végétaux exposés aux

vapeurs du cratère se fanent et se dessèchent
en très-peu de temps. Lorsque le propriétaire
des champs qui font partie de ce cratère,
oublie de nétoyer les trous d'où sortent ces
vapeurs malfaisantes , le gaz volcanique s'é-
tend dans tout le cratère : la moisson en est
considérablement endommagée , les grains
sont peu nourris, la plupart des épis périssent
avant d'acquérir leur maturité , et le champ
semble avoir éprouvé une sécheresse brûlante. On ne voit aucune plante , soit au dedans, soit au dehors de ces creux peu profonds.
Une ronce voisine de l'ouverture de ces trous
desséchа dans huit jours.

L'effet que produisent ces vapeurs sur les
animaux n'est pas moins violent ni moins
dangereux. Soulavie plaça dans la vapeur
méphitique un chat fort gras , bien portant et vigoureux : cet animal mourut au
bout de deux minutes. Un chien eut le même
sort. Un autre ne fut sauvé que parce
qu'on le jeta dans un tas de neige, après
l'avoir retiré promptement. On a souvent
trouvé dans les creux de Saint - Léger des
oiseaux, des serpens, des reptiles étouffés.
Une vieille femme du voisinage, nétoyant
les bassins qui contiennent cet air volcanique, et qui se remplissent des feuilles tombées

bées, vers la fin de l'automne, des arbres des environs, faillit perdre la vie dans l'un de ces bassins. Elle ne s'apercevait point de sa mort prochaine, lorsqu'on vint la secourir. Soulavie même, en examinant ce cratère, se sentit saisi d'un malaise qui ne le quitta qu'au bout de quelques jours. Il assure que les habitans des environs paraissent exténués, ayant des couleurs plombées, le teint blême, des chairs livides et jaunes; ce qui inspire une sorte d'horreur à celui qui les voit.

Nous ne voulons point nous perdre en conjectures sur l'origine et la cause des effets singuliers de ce cratère. L'opinion de Soulavie à cet égard serait cependant assez vraisemblable : il prétend que le volcan Saint-Léger doit être rangé dans la classe de ceux qu'on appelle *solfatares*, c'est-à-dire des volcans qui renferment encore des feux souterrains, et qui tiennent par conséquent le milieu entre les volcans en action et entre les volcans entièrement éteints. Comme ces montagnes ont brûlé autrefois, on doit conclure que les exhalaisons méphitiques qui en sortent encore actuellement, sont les derniers efforts opérés par les restes des feux souterrains, qui, quoique cachés, n'en existent

R

pas moins dans le sein de la terre. Privés de
toutes forces projectiles, ils n'élancent plus
aucun solide; mais les minéraux sublimés, qui
sont toujours d'une nature acide sulfureuse,
se font jour, et distinguent ces solfatares des
vieux volcans totalement éteints. D'après
cela, il est à présumer que le volcan de
Saint-Léger passera bientôt de l'état de sol-
fatare à celui de volcan éteint.

Le Lac Pavin.

Ce lac, placé sur la cime du Mont-
Dor, est, par sa forme et ses détails, un des
plus beaux et des plus singuliers lacs de no-
pays, et ajoute au nombre des beaux monumens dont la nature a enrichi le sol de l'Auvergne.

Placé dans le cratère d'un ancien volcan, ce
lac ne serait là qu'un objet extraordinaire, s'il
y était nu, isolé et de toutes parts à découvert. Mais ce qui le pare, et ce qui lui donne
un charme inexprimable, c'est un rideau
de verdure, haut d'environ cent vingt-cinq
pieds, qui, s'élevant sur ses bords, le suit
dans son contour, s'arrondit comme lui, et
le couronne agréablement. Quoique cette
ceinture ait un talus si escarpé qu'on ne peut

y marcher sans risquer de tomber dans le lac, cependant elle est presque partout couverte de pelouse; une grande partie en est même couverte de bois. Au temps que le volcan était en action, il avait dans sa couronne une échancrure par laquelle s'écoulaient les substances liquides et fluides qu'il vomissait. Actuellement, c'est par-là que le lac déborde: l'eau y coule sur un lit de laves qui forme une sorte de déversoir. Du banc de laves elle tombe en cascade dans un canal qu'elle s'est creusé sur le penchant de la montagne, et gagnant un vallon que traverse le ruisseau de la Couse, elle va se jeter avec lui dans l'Allier, près d'Issoire.

Il faut remarquer encore que le rideau, à mesure qu'il approche de la digue de laves, diminue peu à peu de hauteur, et vient insensiblement se confondre avec elle; de sorte que l'ouverture, qui n'eût été qu'un objet frappant, si elle avait été taillée verticalement dans ce mur de cent vingt-cinq pieds, devient, par cette pente douce, un objet d'autant plus agréable, que c'est par-là que l'on monte au lac et qu'on peut le voir.

Le bord inférieur du bassin forme une sorte de banquette horizontale, qui, d'un côté, tenant au rivage, de l'autre s'avance de douze à quinze pieds sous l'eau. Dans cet espace, elle est couverte de fragmens de laves placés les uns près des autres, comme le serait un pavé naturel. Le cratère, au lieu d'avoir un talus, comme paraîtrait l'annoncer sa forme d'entonnoir, s'enfonce tout à coup perpendiculairement ; on ne voit plus que de l'eau, et le lac devient un abîme. Du reste, point de joncs sur ses bords, point de plantes aquatiques, point de bourbier ni de limon, rien enfin qui annonce le marécage. On dirait que la main d'un génie veille sans cesse à le tenir propre et riant.

En hiver, l'eau y gèle à une grande épaisseur : alors non-seulement on peut se promener sur l'abîme, mais on se sert même de cette circonstance favorable pour exploiter les bois du rideau, qui sans cela seraient inexploitables.

On est parvenu, non sans difficulté, à sonder le fond de ce vaste lac ; on a trouvé deux cent quatre-vingt-huit pieds de profondeur. Quelque étonnante que soit une pareille hauteur dans un bassin d'eau douce, elle dut être bien autrement considérable, au moment où il n'était encore que le foyer d'un volcan éteint, ou un gouffre écroulé.

La limpidité des eaux de ce lac surpasse

toute description ; leur vue seule donne la
soif ; on ne peut y tenir, il faut en boire. Ces
eaux conservent toute leur beauté dans leur
chute, tant qu'elles coulent sur le penchant
de la montagne ; mais dans le voisinage de
leur jonction avec la Couse, elles commencent à se troubler.

L'explosion d'un coup de fusil dans cette
circonférence occasionne un bruit singulier qui dure plusieurs secondes, parce
qu'il circule et roule tout autour du bassin,
et revient à l'endroit d'où il était parti.

Si on pouvait examiner l'intérieur de ce
lac, on trouverait sans doute bien d'autres
singularités.

Au-dessus de Pavin, et à sept cents toises
de distance, est un lieu dont la célébrité
dépend en partie de la sienne : on le nomme
le *Creux de Soucy*. C'est une sorte de puits
naturel, ou plutôt c'est une ancienne cheminée volcanique dont le fond est maintenant
rempli d'eau, ainsi que le Pavin. Comme le
niveau en est élevé de cent quatre-vingt-six
pieds au-dessus de celui de Pavin, les gens
du pays croient qu'elle a sa décharge dans
le lac.

Le Puy de la Poix.

Le *puy*, ou, ce qui est la même chose, la montagne (1) de la Poix, est à une lieue de Clermont; elle est nommée ainsi à cause d'une fontaine qui sort d'un rocher à côté de la montagne. Il y a dans ce rocher une espèce de bassin, du fond duquel l'eau et la poix sortent par une ouverture de deux pouces de haut sur cinq au moins de large. C'est là le seul endroit par où l'eau coule avec la poix; dans toutes les autres sources la poix coule toute seule. Ici elle sort de trois manières différentes. La poix la plus fine et la plus gluante couvre toujours la surface de l'eau d'une peau d'environ trois ou quatre lignes d'épaisseur; l'eau charrie avec elle une sorte de poix graveleuse, et par conséquent plus pesante, qui demeure toujours au fond de la fontaine et qui en fait la vase. A un demi-pied au-dessus de l'ouverture en question, il y a dans le rocher

_____

(1) *Puy*, du latin *podium*, signifie montagne dans la langue d'Auvergne.

Voyez le *Mémoire de Caldagués*, dans la *Description de la France*, par Piganiol, tom. XI.

une veine ou fente d'où il sort aussi de la poix qui se joint à celle qui surnage; mais de ce dernier endroit la poix suinte plutôt qu'elle ne coule.

La première poix dont on vient de parler se lève continuellement du fond du bassin, et vient former sur la surface de l'eau une peau ou une croûte de toute l'étendue de ce bassin. On peut l'enlever tout entiere sans la rompre, parce qu'elle est fort gluante et qu'elle file beaucoup. Mais il en revient bientôt une nouvelle qui s'épaissit de plus en plus lorsqu'on la laisse. Cette poix a formé au-dessus du bassin un rocher composé de différentes couches de poix, de poussière, que le vent y porte, de gravier et de pierres qui tombent du haut de la montagne. Ce rocher est fort dur; et l'on ne saurait le casser qu'à grands coups de marteau. Cependant nous ne conseillons pas d'y marcher quand le soleil a donné quelque temps dessus; car on risquerait bien d'y laisser ses souliers, collés pour toujours au sol.

Quand on a enlevé la croûte qui surnage sur la fontaine, l'eau a d'abord la couleur d'ardoise, et quand on en puise, elle paraît fort claire; mais malheur à celui qui ne résiste pas à l'envie d'en boire ! de longues

4

provocations de salive et des vomissemens puniraient son imprudence.

Ce qu'il y a de singulier, c'est que les pigeons recherchent cette eau avec avidité, et que l'instinct ou l'expérience leur fait prendre des précautions pour se poser sur le bord de la fontaine, de peur qu'ils ne s'y prennent comme à la glu. On a remarqué qu'ils n'y vont ordinairement que de grand matin, et avant que le soleil ait échauffé la poix. Il ne faut pas omettre que le fer que l'on trempe dans cette eau se rouille presque sur-le-champ, et que les pots d'étain qui la renferment deviennent tout noirs en dedans, sansqu'on puisse les nétoyer autrement qu'en les faisant refondre.

Quand on est à la fontaine on aperçoit à main droite deux sources de poix toute pure: la poix n'en coule un peu abondamment qu'en été. Ces sources ne sortent point du rocher, mais seulement de la terre, et forment, comme la fontaine, une espèce de rocher dans leur chute.

Il ne vient aucune sorte d'herbe dans les endroits où la poix coule actuellement, ni dans ceux par où elle a une fois coulé; mais il en vient tout auprès, et tout le côté septentrional du monticule en est couvert : elle est courte et d'un vert fort pâle. Le rocher qui fait la cime de ce monticule est noir, extrêmement veineux, écailleux et cassant. Ces veines paraissent remplies d'une matière jaune et rougeâtre qui approche fort de la rouille de fer. Il est sûr que la poix a filtré dans toute l'étendue de la pierre.

A quinze toises du puy de la Poix, du côté du midi, il y a un autre monticule au pied duquel on voit encore une source de poix toute pure. Elle sort de terre, et a formé au-dessous un rocher de poix pareil à celui dont nous avons parlé.

A deux cents pas au-dessous de ces monticules, vers l'orient, on trouve encore trois autres sources de poix toute pure ; elles sont situées dans un pré, fort près les unes des autres. La poix qui en coule a la même couleur et la même odeur que celle du puy de la Poix ; elles sont, comme les autres, à l'aspect du midi. Dans les grandes chaleurs de l'été on découvre beaucoup d'autres sources de poix aux environs de celle-ci ; mais elles ne sont point abondantes, et tarissent bientôt entièrement.

Le puy de la Sau, du côté de Montferrand, renferme cinq ou six autres sources assez abondantes, et présente les mêmes phénomènes que ce puy.

5

Le Mont-Dor. (1).

Cette chaîne de montagnes, les plus considérables de l'Auvergne par la hauteur et
par l'étendue, doivent leur nom à un faible
ruisseau, à la *Dor*, qui y prend sa source.
On estime leur circonférence à vingt lieues.
La plus haute d'entre elles, à laquelle on
donne spécialement le nom de *Mont-Dor*, et
qui est célèbre par ses eaux thermales et ses
bains, est élevée de seize cent quarante-huit
toises au-dessus du niveau de la mer. C'est
aussi d'elle spécialement que nous parlons
ici. La large base de ce mont ferme une belle
et grande vallée qui s'arrondit autour de lui
en demi-cercle; et le mont, en s'élevant par
une pente peu rapide, forme un vaste amphithéâtre planté d'une forêt de sapins. On
voit s'élever les uns au-dessus des autres ces
arbres à tige élancée, à feuilles de dard; et
leurs cimes caduques, leur sombre verdure,
ainsi que leur physionomie sauvage, produisent, dans cette situation, un effet incon-

(1) *Voyage en Auvergne*, par Legrand,
tome II.
Voyage au Mont-Dor. Paris, 1802, in-8°.

cevable. Mais ce qui rend, par-dessus tout, le tableau majestueux et imposant, c'est la masse effrayante de la montagne, dont le sommet, effilé en cône, domine la vallée, et se termine enfin à cinq cent douze toises d'élévation au-dessus du sol des bains.

La Dor, comme nous avons dit, prend sa source sur cette montagne; elle confond ses eaux dans la vallée avec celles d'un autre ruisseau nommé la *Dogne*, et, réunissant alors leurs noms comme leurs eaux, les deux ruisseaux s'appellent dès lors la *Dordogne*.

Mais avant de se réunir à la Dogne, la Dor se précipite de la montagne, en forme de cascade. Le lieu d'où elle s'élance est un large ravin vertical qui, se rapprochant vers le bas par ses deux côtés, et se terminant en pointe, offre au loin la figure d'un triangle. Le fond rouge du ravin rend plus éclatant encore l'argenté brillant des eaux. Partout ailleurs, cette riche et sauvage décoration serait admirée, même isolée de tout ce qui l'entoure; ici, elle ravit, parce que, placée au point central de la circonférence qui ferme la vallée, elle attire et commande les regards, parce qu'enfin, à la hauteur proportionnée où elle se trouve, on la croirait une perspective posée là, comme à dessein, par le choix

de l'art le plus habile , ou plutôt par la baguette d'une fée puissante.

Cependant cette même cascade , dont
l'aspect, adouci au loin par l'illusion de la
perspective , offre des formes ravissantes , si
l'on ne craint pas quelque peine et même
quelque risque pour la considérer de près,
on la trouvera horrible. Jadis une coulée de
laves vint s'épandre sur cette partie de la montagne. La Dor , qui prend sa source un peu
plus haut, arrive , par sa pente , sur la coulée ; ses eaux l'ont fendue et déchirée; elles
l'ont séparée en différens blocs, en différens
pics isolés , dont les cavités , les aspérités et
les pointes effraient l'œil. D'ailleurs , en
décomposant les parties ferrugineuses que
contient la lave , elles y ont développé diverses teintes , noires , rougeâtres , rembru-
nies, qui contrastent avec la verdure de la
montagne , et augmentent encore l'horreur
de tout cet ensemble.

La cascade a une hauteur considérable;
mais outre que les roches , en avançant vers
le bas , en cachent une partie, elle rencontre
dans sa chute plusieurs proéminences ou
étages de laves ; l'onde écume et s'échappe de
chute en chute; les arbres et les rochers,
tantôt debout, tantôt couchés, tantôt s'em-

brassant de leurs racines et de leurs masses, résistent d'un plan à l'autre. Le sol retentit au loin du bruit de la lutte, jusqu'à ce que les arbres, rongés, brisés par le frottement continuel et par les rochers, minés, rompus, dissous, forment eux-mêmes un lit de sable au torrent qui, s'échappant par un ravin profond, va, en suivant la montagne, parcourir la vallée et s'unir avec la Dogne. A ce grand effet du tableau, se joignent des accessoires qui y répondent. Auprès de la cascade, d'immenses déchirures ont ouvert des cavernes. Un des flancs de la montagne n'est couvert que de débris de roches, de grenailles sans soutien, aussi incertaines qu'un sable mouvant. L'habitude ou la curiosité détournent seules de l'effroi que vous éprouvez en vous voyant suspendu en l'air, à cette hauteur, au-dessus de ces rochers sans route frayée, au milieu de ce fracas imposant, et en marchant sur un sol qui manque sous vous. Le bruit du torrent emprunte quelque chose de plus majestueux encore dans l'obscurité de la nuit ; et ces arbres isolés, dont plusieurs sont morts et dépouillés, semblent alors de grands êtres surnaturels, des spectres qui étendent leurs bras dans la solitude. Le pinceau pourrait rendre tous ces accidens subal-

terues, mais il restera toujours au-dessous de
ces beautés premières, de ces catastrophes
démesurées du tableau de la nature.

Si l'on ne veut connaître que le Mont-
Dor, un chemin particulier y conduit; il
est même possible d'arriver à cheval jusqu'à
la base du cône qui le termine, et qu'on
nomme le *Pic de la Croix.* Mais à moins
d'être accoutumé à gravir les rochers, il
serait dangereux d'affronter celui du pic. Il
est beaucoup de personnes qui ne se ver-
raient point sans effroi sur la pointe de cette
quille, entourés de précipices de tous les
côtés.

Le froid qui règne sur le Mont-Dor est
extrêmement vif. On y voit de la neige encore dans le mois d'août; cette neige diffère
de celle de nos villes et de nos campagnes,
en ce qu'elle n'est point, comme celle-ci,
composée de flocons légers, en forme de
duvet, mais de petits glaçons très-minces,
très-luisans, et assez solides entre eux pour
supporter un certain poids. Dans les vallons
profonds et étroits, la neige s'amoncelle, et
forme avec la verdure des environs un singulier contraste. Sur toute la montagne, il
n'y a pas d'endroit plus horrible que la gorge,
où la Dogue prend sa source, et qu'on

nomme la *Gorge des Enfers*; il faut convenir qu'elle mérite ce nom par son aspect ef- froyable, par les formes affreuses des roches volcanisées qui l'entourent, par les mon- ceaux énormes de laves brisées et d'argile cuite, dont les dégradations du temps l'ont couverte. La neige en occupe le fond, ne laissant qu'un passage peu large à la Dogne, qui traverse la gorge, qui a un courant d'air que les eaux vives emportent toujours avec elles, et qui, entrant par l'un des bouts du canal, sort par l'autre. Mais au printemps, quand l'atmosphère est devenue plus tempé- rée, l'air ne peut parcourir cette route sans attiédir et fondre la neige. A mesure que la température devient plus chaude, la fonte augmente, et creuse enfin une véritable voûte fort large, parfaitement ceintrée, haute de quatre pieds, et sous laquelle on peut passer en se baissant. Ce qui reste de neige au-dessus de l'arcade n'a souvent plus qu'un pied d'épaisseur, et dans cet état, elle forme sur le ruisseau, et dans le sens du courant, une sorte de pont composé d'une arche tout en longueur. La neige extérieure reste sèche, tandis que celle de l'intérieur se fond et dé- coule de toutes parts en filets d'eau; une partie sort même en gros tourbillons, sous

la forme de vapeurs. C'est un spectacle singulier, que cette brume épaisse, s'épanchant
avec un ruisseau par la bouche d'un antre
de neige; c'en est un, que cette neige elle-
même, dans une saison où plusieurs des
contrées voisines ont déjà moissonné leurs
grains. Mais ce qui fait plus d'impression
encore sur le spectateur, c'est de voir tous
les météores aqueux dans un lieu où le feu
jadis embrasa jusqu'aux rochers, et qui,
selon sa juste dénomination, fut vraiment
un *enfer*.

En examinant le Mont-Dor sous le rapport de la géologie, on s'aperçoit que cette
montagne est une vaste ruine, dans laquelle
on reconnaît partout les vestiges d'un long
incendie. Après le feu, les eaux en ont changé
la face une seconde fois; elles l'ont sillonné
profondément par des gorges et des ravins;
elles l'ont hérissé de pics hideux, et y ont
décharné des roches; mais en même temps
elles l'ont presque partout paré de verdure,
et aujourd'hui de nombreux troupeaux y
paissent.

Descend-on dans la vallée du Mont-Dor;
de nouveaux charmes attirent les regards de
l'observateur; le savant y est au milieu des
richesses minérales; le peintre, au milieu des

sites les plus bizarres, les plus sauvages, les plus féconds en accidens et en contrastes; l'homme penseur, enfin, reporte un même sentiment à l'Auteur de la nature, en se voyant entouré des dons de sa bienfaisance. Cette vallée n'est qu'une vaste collection de curiosités, où la nature laisse choisir. Tous les résultats des phénomènes volcaniques y sont entassés; rien n'y est en ordre; les blocs y sont sous les yeux, il faut les briser : les trésors sont dans leur sein. Le tripoli rubané de tant de couleurs, les schorls, les laves porphyriques, les basaltes prismatiques ou lamelleux, les brèches volcaniques, les cristaux de feld-spath, le fer spéculaire, offrent les brillantes métamorphoses qu'ont subies les élémens primitifs.

Mais combien l'admiration et la reconnaissance envers le Créateur ne doivent-elles pas augmenter, lorsque l'homme jette ses regards sur les nombreuses plantes salutaires et bienfaisantes dont il voit couverts les coteaux et les monts d'alentour ! Là, il n'y a pas un brin d'herbe qui ne soit un bienfait; pas une plante qui ne mérite une action de grâces. L'*arnica montana*, la plus puissante des érinhes, le *graphalium*, la véronique, l'euphraise, l'ancolie, la camomille, et tant d'autres (1) non moins efficaces, s'offrent à chaque pas comme remèdes des maux qui font notre misère. La nature ne s'est pas contentée de produire ici quantité de végétaux utiles; les sources mêmes ont des vertus médicinales, et leurs eaux sont autant de bienfaits exposés à l'usage des malades et des infirmes.

Toutes les montagnes de la chaîne du Mont-Dor donnent d'excellens pâturages. On voit partout de grands troupeaux de vaches, quelquefois au nombre de deux cents. C'est un beau spectacle que ces troupes de quadrupèdes bais, pies, blancs, noirs, de toutes les nuances enfin, sur un immense tapis de verdure. Toutes ces vaches réunies sont sous la garde du fermier de la montagne, qui, dans des huttes de terre et de bois, appelées *burons* dans ce pays, s'occupe spécialement de la confection des fromages, principale ressource des *buroniers*.

---

(1) Ce que l'on débite sous le nom de *vulnéraire de Suisse*, n'est, pour la plupart, qu'un composé de simples des montagnes d'Auvergne.

Le Puy-de-Dôme (1).

Outre les monts Dor, il y a encore dans la Basse-Auvergne une autre chaîne de montagnes qui, moins considérable que la première, pour la hauteur et l'étendue, est néanmoins aussi célèbre, soit par sa forme, son élévation, et les vues magnifiques qu'elle présente, soit par les expériences fameuses sur l'air, que Pascal y fit, soit enfin par ses plantes et par ses autres productions. La chaîne des montagnes de Dôme, longue de huit lieues, court du nord au sud, étant composée de plus de soixante monts ou *puys* différens. Les monts Dôme furent non-seulement volcanisés comme les monts Dor, mais presque tous portent un caractère particulier qui les distingue. Parmi tous ces monts, le grand Puy, placé vers le centre de la chaîne, les surpasse tous en hauteur, et semble un géant au milieu de ses enfans. Ce qui contribue surtout à lui donner cet air de paternité, c'est une montagne nommée le *petit Puy-de-Dôme* qui, s'élevant à ses côtés,

_____

(1) *Voyage en Auvergne*, par Legrand, tome II.

est attachée à lui par sa base , et moins haute seulement de quatre-vingt-quatre toises.

Pour bien voir le grand Puy , il faut le considérer d'un endroit nommé *la Barraque*, à quelque distance de Clermont : c'est là son véritable point de vue ; nulle part il n'a cette même majesté ; c'est là seulement qu'il offre ce cône majestueux qui , exact dans ses énormes proportions , a pour cime un plateau que, dans certains cantons, on regarderait comme une montagne très-étendue.

A cette beauté sublime il joint encore les agrémens d'une beauté riante. Malgré sa pente escarpée, il est couvert d'herbe dans toute sa surface, excepté deux ou trois endroits où il laisse percer des protubérances de laves gris-blanc , qui semblent ne se montrer là que pour avertir qu'il a été volcanisé, et qu'il ne l'a pas été comme les autres montagnes. On ne saurait croire combien ce jet magnifique est agréable sous sa robe verte, et quel charme inconcevable lui donne cet ensemble de grandeur et de grâce. Les voyageurs qui ont parcouru les Pyrénées et les Alpes, ont pu voir assurément des montagnes plus imposantes par leur élévation et même par leur volume ; mais difficilement ils en auront rencontré une mieux dessinée, mieux filée, et surtout mieux placée pour plaire. Le pic a la forme d'un dé à coudre. Depuis sa base jusqu'à son sommet, l'œil parcourt un tapis de verdure, sur lequel paissent de nombreux troupeaux. On monte au pic par deux chemins différens : l'un au midi, et nommé le chemin d'*Alagnat*, parce qu'au-delà de Dôme il conduit à cette commune ; l'autre au nord, et appelé la *Gravouse*, parce qu'il est couvert d'une pouzzolane noire, que les paysans désignent sous le nom de *grave* ou gravier.

A l'est et au sud, le Puy est parfaitement isolé ; au nord et à l'ouest, il est adossé à plusieurs autres montagnes plus petites, qui, appuyées elles-mêmes les unes contre les autres, lui servent en quelque sorte d'arc-boutant, et donnent de ce côté, à ces pâturages, une étendue qu'on est étonné de lui trouver, parce que, quand on le voyait de la plaine, elles étaient cachées par sa crête. Quoique le Puy ne soit qu'un rocher brûlé, cependant les pluies et les vapeurs dont il est imbibé sans cesse, lui donnent une fécondité rare ; et cette fécondité, il la communique aux montagnes qui l'entourent : toutes, si l'on en excepte une ou deux, sont couvertes ainsi que lui, d'une herbe touffue, et toutes servent de pacage.

Outre cette verdure qui cache sa lave et qui la pare, outre un grand nombre de violettes, d'œillets sauvages, de marguerites jaunes et blanches, et autres fleurs dont les couleurs sont très-belles et très-vives, il nourrit encore une infinité de plantes et de simples renommées par leur vertu.

Arrivé à la cime du pic, on jouit d'un des plus beaux spectacles et d'une des plus riches vues de toute la France. Élevé de huit cent vingt toises au-dessus du niveau de la mer, de cinq cent soixante au-dessus du sol infé-rieur de Clermont, de quatre-vingt-quatre au-dessus du petit Dôme, le voyageur croit voir, comme les dieux de l'Olympe, l'univers à ses pieds ; car rien ne borne plus ses regards. Il a sous les yeux les soixante puys avec leurs cratères antiques, leurs ravins, leurs courans de lave, et leurs lits de pouzzolane noire ou rouge. Plus loin c'est la Limagne, la Li-magne tout entière, avec ses villes, ses villages, et ses monticules sans nombre. Partout se montrent des champs de toutes couleurs, des vignobles, des habitations, des chemins à perte de vue, des groupes de

montagnes; enfin, quatre ou cinq départemens différens, et un pays de cent trente
lieues, se déroulent devant lui. Accoutumé à
ne mesurer de l'œil que des espaces limités,
le spectateur est effrayé de cet horizon sans
bornes; ses regards incertains craignent de
s'égarer dans cette immense étendue; ils
cherchent au loin quelque objet où ils puissent se reposer, et croient presque voir l'immensité.

Pour se délasser d'un spectacle fatigant,
qui finit par porter à la tête une sorte d'étourdissement et d'ivresse, le voyageur se pro-
mène sur le *Puy*; il le parcourt à différentes
hauteurs, et cherche à connaître sa nature.
Tout y paraît nouveau. Il voit un rocher
que les flammes d'un volcan n'ont point
fondu, mais qu'elles ont tellement altéré,
qu'aujourd'hui sa nature primitive n'est plus
reconnaissable. Par un prodige inconcevable,
leur effet fut assez violent pour calciner sa
masse entière, pour y produire des tubérosités et des boursoufflures très-volumineuses;
mais par un autre prodige, plus incroyable
encore, cette masse ne coula point, ou au
moins sa lave s'est fort peu étendue. Si, en
descendant par la *Gravouse*, l'on voit des pouz-
zolanes et des schories, elles y furent lancées

par le volcan du petit Puy; si, le long de la route du midi, l'on trouve un courant de lave qui côtoie la base de Dôme, ce courant descend des puys nommés *Mouchié* et *Salomon*; ces observations ont porté quelques naturalistes à croire que le Puy-de-Dôme n'est que le produit d'une montagne volcanique, plus élevée, et qui a été détruite par l'Océan, tandis que lui-même, par sa nature poreuse, il a continué de subsister.

La Grotte de Royat.

On ne peut se lasser d'admirer les jeux bizarres que la nature s'est plu à former par les effets des volcans, et les révolutions singulières que les laves coulantes ont produites dans les environs de certaines montagnes. Nous avons déjà parlé du magnifique spectacle que présentent les colonnes basaltiques en Auvergne; nous fixerons actuellement l'attention des lecteurs sur une autre merveille également produite par les éruptions volcaniques sur la grotte de Royat. C'est encore l'Auvergne qui le compte parmi le grand nombre de ses beautés naturelles.

Une coulée de laves est venue se répandre dans l'ancien vallon de Royat, traversée dans

dans sa largeur, et creusée très-profondément par le ruisseau de Fontanat; elle s'élevait à pic des deux côtés du ruisseau, et formait comme deux murs très-élevés qui étaient à quelque distance l'un de l'autre; et entre lesquels il coulait comme dans une ravine. Qu'on se figure, pour l'un de ces murs, une masse de basalte, haute d'environ quarante pieds, fendillée en divers sens d'une manière très-bizarre, taillée plus bizarrement encore, et couronnée par des arbustes très-verts. C'est au pied de cet étrange assemblage qu'est la grotte avec ses fontaines.

Large de vingt-six pieds, profonde de vingt-quatre, la grotte en a dix et demi au point le plus élevé de son ceintre. Une pareille ouverture suffirait pour lui donner une clarté brillante; mais comme elle se trouve dans une ravine, comme d'ailleurs elle regarde le nord, et que le soleil n'y peut pénétrer qu'en été et pendant quelques instans, elle offre, quand on la voit d'une certaine distance, cette obscurité douce que les anciens regardaient comme sacrée. Les sources en occupent le contour intérieur, et il y en a sept, ou plutôt il n'y en a qu'une seule, mais si abondante, que pour son issue il lui faut sept bouches différentes. Dans ce nombre il en est qui n'ont qu'un jet faible; il en est qui jaillissent avec force, et font cascade, tandis que d'autres, arrêtées dans leur chute par la convexité du roc, s'arrondissent comme lui et se répandent en nappe.

Ce coup d'œil, varié par lui-même, le devient encore plus par un accessoire qui tient à la nature du lieu. Le tuf sur lequel débouchent les jets, étant incliné vers Clermont, comme la pente de la montagne, tous les jets sont, les uns par rapport aux autres, inclinés comme lui. L'œil les voit successivement former entre eux différens étages et baisser de hauteur, ainsi que les tuyaux de nos jeux d'orgue; et ce phénomène singulier, que le physicien ne s'attendait pas à trouver dans un si petit espace, lui fournit à la fois et une observation curieuse et un spectacle agréable.

Il n'est pas jusqu'aux parois de la caverne qui n'intéressent par le beau vert des lychens, des mousses et des capillaires qu'elles nourrissent. La voûte elle-même amuse l'œil, soit par l'irrégularité de sa coupe, soit par les couleurs variées des substances qui la tapissent, soit enfin par les tubérosités et tous les objets multipliés qu'elle offre. A sa partie antérieure, ce sont quelques fragmens de basalte qui, en apparence détachés de leur masse, quoique suspendus encore, semblent menacer la tête du spectateur. Il avance dans la grotte, pour éviter cette sorte de danger ; là , vers les deux extrémités, la voûte se relève, et creusant en quelque sorte dans le rocher, forme deux espèces de coupoles plus hautes que l'ouverture elle-même. L'une des deux, incrustée de scories volcaniques, ressemble à ces grottes artificielles que l'art élève dans nos jardins : mais ce que l'art ne peut offrir, et ce que donne ici la nature, c'est la fraîcheur de ces scories, qui, toujours humectées par l'eau qu'elles laissent dégoutter, et coloriées en rouge violet par la dissolution du fer qu'elles contiennent, sont entourées de capillaires très-verts ; c'est une veine de scories très-noires, qui, traversant la couche violette, vient comme elle se marier et se perdre dans la teinte des capillaires ; c'est enfin cette stillation abondante d'une eau très-limpide, qui, en certains endroits, tombant par gouttes, dans d'autres par filets continus, semble offrir cent colonnes de cristal au milieu d'une pluie d'argent.

Placé au centre de ce théâtre de beautés et d'horreurs, de quelque côté que ses yeux se portent, le spectateur n'aperçoit que des objets intéressans. Il voit avec surprise la nature couvrir de verdure et d'arbres des lieux qu'autrefois elle avait incendiés ; il voit des eaux jaillir sur ce qui avait été un fleuve de feu. Ses vives sensations absorbent toutes ses facultés ; il éprouve une émotion délicieuse, mais impossible à être communiquée à celui qui n'a jamais été témoin de pareilles scènes.

Aur ès de Massiac, on voit pareillement quelques grottes volcaniques formées dans une masse de basalte ; une d'entre elles est une belle caverne, où quelquefois les habitans de Massiac viennent faire des parties de plaisir.

C'est particulièrement à Graveneire que les courans de laves ont formé un nombre de cavernes et de grottes. Celle qui se trouve près de Clermont, par-delà le pont de Nau, se distingue parmi les autres par des beautés d'un genre extraordinaire, qui en font un spectacle très-pittoresque. Longue de cent quatre-vingt-douze pieds, depuis sa pointe antérieure jusqu'à son extrémité, encombrée en partie par plusieurs gros blocs, qui formaient jadis avec toute la grotte une seule masse solide, ornée enfin de quelques arbres que la nature semble avoir jetés et abandonnés parmi ces roches, elle offre dans son noir contour une sorte de décoration théâtrale. Sur le premier plan de cette avant-scène sauvage est un petit vignoble qui occupe toute la largeur, et qui s'avance jusqu'au chemin. A l'autre extrémité, c'est la caverne avec sa profondeur obscure et son fronton agreste. La masse basaltique dans laquelle elle s'enfonce, est couverte de vignes à sa superficie. On sent combien de charmes doit réunir un tableau qui, mêlé à la fois de ruines et de culture, bordé en avant par une grande route et un vignoble, fermé sur ses côtés par une longue et large enceinte ovale de hauts murs en basalte, terminé enfin à son extrémité par une vaste caverne surmontée de vignes et d'une maison isolée, n'a néanmoins, au centre de ce beau cadre, qu'une aire déserte et de gros blocs de lave, qui ne tenant et n'appartenant à rien, paraissent avoir été jetés là dans un combat de géans. La caverne n'a que dix pieds de hauteur au point le plus élevé de son ceintre; mais sa profondeur est de soixante-quatorze, et sa largeur de cinquante-sept. Ouverte au nord, elle va en s'abaissant depuis son ouverture jusqu'à son extrémité inférieure. Là tombent quelques gouttes d'eau, qui, filtrant par des fentes à travers la coulée de basalte, viennent nourrir sur le plafond de la voûte certaines plantes vertes dont elles ont apporté les semences. Partout le sol est cette poudre volcanique à qui sa finesse et sa couleur ont fait donner le nom de cendre ; mais presque partout, et spécialement vers l'entrée, il est couvert d'énormes blocs qui se sont détachés du ceintre. D'autres se détachent également ; ils menacent de tomber à leur tour, et ce n'est qu'avec terreur, et en s'éloignant d'eux, qu'on ose les regarder.

La Cascade d'Auvergne.

Legrand, dans son intéressant *Voyage d'Auvergne*, donne de cette cascade une description si exacte et si claire, que nous n'avons rien à y ajouter. Nous laisserons donc parler ce voyageur.

« La Dordogne, dit-il, au moment où elle prend son nom, n'est encore qu'un faible ruisseau qui en été pourrait être franchi sans peine ; cependant, à mesure qu'elle avance dans la vallée, ses eaux s'accroissent et grossissent, parce que la pente des lieux porte dans son lit toutes celles qui affluent des montagnes voisines. Arrivée près du village, elle est déjà une petite rivière. Le plus considérable des ruisseaux qu'elle reçoit, est celui qui porte le nom de *Cascade*, et qui en effet forme la plus belle ainsi que la plus célèbre de toutes les cascades des montagnes d'Auvergne. Celle-ci, qu'il ne faut pas confondre avec la cascade de la Dor (dont nous avons parlé ailleurs), est vers la cime d'une montagne volcanisée, à peu de distance du village ; les eaux, en creusant la montagne depuis tant de siècles, l'ont entr'ouverte à une très-grande profondeur, et les couches qu'elles ont mises ainsi à découvert, nous prouvent qu'elle fut formée par les diverses éruptions d'un volcan.

Quelqu'un qui aurait l'habitude de marcher sur des roches, et qui ne craindrait pas de se mouiller un peu, ou même de faire quelques chutes, pourrait monter à la cascade par le ravin de son ruisseau. Il est vrai que la fatigue est extrême ; mais aussi, quand on est sensible aux beautés de la nature, par quels plaisirs on en est dédommagé !

Ce n'est point seulement la roideur et l'escarpement de la montagne qui contribuent à rendre plus pénible cette singulière route ; c'est surtout l'immense quantité de laves qu'on y rencontre, en blocs de toute gros-

4

seur, qui sans cesse obligent à des détours ;
il en est d'énormes, que la pente du terrain
a fait rouler jusqu'au ruisseau. L'eau, arrêtée
par eux, vient les frapper dans sa chute ; elle
blanchit, elle écume, et ne peut couler qu'en
les tournant et en les suivant dans leurs
contours. S'ils n'ont qu'une hauteur médiocre, alors elle s'élève au-dessus d'eux, retombe en nappe de l'autre côté, et, dans son
cours, sautant ainsi de roc en roc, elle forme
cent cascades, dont la moins belle serait une
merveille dans nos jardins anglais.

Au milieu de tout cet amas de laves, qui
offrent à la fois et le monument d'un grand
incendie, et les décombres d'une immense
mine, la nature a fait naître de la verdure et
des arbres. Les masses volcaniques dont la
base est baignée par l'eau, sont toutes couvertes de pelouse à leur partie supérieure.
Partout, le long du ruisseau, l'on voit des
sapins et des frênes ; quelques-uns ont pris
racine dans les fentes d'un bloc ; d'autres,
abattus par les hivers et les tempêtes, sont
tombés à travers le ruisseau.

L'on arrive enfin au haut de la montagne,
et alors se déploie devant vous, tout entière,
sa vaste et superbe décoration : c'est une
immense coulée de basalte qui, haute de

soixante pieds, et terminée par une surface
plane, est venue sur la montagne s'arrondir
en demi-cercle. Cette enceinte ovale, malgré
sa largeur et sa profondeur, est presque aussi
régulière (si on en excepte un endroit qui
s'est affaissé par des éboulemens), que pourrait l'être l'amphithéâtre d'une de nos salles
de spectacle. Dans certaines parties, elle
repose sur des cendres volcaniques ; dans
d'autres, elle a formé des colonnes prismatiques ; il en est où la lave paraît avoir été
mal fondue, mais partout elle se délite ; et
comme les éclats se détachent perpendiculairement par écailles et par lames, la masse,
dans sa hauteur, paraît taillée à pic. Vers le
fond de l'enceinte, les parties inférieures de
la base ont beaucoup plus souffert de la dégradation. Par un effet local, elles se sont
creusées en profondeur; de sorte qu'aujour-
d'hui il existe sous la coulée de basalte une
sorte d'arceau ou de portique fort long, sous
lequel on peut se promener à couvert.

Quelque frappant que soit le spectacle de
cette galerie si extraordinaire, de cette enceinte verticale si haute et si régulièrement
arrondie, à peine cependant a-t-on le temps
de les admirer, tant la cascade attire puissamment les regards.

5

C'est au centre de l'enceinte que celle-ci est placée, comme dans le point de vue le plus favorable ; c'est de ce demi-cercle, haut de soixante pieds, qu'elle se précipite ; mais sa chute est telle, les laves sur lesquelles elle tombe la font rejaillir avec tant de force et en parties si ténues, qu'elle forme une brume, et, s'il est permis de s'exprimer ainsi, une poudre d'eau qui mouille, lors même qu'on est à une certaine distance.

Après une pluie, ou à la fonte des neiges, devenue rivière rapide, l'eau, par une courbe très-allongée, s'élance impétueusement dans son bassin et va s'épandre avec fracas bien au-delà du lieu ordinaire de sa chute. En été, ce n'est qu'un simple ruisseau, tombant perpendiculairement, ou n'ayant qu'un jet faible et égal dans sa largeur : on dirait un drap d'argent, qu'une main invisible déploie à la cime du massif de basalte, et qu'il laisse flotter vers sa base. Si le vent est assez fort pour l'agiter, et si le soleil peut en même temps le frapper de ses rayons, ces deux hasards vous la présenteront sous mille formes changeantes, toutes plus piquantes les unes que les autres. A chaque instant, selon que le vent a plus ou moins de prise sur cette nappe d'eau, on la voit s'étendre, se diviser, se rétrécir, s'arrondir en colonne, ou s'épanouir en éventail; quelquefois, jetée contre la roche, et déchirée par les aspérités qui s'y rencontrent, elle forme dans certains endroits de sa chute une pluie à larges gouttes, tandis que dans d'autres elle tombe sous la forme d'une vapeur blanche ou d'une écume à gros flocons.

Au milieu de toutes ces ondulations si mobiles, la réfraction et la réflexion des rayons du soleil donne encore des effets de lumière ravissans, et quelquefois même toutes les nuances brillantes de l'arc-en-ciel. Le vent n'imprime-t-il à la cascade qu'un balancement doux, les couleurs semblent suivre son mouvement et se balancer comme elle. Dans des momens plus calmes, c'est une blancheur éblouissante qui vous aveugle par son éclat; on croirait l'eau changée en un torrent de lumière. Enfin, le courant vient-il à se diviser en filets ou à se résoudre en gouttes, alors tout étincelle : ces gouttes paraissent du feu; mais ce feu, semblable à celui de certains artifices, a toutes les couleurs possibles. Un poëte, en ce moment, croirait voir une pluie de diamans, de rubis, d'émeraudes, et de toutes les pierreries ensemble; et malgré toute l'exagération que semble annoncor cette peinture, le poëte aurait raison.

Comme le rocher-lave, d'où découle la cascade, se délite sans cesse, il est impossible que ces dégradations continuelles ne lui fassent éprouver des changemens assez considérables. Tout ce qui se détache du massif de basalte, tombe dans le bassin; il s'y amoncelle, en exhausse le sol, et tend par conséquent toujours à diminuer la hauteur de la cascade; celle-ci en effet s'accourcirait annuellement, si, sans cesse, et surtout dans la crue de ses eaux, elle ne travaillait à emporter tout ce qui s'oppose à son cours. Les masses, considérables par leur pesanteur et leur volume, peuvent seules lui résister. Alors le reste est poussé et entraîné; les blocs roulent dans son lit escarpé; et tandis que les uns n'y font que s'user et s'arrondir, les autres, dans leurs chutes fréquentes, éclatent et se brisent; tous sont portés dans la Dordogne, qui, les reprenant à son tour, les charrie avec les siens, à travers le Limousin, le Périgord et la Guienne. Usés les uns par les autres, limés et frottés par le terrain sur lequel ils passent, ils deviennent successivement éclats, fragmens, galets, grenaille, gravier, puis sable fin; et c'est sous ce dernier degré d'altération, sous ce résidu de sable., que les monts Dor vont encombrer le vaste bassin de la Gironde et le golfe de Gascogne.

Les Bouches de Chalucet.

Les beautés et singularités qui caractérisent le sujet de cet article, sont encore l'effet des éruptions volcaniques des montagnes d'Auvergne. Chalucet est un hameau situé à une grande lieue de Pontgibaud, et est composé de six ou sept masures couvertes en paille. Il faut laisser ses chevaux dans ce lieu misérable, descendre à pied la montagne, et s'avancer vers un vallon que traverse la *Sioule*.

Après quelques pas l'oreille est frappée d'un bruit sourd et lointain, dont on ne peut d'abord deviner la cause, mais que bientôt on reconnaît être celui d'une eau courante; peu considérable en lui-même, mais grossi et renvoyé au loin par les échos du vallon, il ressemble, d'une certaine distance, au mugissement des vagues de la mer. Ce n'est pourtant que le murmure de la *Sioule* qui, descendue du voisinage des monts Dor, coule dans cet endroit sur des laves, et gronde entre les montagnes dont elle est obligée de suivre les sinuosités. Dans la saison des pluies et à la fonte des neiges, ce torrent s'élève très-haut, ainsi qu'on peut la voir par les roches qu'il a atteintes et rongées. Dans les sécheresses, au contraire, à peine son lit a-t-il quelques pouces d'eau; mais alors aussi l'espace qu'il abandonne se couvre d'une pelouse verte, et c'est sur ce gazon frais qu'il faut descendre pour considérer le volcan dans la perspective la plus favorable.

Il consiste en un massif de laves qui, quoiqu'adossé contre la montagne et placé vers sa base, est cependant assez considérable pour paraître, du lieu où l'on est, la surmonter et en former la cime. La face antérieure présente plusieurs bouches horizontales, dont quatre, entre autres, offrent l'aspect d'antres et de cavernes qui ont servi autrefois de couloir aux matières fluides et enflammées; et ces matières formèrent sept coulées, qui, maintenant séparées les unes des autres par des lits de fougère, s'élèvent perpendiculairement sur le penchant de la montagne. Les plus considérables des sept sont les deux extérieures. Elles partent chacune d'une des extrémités du massif volcanique, s'en éloignent, en décrivant une courbe qui le déborde de beaucoup; et for-

mant ainsi aux autres coulées une sorte
d'enceinte, et au massif lui-même deux
espèces d'ailes en avant-corps, elles vont,
par une pente très-rapide, se jeter dans le
lit de la Sioule, où jadis elles furent arrêtées
par une montagne de granit qui est de l'autre
côté de la rivière.

Toute simple qu'est la description qu'on
vient de lire, elle contribuera néanmoins à
faire sentir combien doit être pittoresque
cette sorte de volcan avec sa façade perpendiculaire, ses bouches horizontales, son
amphithéâtre incliné et ses nappes de basalte, les unes droites, les autres circulaires.
Au grand effet de ce spectacle s'en joint encore un autre; celui des bouches elles-mêmes,
dont les unes, comme si elles venaient de
s'éteindre, ont le noir foncé du charbon;
tandis que les autres, rouges et ardentes
comme le feu, paraissent encore embrasées.

Ce contraste étrange inspire un certain
frémissement dont on n'est pas maître. A
l'aspect des autres volcans l'on n'éprouve
rien de semblable. Leur verdure, leur air de
vétusté, tout dit qu'ils ne sont plus. Pour
être ému en les voyant, il faut se rappeler
qu'ils existèrent, et, par un effort d'imagination, se les représenter en feu. A Cha-

lucet, au contraire, l'illusion en impose. Le volcan semble encore ce qu'il fut autrefois. La situation horizontale de ses bouches l'a conservé intact; on dirait qu'il ne lui manque plus que des flammes, et l'on regrette presque de n'être point arrivé quelques jours plustôt pour l'avoir vu brûler. Si jamais spectacle put donner à une nation l'idée d'une entrée des enfers, c'est assurément celui-ci; et il est très-probable que c'est quelque autre volcanique de ce genre qui fit imaginer en Italie ces portes de l'Averne décrites par l'auteur de l'*Enéide*.

Après avoir considéré le volcan au bord de la Sioule et à son point de perspective, il faut gravir la montagne, pour le voir de près et pour jouir de tous ses détails. On peut même, à l'aide des proéminences qu'offre sa lave, grimper dans les cavernes. Mais quoiqu'elles ne soient pas fort hautes, l'entreprise néanmoins exige quelque adresse, et n'est pas sans danger; car si le pied venait à glisser, ou que la tête tournât, à coup sûr on roulerait au pied de la montagne, et l'on y serait brisé.

Legrand, qui est le premier qui ait décrit ce lieu pittoresque, et qui nous a fourni les détails qu'on vient de lire, ajoute encore une circonstance que nous nous faisons un devoir de rapporter.

« Ce fut le premier août, dit-il, par un des jours les plus chauds de l'année, et vers deux heures après midi, que j'y entrai. Il faut savoir qu'une des propriétés des laves est de s'échauffer promptement au soleil. Soit que cette vertu d'absorber ses rayons tienne à leur nature ou à leur couleur, il est certain qu'en peu de temps elles y deviennent brûlantes, et peut-être est-ce en partie à cette cause qu'il faut attribuer ces chaleurs suffocantes, qui tous les ans font périr plusieurs personnes dans le pays des montagnes. La lave de Chalucet, échauffée depuis le matin par un soleil étincelant, brûlait si fort, qu'à peine pouvais-je y porter la main. Pour croire que cette chaleur n'était point celle du volcan lui-même, il me fallait presque un effort de raison.

L'illusion sembla augmenter encore, quand j'entrai dans les cavernes, et que touchant ces gueules béantes par où avait ruisselé la montagne en flamme, je vis l'une s'offrir à moi avec ce noir luisant d'une matière qui vient de s'éteindre; et l'autre avec ce rouge ardent d'une matière qui brûle encore. Celle-ci, tournée au midi, avait été embrasée par le soleil ; l'air y étouffait ; je faillis d'y être suffoqué, et je fus obligé d'en sortir promptement.

Pour respirer et pour reprendre mes sens, je descendis dans la bouche inférieure, qui, plus profonde que les trois autres, et tournée à l'est ainsi que le volcan, m'annonçait au moins de la fraîcheur et de l'ombre. Comme elle n'était point assez haute pour que je pusse m'y tenir debout, je cherchai à m'asseoir, et en reprenant haleine, j'en examinai les détails. C'est une sorte de grotte, arrondie en ceintre, et dont la voûte nourrit un lichen blanc et beaucoup de capillaires qui, entretenus par les vapeurs qu'attire et que condense la fraîcheur du lieu, étaient très-verts encore quand je les vis, quoique depuis quinze jours il n'eût point plu. Elle a, en profondeur, environ deux toises, et se termine par une autre ouverture beaucoup plus étroite, laquelle peut en avoir autant. Celle-ci, cylindrique dans sa forme, mais si basse qu'on ne peut y entrer qu'en rampant, a sa pente vers la caverne. Elle forma probablement autrefois un des conloirs de la lave, et aujourd'hui encore sa partie inférieure est couverte d'une pouzzolane rouge, dont le lit s'étend jusqu'à l'entrée de la grotte. »

Le Pont naturel d Clermont.

Parmi les nombreuses sources qui arrosent le terroir de Clermont en Auvergne, il en est une justement plus célèbre que les autres, par l'ouvrage singulier que ses eaux ont produit : nous parlons du pont naturel qui s'élève au-dessus de cette source. Voici en quoi consiste cette merveille, et comment elle a pu naître.

La source se trouve dans l'enclos d'un jardin potager, séparé de la rue par un mur, et fermé à l'autre extrémité par un ruisseau d'eau courante ; depuis le mur, il va en s'abaissant en pente jusqu'au niveau. C'est dans la partie la plus élevée du terrain que sort la source ; elle se décharge dans le courant, dont elle est éloignée de plus de quarante-cinq toises. Dans ce trajet ses eaux ont élevé un massif de pierre d'un seul bloc, de la longueur de deux cent quarante pieds, qui, malgré la pente du terrain, paraît, à l'une des extrémités, sortir de terre, tandis qu'à l'autre il a seize pieds de hauteur sur une largeur qui, croissant graduellement, finit par avoir douze pieds. Quoique dans cette longueur il ait enveloppé quelques laves ou autres matières étrangères, partout cependant il est calcaire. Aujourd'hui pourtant il ne tient plus à sa source, parce que celle-ci, s'étant fermée à elle-même sa sortie, a été obligée de s'en ouvrir plus haut une autre, par laquelle elle coule.

Pour des hommes peu instruits en physique, c'est un phénomène bien étonnant que celui des eaux limpides qui, avec des atomes invisibles, ont élevé un massif de deux cent quarante pieds, et un pont portant à vide sur une eau coulante, et chevanchant d'une rive à l'autre. Cependant, quand on examine la nature des eaux de sa source, on s'aperçoit qu'elles sont imprégnées d'une quantité de parties terreuses qu'elles déposent dans leur cours, soit sur les bords, soit sur les objets qu'ils rencontrent, et dont les sédimens enfin forment ce qu'on appelle improprement des pétrifications. Les habitans de Clermont, qui connaissent les propriétés de la fontaine, y placent différentes substances qu'ils y laissent incruster, et qui deviennent ensuite pour eux des objets de curiosité. Les incrustations d'animaux réussissent mal, parce que l'animal se corrompt en même temps qu'il s'incruste. Les plus agréables, ainsi que les plus sûres, sont celles de raisins, pris un peu avant leur maturité. Le sédiment, en se moulant sur le fruit, leur laisse sa forme; et pour le fruit que l'on a confié à l'eau, on reçoit en échange une belle grappe en pierre.

Le Rocher de Deveix.

Ce rocher, situé à quelque distance de Rochefort en Auvergne, présente la même singularité que celui de La Roquette, dont nous avons fait la description (1). La roche de Deveix est d'aplomb sur son lit de roche et à mi-côte, ayant trente-quatre pieds de circonférence perpendiculaire, et quarante-huit pieds environ de circonférence horizontale. Elle se remue si facilement, que dès qu'on fait levier de bas en haut, en pressant fortement avec l'épaule, on la voit vibrer très-sensiblement et plusieurs fois, avant de revenir à son immobilité. Il est probable que cette roche, en équilibre sur une autre, était autrefois enclavée dans des terres que les pluies auront peu à peu détachées.

En Bretagne, on voit aussi une pierre qui balance et qui reste en équilibre sur le sommet d'une autre pierre. Elle est à quelques

---

(1) *Voyez* le chap. X.

pas de l'étang de Kervisien; elle a vingt pieds
de long, seize de large et treize d'épaisseur.
Sans beaucoup d'efforts un homme, seul la
met en mouvement, et la fait balancer pendant quelques momens. On voit encore le
même phénomène à deux autres endroits,
à Trégune et à Tréguier, situés également
en Bretagne.

Le Saut de la Saule.

Cette cascade est une des plus curieuses
parmi toutes celles qu'offrent à l'admiration
du voyageur les montagnes d'Auvergne,
dont on ne peut se lasser d'admirer les beautés. Elle est formée par la rivière de Rue,
et se trouve auprès du hameau de Saint-
Thomas.

Rien de plus affreux que le site qui l'entoure : c'est un amas de monticules d'un
granit schisteux, qui de toutes parts ne montrent que des pointes déchaînées et des cimes
arides. Le temps, auquel rien ne résiste,
attaque peu à peu leur superficie : il en détache de grandes écailles, sous les débris
desquelles s'ensevelit leur base. Plusieurs
d'entre eux, à leur sommet, portent quelques
taillis maigres et des arbres rabougris. Sans
cette apparence de vie et de végétation, la

(431)

nature, dans ces lieux, paraîtrait morte, et l'on se croirait dans le désert le plus sauvage.

C'est à travers toute cette multitude de buttes hideuses, qu'on parvient au *Saut de la Saule*. Quoique la Rue, à l'endroit du Saut, soit resserrée entre des hauteurs, et que cette rivière soit considérable, surtout dans le temps de ses crues, cependant, malgré cet étranglement, son lit, encore fort large dans cet endroit, y suffirait pour son cours. Mais dans le canal s'élève une roche de granit, longue de plusieurs centaines de pas, et dont la tête, assez grosse pour le remplir et le fermer entièrement, est en même temps assez haute pour le dominer de beaucoup. L'eau ne pouvant, à cause de son encaissement, s'épandre d'aucun côté, ni tourner le rocher, a été forcée de le franchir dans ses parties les plus basses, où elle s'est creusée un passage vers sa rive gauche. C'est dans ce court et large sillon qu'elle coule, pour tomber aussitôt par une chute de vingt à trente pieds; et c'est ce qu'on appelle le Saut de la Saule. La Rue a par elle-même une extrême rapidité, et le resserrement qu'elle éprouve à l'endroit de sa cataracte, ajoute infiniment à sa violence. Là,

elle se précipite avec une telle impétuosité, l'air qu'elle chasse est poussé avec une impulsion si forte, que plus de cinquante pas avant d'arriver au Saut, l'on sent la bruine qu'elle élève et le vent qu'elle produit. Cette rosée abondante est causée par des parties du courant qui atteignent certaines pointes saillantes du rocher, en sont repoussées à une grande hauteur, et vont retomber dans les environs, divisées en molécules invisibles.

De ces commotions de l'air, de ces chocs de l'eau résultent un bruissement et un fracas qui retentissent au loin, et dont l'oreille est assourdie. La rivière elle-même, froissée et brisée de tous sens, tombe en écume. Le lit qu'elle s'est fait au-dessous de sa cataracte est très-profond : mais arrêtée par les détours et les saillies de la roche à travers laquelle elle coule, elle paraît n'avoir plus de mouvement que pour tourbillonner. Sa force, quoique moindre en apparence, est néanmoins toujours la même : elle exerce, contre les flancs du rocher, l'action gyratoire de ses tourbillons ; et ce qu'on aura peine à croire, c'est que, malgré la dureté du rocher, ils l'ont miné circulairement en profondeur, comme l'eût pu faire une meule tournante, et qu'ils s'y sont pratiqué des enfoncemens

en

en forme de niche, dans lesquels ils tournent
et creusent toujours. Plus loin le lit s'agrandit de plus en plus; enfin, il devient fort
large. Mais la rivière, quoique beaucoup
plus libre, n'avance néanmoins qu'en continuant de tourbillonner très-rapidement
encore. A mesure qu'elle s'étend, son écume
augmente en même temps sa surface à une
distance très-considérable (1).

Dans le temps des grandes crues, la bouche du *Saut* ne suffit pas à l'écoulement de
toutes les eaux qu'amène la *Rue* : une partie
est refoulée par le rocher; elle reflue alors
vers la rive droite, où elle trouve une seconde
ouverture, plus élevée et plus large que la
première, par laquelle s'écoule le surperflu
de ses eaux. Ce bras ne fait point une cascade, comme l'autre ; il coule sur la roche,
en suivant sa pente, et la parcourt dans sa
longueur : mais, quoiqu'il ne la couvre que
pendant un certain temps de l'année, néanmoins il l'a rongée d'une manière étrange.

---

(1) Ces phénomènes ne sont point particuliers
à la cataracte d'Auvergne : le Saint-Laurent en
Amérique nous en offre de pareils ; et le Saule
n'est, en petit, que ce qu'est en grand le Saut
de Niagara.

T

Dans certains endroits sont des niches latérales, formées par les tournoiemens d'eau,
et dont quelques-unes ont jusqu'à six pieds
de profondeur; dans d'autres, des sillons
pareils à ceux que trace la charrue dans les
champs. Ici est un vaste bassin oblong qui
même, après la fin des débordemens, conserve encore six à sept pieds d'eau; là, de
larges trous circulaires, cavés perpendiculairement en forme de puits. On ne peut
croire à leur existence que lorsqu'on les a
vus; et pour se faire une idée de ce que peut
la force de l'eau en fureur, il faut aller sur
les lieux mêmes.

Le Mont Tanargues.

On est saisi d'étonnement, dit Soulavie, dans sa *Description de la France méridionale*, lorsqu'en parcourant les hauteurs
des montagnes granitiques du Vivarais on
observe du bas des vallées tant de pointes
saillantes, chauves, arides, dénuées de terre
végétale et de toute verdure, qui dominent
sur la tête des voyageurs. La nature, dans
cet état de dépouillement, inspire, dans ces
vallées, je ne sais quel sentiment de tristesse qui éloignerait de ces enfoncemens

solitaires tout observateur , si cette nudité ne contribuait pas à faire déceler ses secrets.

Le grand mont Tanargues , vu de loin , ressemble à un groupe de montagnes entassées les unes sur les autres. La plus haute de toutes avance sa tète chauve vers le bas Vivarais , et semble menacer le pays inférieur d'une catastrophe désolante , si jamais ses roches se désunissaient ; mais l'équilibre et le poids énorme de sa masse sont soutenus en tous sens par les chaînes des montagnes inférieures, qui, partant de son sein , viennent se perdre dans le Rhône, en s'abaissant insensiblement, et servent ainsi de point d'appui à ces monts entassés dans tous les sens possibles. Vers la Méditerranée , de larges et profondes vallées séparent ces montagnes. La Loire coule en plusieurs endroits dans des lits excavés en forme de précipices , et la rivière de Borne, qui se dirige aussi vers l'Océan , s'engouffre entre des montagnes escarpées, d'un aspect pittoresque. Un de ces précipices est connu sous le nom de *Précipice du bout du monde.* J'ai bien vu , dit le même auteur , des régions montagneuses et d'un aspect effrayant , mais je n'ai jamais vu tant d'horreurs. De Chambons on monte une petite montagne vers le couchant, et après

avoir grimpé l'espace d'un quart-d'heure ;
et passé auprès de quelques roches granitiques entassées pêle-mêle, on se trouve tout
à coup au bord d'un précipice effroyable
d'environ cent toises de profondeur.

La Mine brûlante.

Ce phénomène se voit dans le Forez, à
côté du grand chemin qui conduit à un village nommé Saint-Étienne. Une crevasse qui
se trouve sur le penchant d'une montagne
indique un feu souterrain ; on croit apercevoir des tas de scories de quelque ancienne
fonderie. Ces restes du feu se raniment avec
force dans les temps de pluie, et répandent
dans le voisinage une forte odeur d'acide sul-
fureux ; il s'en élève même alors une vapeur
noirâtre, et quelquefois du soufre sublimé ;
de sorte que, lorsque le soupirail laisse émaner
ces vapeurs, les propriétaires des terres d'a-
lentour se servent de cette chaleur pour
chauffer leurs alimens et pour d'autres usages. Il paraît que c'est la pesanteur ou la
légèreté de l'air atmosphérique qui déterminent ces feux souterrains à se manifester au
dehors ou à rester dans leurs foyers. La con-
flagration des matières sulfureuses et bitumineuses y est entretenue par l'air qui y

pénètre, et qui, dévoré par la combustion souterraine, est sans cesse renouvelé par le flux d'une nouvelle masse d'air atmosphérique qui pèse sur le gouffre comme sur toute la surface de la terre. C'est à ce jeu alternatif d'inspiration au temps sec et d'expiration au temps humide, qu'il faut attribuer la continuité des feux souterrains. En 1763, on vit le feu souterrain agir du dedans au dehors, jusqu'à ce qu'on eût fermé l'ouverture, qui, percée dans la montagne du nord-ouest au sud-ouest, à travers laquelle l'air pénétrait, faisait l'office d'un soufflet de forge.

Dans le Rouergue, on trouve une mine de houille enflammée, qui manifeste ses feux avec les mêmes phénomènes. Le sol du terrain qui l'environne est tout rougeâtre ; on y voit encore les traces d'une explosion qui se fit il y a cinquante ans. Une partie du sommet de la montagne, affaissée tout à coup, produisit une fondrière : la terre en est brûlante, et les pierres calcinées. On prétend que lorsqu'il pleut il en sort quelquefois de la flamme, et que le feu souterrain de cette mine cesse de paraître au dehors, pendant plusieurs années, pour reparaître ensuite avec plus d'activité.

Dans la mine de Mège Côte en Auvergne,

on a observé le même phénomène. Elle répandait autrefois une fumée si chaude, qu'il
n'était pas possible de tenir la main aux
ouvertures par où sortait la vapeur (1).

La mine de la Taupe, en Auvergne, s'enflamme également de temps à autre ; alors il
faut boucher toutes les ouvertures et interrompre les travaux.

––––––––––––

(1) *Mém. de Morand*, dans *l'Histoire de
l'Acad.* année 1781.

CHAPITRE XIII.

DAUPHINÉ.

DÉPARTEMENS DE L'ISÈRE ET DE LA DRÔME (1).

Les Cascades du Dauphiné.

On serait arrêté, pour ainsi dire, à chaque pas, en parcourant les montagnes du Dauphiné, si on voulait donner son attention à toutes les cascades qu'on y rencontre et qui méritent de fixer les regards du voyageur.

Nous nous bornons donc à rassembler sous un point de vue toutes celles qui plaisent le plus par l'agrément de leur site, ou qui se trouvent parmi des rochers dont la forme et la position ont quelque chose de particulier.

_____

(1) *Minéralogie du Dauphiné*, par Guettard, dans la *Description générale et particulière de la France*. Paris, 1784, in-fol.

Histoire naturelle de la province du Dauphiné, par Faujas de Saint-Fond. Paris et Grenoble, 1781, in-4°.

4

Nous commencerons par la cascade de Maupas.

Cette cascade , formée des eaux de trois lacs situés au midi des montagnes de Ces·laux, connue aussi sous le nom du rivier d'Allemont , est une des plus belles qui existent, sinon par sa hauteur, qui n'est guère que de quarante-cinq pieds, du moins par son volume d'eau, qui, rencontrant dans sa chute plusieurs inégalités de rochers, produit des jaillissemens dont la diversité forme un spectacle très·agréable. Elle est plus admirable encore par l'intérêt de son site et la majesté avec laquelle elle s'annonce à la sortie d'un canal d'environ cent cinquante toises de longueur, dont les bords escarpés et les parois perpendiculaires semblent être taillés exprès pour empêcher ses eaux de suivre une autre route que celle que leur a tracée la nature jusqu'à leur chute.

Le volume considérable des blocs qui se trouvent auprès de la cascade, prouvent le bouleversement et la dégradation de ces lieux. On n'y remarque pas sans intérêt un gros bloc de granitelle , d'une forme singulière : il présente une surface rubannée , dont les bandes sont alternativement blanches et noires, perpendiculaires à l'horizon, toutes de la même épaisseur, et d'une aussi grande régularité que si elles eussent été tracées à la règle.

On retrouve dans le rocher sur lequel roule la cascade de Sarenna, vis-à-vis le bourg d'Orsans, un bloc de la même nature que celui-ci, mais dont les bandes grises, jaunes, rougeâtres, et même de couleur cinabre, présentent une inclinaison d'environ quarante-cinq degrés.

Le ruisseau de Sarenna prend sa source au lac Blanc, situé dans les montagnes de Rousse, passe au-dessus du lac de Brandi et du village de Maronne, et vient, par un canal qui s'est formé dans un roc très-dur, se jeter dans la Romanche, vis-à-vis le bourg d'Orsans, en formant les jolies cascades dont il est question ici.

La plupart des moulins à scie que l'on voit dans ce canton, offrent des vues très-pittoresques, par la singularité de leurs cascades et la construction de leurs aqueducs.

La cascade du Bréda, appelée le *Pichu*, est également produite par l'écoulement du lac carré de Ceslaux : elle est à peu près, au nord, ce qu'est, vers le midi, la cascade de Maupas. Après avoir parcouru un beau canal percé dans un rocher très-dur, et être descendues

5

assez rapidement en faisant diverses sinuosités sur le penchant de ces montagnes, les
eaux du lac de Ceslaux viennent faire un
saut de plus de soixante pieds dans la *Combe
Madame*, et reçoivent à environ cent pas de
leur chute le ruisseau de cette vallée. Ces
eaux, ainsi réunies, forment ce qu'on appelle
le *torrent de Bréda*. Elles sont assez considérables à cet endroit; elles ont servi autrefois à
un fourneau de fonte de fer et à un martinet
qui a existé long-temps à la Martinette, petit
hameau peu éloigné de la cascade, et qui a
pris son nom de Martinet Mino.

Depuis le milieu du siècle passé, il s'est
formé dans le Bréda une nouvelle cataracte,
par l'éboulement d'une partie des rochers qui
bordent la droite du torrent, et dont on voit
encore des restes. Ces sortes d'écroulemens
sont assez fréquens dans ces cantons: celui-
ci fut si considérable qu'il intercepta absolument le cours du Bréda pendant une demi-
heure, et le fit refluer fort haut vers sa source.
Ne trouvant point d'issue dans une gorge
aussi profonde, il fut contraint de forcer la
barrière qui venait de lui être opposée; mais
ne pouvant la détruire entièrement, malgré
toute sa rapidité, il forma cette nouvelle cataracte.

Divers accidens se rencontrent en opposi-
tion dans le site que présente la caverne et la
cascade du pont Morand, et en font un tableau des plus intéressans. Cet antre, dont
l'aspect a quelque chose d'imposant, semble
former, par sa voûte, un pont naturel entre
ces deux rochers, pour faciliter à cet endroit
le passage du Furon. Ce pont est construit
naturellement, à la vérité, mais par un bloc
considérable qui s'est détaché et qui recouvre
la fente que les eaux du Furon ont formée.
La terre qu'on a mise entre ce bloc et les
parois de la fente, les troncs des arbres qui
ont poussé sur les bords, et qui ont servi à
appuyer les garde-foux, en ont achevé la construction, et sauvé l'effroi qu'aurait inspiré
au voyageur un tel précipice. La cascade que
produit ici le Furon, quoique très-agréable,
est bien inférieure dans ses effets à ce qu'on
voit de l'autre côté du pont; mais on ne
peut, sans un danger éminent, approcher
de l'endroit où est la cascade même. Vers
le bas des rochers, les eaux suintent de
toutes parts, et s'y rassemblent en assez grande
quantité pour produire de petits jets qui,
disposés comme par autant de petits tuyaux,
viennent se répandre avec grâce dans un
bassin, et y arroser diverses plantes dont il

est environné. Ce petit tableau, infiniment agréable, surtout lorsque les plantes sont fleuries, semble être placé là exprès pour faire diversion aux idées graves qu'inspire naturellement l'aspect de la caverne et de la cascade.

Une autre chute remarquable est celle que fait le torrent du Furon, qui prend sa source auprès du village de Lanz, derrière la montagne de Crêt. C'est à environ trois cents toises de Lanz que commencent les gorges qui se continuent jusques auprès du hameau des Fots, où roule ce torrent avec rapidité, entre les rochers, en formant les chutes les plus singulières et les cascades les plus agréables. Ces gorges, en certains endroits, sont extraordinairement resserrées, et n'ont pas plus de deux toises de largeur; ensuite elles s'élargissent tout à coup, et le spectateur croit voir alors les restes d'un amphithéâtre dont les galeries sont voûtées par les rochers qui avancent partout. Les voûtes ont plusieurs étages qui se contournent au même niveau de l'un et de l'autre côté. Ces galeries sont si régulières et si bien conservées, que lorsque le torrent couvre le chemin, elles servent de passage aux gens de pied.

C'est auprès de cette chute que l'on voit la

roche pointue, fameuse par son site , sa construction en forme d'obélisque , et la singularité des bancs qui la composent ; elle s'élève
à la hauteur d'environ cent quarante pieds
au-dessus du niveau de la rivière ; son isolement semble avoir été causé plutôt par quelque accident extraordinaire, que par une dégradation arrivée par succession lente aux
rochers qui l'avoisinent. Elle se dégrade ma-
nifestement : il s'en détache de temps à autre
des parties considérables, et il est à craindre
que son sommet ne s'abatte et n'écrase quelque jour le moulin de Berduire.

Le Désert de Saint-Bruno (1).

Le Dauphiné ne renferme aucun site plus
pittoresque, aucune merveille plus propre à
exciter l'admiration et l'enthousiasme, que
le grand désert situé à six lieues de Grenoble,
où saint Bruno, fondateur de l'ordre religieux des Chartreux, se retira loin du fracas
du monde, pour consacrer avec ses disciples
le reste de ses jours à la méditation , et se
préparer à la vie future.

---

(1) *Recueil amusant de Voyages*, tom. II.
Annales des Voyages, tome IX.

En partant de Grenoble, on tourne d'abord le mont Saint-Énard, et on commence à gravir le Sapé, énorme montagne toute couverte de sapins, dont il tire son nom. A mesure que l'on monte, on découvre de nouvelles beautés, et l'on s'arrête volontiers pour admirer les magnifiques tableaux qui se déploient aux regards du voyageur. Celui que présente la vallée de Graisivaudan, où est situé Grenoble, est surtout frappant. Le Drac et l'Isère arrosent ce canton, mais à si grands replis et par tant de contours, que ces deux rivières semblent en former une vingtaine. Les vignobles et les champs, dont la culture est très·variée, et qui se trouvent au milieu de ces vastes sinuosités, ressemblent à de petites îles, et contrastent agréablement, par leur verdure, avec la surface argentée des rivières. Des hameaux, des maisons de campagne, grand nombre de vergers et de plantations diversifient encore cette scène riante. Grenoble et ses environs, placés au fond du tableau, embellissent la perspective, et la chaîne immense des hautes montagnes l'agrandit et la prolonge. Arrivé au haut du Sapé, on rencontre un petit village, où l'on s'aperçoit, pour la première fois, de la différence de l'air, qui dans cet endroit

est froid et piquant. Les fruits de la saison
y sont retardés, et malgré les chaleurs qu'il
fait au bas de la montagne, on est obligé
d'avoir recours au feu. Du Sapé au village
de Chartreuse, on traverse presque toujours
des forêts de sapins, d'ifs et de pins d'Ecosse,
dont le sombre branchage s'oppose au passage des rayons du soleil. Il y a quelques
plaines, mais d'une médiocre étendue; elles
sont peu cultivées, et le sol, graveleux, ne
paraît pas très-fertile.

Le village de Chartreuse offre un aspect
singulier; il occupe une vallée assez considérable; les maisons, ou plutôt les cabanes
des paysans, y sont isolées les unes des autres. Au fond est l'église, avec la maison du
curé, qui semble dominer là sur tout le
reste de la vallée. Le chemin qui conduit à
la Chartreuse se prolonge à gauche au pied
des coteaux. On ne sait d'abord où l'on va
aboutir; mais tout à coup s'ouvre une gorge
serrée par des montagnes, dont quelques-
unes sont coupées presque à pic, et qui forment autour de la Chartreuse une espèce de
barrière naturelle.

On descend par un sentier plein de cailloux, et l'on arrive à deux rochers d'une
élévation surprenante, couverts de pins et

fort rapprochés l'un de l'autre : on y sent un courant d'air glaçant. Dans l'espace étroit qui sépare ces rochers, on a jeté un pont sous lequel coule un torrent qui traverse avec grand fracas la partie inférieure de la vallée dans toute son étendue. A une demi-lieue de l'entrée, on découvre les bâtimens des religieux qui habitaient autrefois ce désert. La situation du monastère, qu'on n'aperçoit que lorsqu'on est sur le point d'arriver, a sans doute quelque chose d'effrayant pour toute autre personne que pour des hommes qui, ayant abandonné le monde et les intérêts de la terre, ne s'occupaient plus que d'une autre patrie. Mais ces religieux ont su transformer ce désert stérile en un pays sinon riant, du moins habitable. Lorsqu'on se représente l'état des environs de la grande Chartreuse à l'époque où saint Bruno s'y retira, et qu'on le compare à l'état actuel, on ne peut qu'admirer le zèle de ces pieux cénobites pour concourir au bien public, en transformant un désert aussi affreux en une terre féconde qui répond par ses produits aux soins qu'on apporte à sa culture. Les terres propres aux grains y sont ensemencées, les prairies y sont bien entretennes, les coupes des bois bien réglées, les bestiaux multipliés. Quels obstacles la nature n'opposait-elle pas aux travaux des infatigables religieux ! Il a fallu faire sauter les rochers, soutenir les terres, diriger les torrens, leur creuser des lits, se débarrasser des pierres et des terres; partout, enfin, il a fallu soumettre une nature ingrate et rebelle.

Le sort même semblait se plaire à contrarier leur industrie infatigable : huit fois la grande Chartreuse a été consumée par le feu. Les religieux l'ont rebâtie huit fois sans se décourager.

Lorsqu'à la belle saison les montagnes sont délivrées des neiges qui les couvrent de plusieurs pieds d'épaisseur pendant l'hiver; que les prairies voisines de cette maison sont émaillées de fleurs; que les arbres qui couronnent quelques-unes des montagnes se sont recouverts de leur feuillage, et contrastent, par leur verdure, avec les rochers arides dont les autres montagnes sont hérissées, la situation de la grande Chartreuse perd quelque chose de ce qu'elle a naturellement de triste et d'effrayant. Mais jamais on ne peut voir sans surprise un grand et bel édifice au milieu des montagnes dont les pointes se cachent souvent dans les nues; surprise d'autant mieux préparée, qu'on monte à

cette maison par un chemin qui, quoique
assez beau, côtoie toujours des précipices
ou des montagnes, dont les rochers sont
souvent suspendus et comme prêts à s'écrouler : l'horreur qu'inspirent ces abîmes est
encore augmentée par un torrent, dont les
eaux se précipitent à travers les quartiers de
rochers tombés des montagnes qui bordent
la vallée où il coule. Le cloître avec les cellules des solitaires s'étend dans un espace de
six cents pieds de long. Il y a cent cellules
au moins, près desquelles coule une eau limpide, et aussi froide que la glace. A un quart
de lieue de là on voit la cellule de saint Bruno.
Au bas du fond d'une grotte sort une fontaine agréable ; c'est là que le saint fondateur s'établit avec ses premiers disciples :
mais comme ils étaient trop près du pied des
montagnes, et souvent menacés de la fonte
des neiges et de l'éboulement des rochers,
leurs successeurs se sont fixés plus au milieu
du désert.

L'autre extrémité de cette solitude réunit,
dans l'espace de cinq quarts de lieue, les
plus belles horreurs que l'on puisse imaginer.

La sortie en est pareillement fermée, comme
l'entrée, par deux gros rochers qui en sont

comme les portes naturelles. Un peu plus bas, toutes les eaux, réunies dans un même lit, se précipitent en bouillonnant, et forment une cascade majestueuse qui termine cette grande scène, et met le comble au ravissement du voyageur. Du côté de Voreppe, l'entrée du désert est remarquable par un grand rocher pyramidal qu'on appelle l'*Œillet*. Ce monument de la nature semble être là pour préparer le voyageur à l'étonnement que lui causera l'aspect imposant de ce lieu sauvage.

Le désert de saint Bruno paraît avoir pris une couleur plus triste et plus sombre, depuis qu'il n'est plus animé par la présence des bons religieux, dont l'industrie y avait attirés des ouvriers et des artisans de toute espèce, et dont la touchante hospitalité charmait tous les étrangers qui venaient visiter leur demeure.

Nous ne pouvons mieux terminer cette description que par les beaux vers qu'a inspirés la vue de cette solitude à un homme plus connu par ses vertus que par des productions littéraires (1).

_____

(1) *Voyage à la grande Chartreuse*, par le P. Mandard, de l'Oratoire. Les Chartreux avaient

Déjà de Saint-Enard disparaissaient les cimes ;
J'avais du noir Sapé contemplé les abîmes ;
Et le Drac et l'Isère avaient fui de mes yeux,
Quand enfin j'arrivai, cher Alcippe, en ces lieux.
Dès que j'en aperçus l'auguste et sombre entrée,
Mon ame de respect soudain fut pénétrée :
Je ne sais quelle voix semblait dire à mon cœur
Qu'au sein de ces rochers habitait le bonheur.
J'avance. Deux grands monts, sur moi courbés en voûte,
De leur front sourcilleux intimident ma route,
Tout fiers, tout imposans, semblent, du haut des airs,
Interdire aux humains l'abord de ces déserts.
L'aquilon bat leurs flancs, et leurs bases profondes,
Voisines des enfers, se cachent sous les ondes.
Je franchis, tout pensif, ce passage effrayant,
   Et dans l'ombre je m'enfonce à pas lent.
Quelle beauté sauvage et quelle horreur pompeuse !
Que la nature est là grande et majestueuse !
L'épaisseur des forêts, la profondeur des eaux,
Les immenses vallons, les antres, les coteaux,
L'obscurité, le bruit, la terreur, le silence ;
Tout, dans ces vastes lieux, parle à l'homme qui pense.
Un long amphithéâtre, orné de vieux sapins,
Y tient lieu de remparts, de murs et de jardins ;
Mille torrens tombant par cascades bruyantes,
A travers les débris des roches mugissantes ;
Les oiseaux à grand vol, les aigles, les milans,
Joignant leurs cris aigus au sifflement des vents ;

coutume de présenter aux voyageurs un registre
pour y écrire leurs noms et quelque sentence :
c'est ce qui engagea le P. Maudard à composer,
non sur-le-champ, mais à son retour à Paris, les
vers brillans qu'on va lire. On dit que J.-J. Rous-
seau, étant à la grande Chartreuse, n'écrivit sur
ce registre que son nom et ce mot : *O altitudo!*

Les arbres fracassés par l'effort des orages,
L'éboulement des rocs et leurs tristes ravages ;
Les collines, les monts de frimas couronnés....
Ce spectacle plaisait à mes sens étonnés.
L'homme, à ces grands objets mêlant son industrie,
Redouble la surprise, élève le génie.
L'œil ardent, les bras nus et les cheveux épars,
On voit là le travail animer tous les arts :
Non ces arts dangereux que le luxe féconde,
Mais ceux que les mortels, aux premiers jours du monde,
Contraignant la nature à seconder leurs soins,
Ont su par mille efforts créer pour leurs besoins.
Par le soc et l'engrais, là, malgré la froidure,
Le plus aride sol se prête à la culture ;
D'innombrables troupeaux, au milieu des vallons,
Fournissent tour à tour leur lait et leurs toisons :
Là, se file le chanvre ; ici s'ourdit la laine ;
Plus loin, dans les forêts, le pin, l'orme et le frêne,
Roulent du haut des monts, par la hache abattus :
Sur des gouffres, ailleurs, des ponts sont suspendus :
Partout au mouvement l'adresse s'associe.
Ici tonne l'enclume, et là frémit la scie.
Dans le flanc des fourneaux, par Eole allumés,
On entend bouillonner les métaux enflammés.
Le feu, l'air, tout agit, et le long des rivages,
Les flots précipités font mouvoir cent rouages.
Le bruit des balanciers, des forges, des marteaux ;
Le fracas des torrens, doublé par les échos,
Les ressorts, les leviers et le jeu des machines,
Un si grand appareil au milieu des ruines....
Je te l'avoue, Alcippe, à cet aspect frappant,
Je devins immobile ; un profond sentiment,
Mêlé tout à la fois de plaisir et d'extase,
S'élève dans mon ame, il m'échauffe, il m'embrase.
Je ne peux plus quitter ces respectables bords ;
J'imagine, au milieu de mes heureux transports,

Exister loin du monde, en cet abîme immense
Où finit la nature et le chaos commence.
J'allais dans mon ardeur faire éclater des chants,
A tout ce beau désordre égaler mes accens;
Mais la nuit, de son voile obscurcissant les plaines,
Vient et m'arrache, Alcippe, à ces sublimes scènes.
Je prolonge ma route où l'espace est ouvert,
Et bientôt je pénètre au centre du désert.
Au pied de longs coteaux, d'où roule une onde pure,
Il est, dans le contour d'une vaste clôture,
Un assemblage heureux de tranquilles foyers
Simples, et dans leur forme égaux et réguliers.
Un temple est au milieu, retraite où l'on n'admire
Que l'humble piété qui sans cesse y soupire.

. . . .

Alcippe, tu le sais, la grâce, en ces climats,
Du célèbre Bruno jadis fixa les pas.
Elle approcha de lui; sa lumière et sa flamme
Eclairant sa raison, elle épura son ame;
Lui montra vers le ciel des sentiers inconnus,
Et remplit ces déserts du bruit de ses vertus :
Bientôt, de toutes parts, en ce lieu solitaire
Accourut près du saint un peuple volontaire
De disciples zélés qui, soumis à sa voix,
Adoptant ses leçons, vécurent sous ses lois.

. . . .

Sous ces mains cependant les plaines s'embellirent,
Le désert s'anima, les rochers s'aplanirent;
L'or des moissons couvrit les monts les plus affreux;
L'abondance naquit, mais pour les malheureux.
Bruno, qui fit descendre en ces lieux la sagesse,
Sut de même en bannir la faim et la paresse;
Tout y retrace encor du saint instituteur
Les prodiges, les lois, l ezèle et la ferveur.

. . . .

. . . Saint désert, séjour pur et paisible,

Solitude profonde, au vice inaccessible;
Impétueux torrens ; et vous, sombres forêts,
Recevez mes adieux comme aussi mes regrets !
Toujours épris de vous, respectable retraite,
Puissé-je, dans le cours d'une vie inquiète,
Dans ce flux éternel de folie et d'erreur,
Où flotte tristement notre malheureux cœur ;
Puissé-je, pour charmer mes ennuis et mes peines,
Souvent fuir en esprit au bord de vos fontaines ;
Egarer ma pensée au milieu de vos bois ;
Par un doux souvenir rappeler mille fois
De vos saints habitans les touchantes images ;
Pénétrer, sur leurs pas, dans vos grottes sauvages ;
Me placer sur vos monts, et là, prenant l'essor,
Aller chercher en Dieu ma joie et mon trésor !

De la grande Chartreuse on monte jusqu'au passage de Bouvinant. Il descend de ces montagnes un petit torrent qui communément est à sec en été, et qui, dans le temps des fontes de neiges ou de pluies continuelles, est très-rapide, et se jette dans un autre torrent, le *Guyer-Mort*, ainsi appelé, dit-on, de ce qu'une certaine année il sécha entièrement. Ce dernier vient du fond de la grande vallée, qu'on traverse en montant à la Chartreuse, et se réunit au *Guyer-Vif* qui coule du côté de la Savoie. Ces deux torrens, ainsi réunis, forment une rivière qu'on nomme la *Guière*; mais dans leur cours ils reçoivent encore les eaux de plusieurs autres torrens qui viennent des montagnes voisines.

Tous ces torrens entraînent une quantité considérable de pierres qu'ils détachent des montagnes d'où ils descendent; dans la saison de la fonte des neiges surtout, ils roulent des quartiers énormes, même des rochers entiers, qui se détruisent ensuite peu à peu par leurs fréquens entre-choquemens, et déchirent les rochers encore en place qu'ils rencontrent sur leur passage. C'est par cette raison que tous les rochers des environs présentent des formes aiguës et dentelées, dont l'ensemble offre un coup d'œil unique, surtout vues d'un endroit élevé, nommé la *Chartrousette*, d'où l'on aperçoit sur la gauche la montagne de Bouvinant, et en face le *petit* et le *grand Son*, la *roche de Bache* et la *Combe-Chaude*, qui sont autant de montagnes. A la droite est le rocher de Bérard : on distingue ensuite la vallée de *Valombre*, la *roche de Charmançon*, et derrière celle-ci le *grand Son*, situé dans la paroisse de Saint-Pierre-de-Chartreuse. En montant plus haut on reconnaît la vallée de *Tenaison*, celle de la *Petite-Vache*, et le *Pré de Currière*. Enfin, lorsque vous avez atteint la cabane *des Egruellés* ou *des Haux*, la vallée de Saint-Laurent-du-Pont se présente à vous, entrecoupée par le Guyer-Mort.

Le

Le Jet d'eau naturel.

La paroisse de Saint-Etienne renferme une singularité qui mérite au moins une courte mention. On y voit une cavité souterraine remplie d'une eau presqu'en tout semblable à *l'eau commune;* elle n'en diffère, si l'on en croit les gens du pays, qu'en ce qu'elle est bonne pour la gravelle des moutons. Cette cavité, ainsi que la source, est située à l'orient de l'ancien château de Male-Mort, sur la rive opposée du torrent de Sauloize. A la distance d'environ quatre cents toises du château, cette source jaillit de temps à autre, quelquefois à la suite des pluies considérables, mais toujours à la suite des vents impétueux; elle fait, en jaillissant, des jets d'environ vingt à vingt-cinq pieds de hauteur, dont la cime est arrêtée par un rocher concave et perpendiculaire à la principale entrée. La grotte a différentes issues : on y descend à travers des rochers détachés, à la profondeur d'environ trois toises; elle est bornée de tous côtés par un rocher continu. Dans les temps des crues et des jaillissemens, l'eau sort de plusieurs endroits et en quantité inégale. L'issue qui est du côté d'un endroit appelé

V

Crebe-coucers, c'est-à-dire *Crêve-cœur*, en fournit très-abondamment; l'eau en sort avec impétuosité et à gros bouillons. Tous ces effets ne sont sans doute, dit Guettard, qu'une suite naturelle de la manière dont l'eau se rend dans la cavité : d'abord elle y doit tomber d'une hauteur égale à celle des jets, et par une espèce de nappe ou de ruisseau assez considérable ; car de petits filets s'y amasseraient tranquillement, et y formeraient des suintemens, ou tout au plus de petits bouillons qui sortiraient de terre ; mais les jets d'eau naturels d'une telle force ne peuvent être produits que par la chute d'une masse d'eau très-considérable.

L'Etang de Courtaison.

On connaît en France plusieurs fontaines salées qui fournissent beaucoup de sel marin ; mais il n'y a nulle part, que l'on sache, un étang salé dont on puisse tirer de ce sel. Les environs de Courtaison (anc. principauté d'Orange) en renferme un dont l'eau est assez chargée de ce sel pour que des hommes intéressés à ce qu'on ne fasse pas usage de l'eau de cet étang, ordonnent de fouler et de mêler ainsi avec la terre le sel qui, dans la belle saison, se cristallise sur les bords de cet étang. Il est éloigné de Courtaison d'environ une demi-lieue, et situé dans un fond entouré de basses montagnes ou coteaux qui forment presque un cercle autour de cet étang, et qui en déterminent la figure. Il faut environ une demi-heure pour en faire le tour à pied : les coteaux qui l'entourent sont sablonneux, et portent sur leur pointe des rochers de pierre graveleuse parsemée de portions de coquilles et autres corps marins.

L'eau de cet étang est claire et limpide et d'un goût passablement salé. Il est vrai qu'il ne peut guère se comparer, quant à son étendue, avec les grands lacs d'eau salée de l'Asie centrale, qui ont plusieurs lieues de longueur et de largeur ; mais il n'en est pas moins étonnant de trouver un étang salé entre des montagnes éloignées de la mer d'environ une vingtaine de lieues, que de voir des lacs plus considérables à une plus grande distance de cet élément. En effet, il est aussi difficile de rendre raison du premier phénomène que du second.

Ces amas d'eau sont-ils dus à des eaux que la mer, en se retirant, tout à coup ou successivement, des terres qu'elle couvrait, a laissées dans ces lieux ; ou bien ne sont-ils que des eaux douces fournies par les pluies ou par les fontaines qui, en se ramassant dans des endroits imprégnés de sel marin, ou en passant à travers des mines de ce sel, s'en chargent plus ou moins, et forment ainsi des étangs ou des lacs salés ?

L'étang de Courtaison offre encore un fait purement curieux, mais qui mérite cependant une certaine attention.

On trouve sur les bords de cet étang quelques plantes qui ne se voient ordinairement que sur les bords de la mer, ce qui les a fait appeler plantes maritimes. Comment se trouve-t-il, à une vingtaine de lieues de la mer, des plantes qui demandent un sol arrosé de l'eau de mer ou humecté par les vapeurs qui s'en élèvent ? Ce n'est, sans doute, que parce que l'étang de Courtaison est chargé d'un sel semblable à celui de la mer ; les graines de ces plantes, enlevées par les vents, ont été portées sur les bords de cet étang ; elles y ont trouvé un sol préparé par la nature et convenable à leur végétation; elles y ont poussé ; et les plantes, par une succession continuée, s'y sont entretenues depuis un temps immémorial. S'il était démontré que la mer s'est peu à peu retirée et éloignée de ces bords, on pourrait dire que ces plantes se sont propagées autour de l'étang de Courtaison depuis cette époque ; mais comme la mer n'a pu avoir quitté ce canton que momentanément, il peut se faire que ces plantes n'ont existé autour de cet étang que depuis que les vents y ont semé leurs graines. Ces plantes sont quelques arroches (*atriplex*), quelques *chenopodium* à feuilles de soude ou kali, une espèce de tamaris et quelques autres : quant au tamaris, il faut pourtant dire qu'il n'y est peut-être que par hasard ; car c'est plutôt une plante de montagnes, même assez élevées, ainsi que le *rhamnoïdes* qui se voit aussi sur le bord de la mer. Ces arbrisseaux du moins se trouvent sur les montagnes ; les bords des torrens qui en descendent, en sont très-souvent garnis ; les îles qu'ils forment en sont remplies : d'où l'on peut conclure que les graines de ces arbrisseaux sont plutôt entraînées par l'eau de ces torrens même jusque sur leurs bords, qu'elles ne sont portées sur ces montagnes par les vents : cela est vrai, du moins quant aux fruits du *rhamnoïdes*, qui sont des baies assez grosses. Ces arbrisseaux se rencontrent dans beaucoup d'endroits du Dauphiné ; mais les autres plantes mari-

3

timcs dont il est question n'ont encore été trouvées, à ce qu'on sache, autre part qu'autour de l'étang de Courtaison ; ce qui semble prouver qu'elles ne poussent naturellement que dans des terrains lavés par l'eau de la mer, ou par celle des étangs ou lacs chargés de sel marin.

Sassenage (1).

La montagne de Sassenage en Dauphiné doit sa célébrité tant à sa construction particulière, qu'à la caverne de ce nom, où se trouvent les fameuses caves de Sassenage, une des prétendues merveilles du Dauphiné, dont nous parlerons plus bas.

Sassenage est un gros bourg situé sur les deux rives du Furon, qu'on remonte jusqu'à Laus, où il tombe dans la gorge de Sassenage. Sa chute est assez rapide. Les rochers qui s'opposent à son passage occasionnent des ressauts en différens sens ; ce qui produit une espèce de cascade qui a quelque chose d'agréable, et qui est d'autant plus variée que l'eau coule sur un plan incliné, bordé par des morceaux de rochers tombés des mon-

(1) *Voyage pittoresque de la France*. Dauphiné.

tagnes, où est renfermiée la gorge de Sassenage. Au sortir de ce lieu, on aperçoit à la
droite du Furon, sur le chemin d'Engiñ, un
rocher appelé les *Portes de Sassenage.*

Ce rocher, par sa configuration, représente
assez bien les ruines d'un portique : il paraît
avoir tiré son nom de cette ressemblance. La
partie d'en haut annonce d'une manière bien
visible le bouleversement que doit avoir
éprouvé la masse du rocher, du moins dans
cette partie. Le bas est formé par des bancs
d'un fort gros volume, et assez parallèle à
l'horizon : c'est dans cette partie que se trouvent les grottes, qui s'annoncent par deux
ouvertures principales.

L'ouverture inférieure, de la forme d'un
portique, a plus de vingt-cinq pieds de large;
il n'est guère possible d'évaluer au juste sa
hauteur. On y aperçoit des bancs de rocher
dont la position est telle, qu'ils imitent les
degrés d'un grand escalier qui tombe en
ruine.

On ne peut parvenir à la grande ouverture
que par un petit sentier fort roide, et en façon
de degrés, après avoir passé le torrent sur des
planches ; alors on aperçoit une espèce de
grand vestibule dont la largeur est de soixante-
quatorze pieds sur quarante-huit de hauteur et

4

quarante-trois de profondeur. Ce vestibule conduit à d'autres grottes dont les ouvertures
sont fort inégales. La plus considérable est
celle qui se présente vers la gauche, d'où sort
le principal volume d'eau du *torrent Germe*,
qui coule dans l'intérieur de ces différentes
grottes, et dont les eaux viennent se réunir
sur le pailler de cette espèce d'escalier; de là
elles se précipitent avec une étonnante rapidité, et avec d'autant plus de violence et de
fracas, que la saison des crues d'eau en augmente le volume; elles sortent après avoir
formé une très-belle cascade au dedans de
l'ouverture extérieure.

Lorsqu'on pénètre dans l'intérieur, on
aperçoit bientôt à droite une autre ouverture
beaucoup plus petite; son entrée n'a pas plus
de quatre pieds et demi de largeur sur environ
neuf de hauteur: c'est là que l'on trouve les
caves qui en interceptent le passage, et dont
le premier aspect détruit les préventions qui
ont existé, pendant les siècles précédens, sur
leur compte, puisque ces caves ne sont autre
chose que deux simples excavations, d'une
forme à peu près cylindrique, d'environ cinq
pieds de diamètre, et dont l'une n'a pas plus
de trois pieds de profondeur, ni l'autre plus
de dix-huit pouces.

Le Préciosier de Sassenage a reçu son nom
des pierres précieuses devenues assez fameuses
pour être placées au cinquième rang parmi
les merveilles du Dauphiné. Ces pierres se
trouvent en cet endroit en plus grande quantité que partout ailleurs.

Vers la hauteur du rocher est une galerie
naturelle, qui paraît évidemment avoir été
formée par l'érosion des eaux, dans le temps
sans doute que le torrent du *Furon*, qui y
forme des gorges considérables, ne s'était
pas encore creusé un lit assez profond. Cette
galerie sert de chemin aux bergers, pour me-
ner paître leurs troupeaux sur la montagne,
au-dessus des gorges; les gens à pied y passent
lorsque la fonte des neiges fait déborder le
Furon, et rend le chemin ordinaire impraticable. On remarque dans presque toute l'é-
tendue de ces gorges, que les rochers de part
et d'autre se trouvent minés à peu près de la
même manière et au même niveau. Ces gorges, formées par le lit du Furon, offrent
des formes extrêmement bizarres et singulières, et beaucoup de cavernes plus ou moins
profondes. Derrière la première masse du
rocher, à gauche, il s'en trouve une qui est
à deux étages, voûtée en forme de dôme, et
éclairée par le haut; mais ce qui la rend en-

5

core plus remarquable, c'est que son paré
paraît être entièrement d'un beau marbre
blanc. Il s'en trouve plus loin, aussi à gauche,
six autres, qui sont rangées à peu près comme
des niches,.peu distantes les unes des autres.
Quelques-unes ressemblent parfaitement à
des bouches de fours.

La Grotte de Toulouren.

Entre Grenoble et Nyons, on trouve une
espèce de gorge , traversée par un torrent
appelé le *Toulouren*. A peine est-on entré,
que l'on voit du côté de la rive méridionale
un rocher d'environ deux toises de hauteur,
au pied duquel on aperçoit un trou horizontal d'où sort une fontaine très-limpide,
et tout auprès plusieurs filets d'eau s'échappent du milieu du gravier avec une certaine
vivacité ; cette eau est légère et excellente
à boire. On monte vers le rocher avec quelque difficulté; on y trouve une sorte de plate-
forme de quelques toises , et l'on aperçoit
du côté du midi une grotte dont l'ouverture a
deux toises de largeur sur environ trois de hauteur. Au-dessus de l'entrée de la grotte, la nature a formé une espèce de table par le moyen
d'une pierre isolée qui s'élève d'environ trois

pieds au-dessus du sol. La profondeur de la grotte est d'environ deux toises : le sol s'incline vers le fond ; au bas est une ouverture formée en ceintre, qui peut avoir quatre pieds de haut et de large , et par laquelle on n'entre qu'en se baissant.

Au-dessus de la voûte est une autre caverne dont l'issue vient percer la voûte de la première. On ne peut y arriver qu'à l'aide des échelles.

La voûte de la première et principale caverne est chargée de stalactites de deux à trois pouces de long ; presque partout elle paraît couverte d'un vernis jaune qui forme un ouvrage ondé et guilloché ; près du sol on remarque une longue fente de six à huit pouces de largeur. Il y a apparence que c'est par cette fente que sort la fontaine que l'on trouve au pied du rocher qui touche au Toulouren , et au-dessus duquel la caverne est située.

Lorsque la fonte des neiges est très-considérable , l'ouverture qui sert d'issue à cette fontaine est trop étroite pour lui laisser un passage facile ; les eaux qui sont au fond de la caverne montent tellement, que souvent elles refluent avec rapidité par la bouche de la grotte extérieure et forment une belle cascade dans le Toulouren. Enfin, il y a lieu de penser que cette caverne a été l'issue primitive des eaux, et que leur poids, leur abondance et quelques fentes de rocher ou une matière moins solide, ont occasionné dans la suite des temps la formation de la longue caverne qui existe actuellement au-dessous du boyau supérieur.

Le Grand-Charnier.

En jetant un coup d'œil général sur la division naturelle du Dauphiné, on la trouve partagée en trois parties. La première est sablonneuse, et ne renferme que des dunes et de petites montagnes formées de cailloux roulés ou de galets. La seconde est calcaire; et quoique les montagnes de cette partie soient beaucoup plus élevées que ces dunes sablonneuses, elles ne sont pas aussi imposantes ni d'un accès aussi difficile que celles du pays granitique. Dans celui-ci les montagnes s'élèvent jusque dans les nues; il y en a un grand nombre qui conservent des bancs de neige pendant toute l'année; la cime de plusieurs est couverte de glaces éternelles, et inaccessible même aux ani-maux des hautes montagnes; on ne voit plus dans ce pays des chemins tracés avec soin ; ce sont des sentiers étroits et comme suspendus au-dessus des précipices dont l'horreur est augmentée par le bruit.que les torrens font en roulant leurs eaux à travers les quartiers de rochers tombés des montagnes.

Ce pays si affreux offre des beautés d'un genre pittoresque, et des points de vue délicieux. Les villages répandus çà et là sur la pente y font tableau : là, ce sont des chutes d'eau qui, le long des montagnes, forment des nappes hautes de plusieurs centaines de pieds, et se divisent souvent, en tombant, en une espèce de pluie fine d'un blanc éclatant ou variée des couleurs de l'arc-en-ciel ; ici, ce sont des cascades qui prennent différentes formes dans leur chute ; plus loin, c'est un torrent qui, descendant avec fureur, semble tout engloutir, et qui néanmoins vient mourir dans la vallée ; plus loin encore vous apercevez des troupeaux répandus dans de belles et magnifiques prairies qui touchent presque le sommet des montagnes. Parvenu à la plus grande élévation, vous jouissez d'un spectacle ravissant, éclairé par le plus beau soleil ; tandis que les pays sur lesquels vous dominez sont ensevelis dans des nuages épais qui leur dérobent la brillante clarté de cet astre. Souvent ces nuages sont éclairés du côté du spectateur par ses rayons, et forment dans leur ensemble, en quelque sorte, une mer écumante, dont les flots ont le brillant de l'argent. La jouissance qu'on éprouve à ce spectacle sublime dédommage bien des peines qu'il en coûte pour gravir ces points élevés. Que de richesses les peintres de paysages perdent en se bornant aux vues des basses montagnes ! C'est pour les lieux élevés que la nature réserve les scènes les plus majestueuses !

A peine a-t-on traversé la vallée du Graisivaudan, qu'on atteint ces montagnes. Des carrières de schiste se présentent dans tous les rochers des environs. Dès qu'on est sorti de Goncelin, l'on entre dans la gorge qui conduit à Alvar, et l'on commence à marcher sur des rochers de schiste ardoisé ; ils sont traversés de filets de spath. blanc calcaire, qui se coupent à angles droits ou à angles aigus, et qui forment ainsi des carrés ou des parallélogrammes différens. L'on dirait que le chemin a été pavé de pierres semblables, plus ou moins grandes, et entrelacées les unes dans les autres. On passe, en allant à Saint-

Hugon, différens torrens qui roulent des granits, et l'on monte jusqu'à Pra-Nove; de là au Grand-Charnier, il y a quatre heures de marche. On y arrive après avoir passé différens vallons et ruisseaux, laissant à gauche un petit lac, et côtoyant plusieurs longues masses de neige qui couvrent la pente des montagnes : ce n'est qu'avec beaucoup de peine qu'on y parvient enfin ; car plus on approche du sommet, plus la pente devient rude et pénible. Il ne faut plus espérer de trouver à cette hauteur des arbres et des arbrisseaux. Quelques plantes chétives, quelques espèces de mousses et de lichens, voilà tout ce qu'on voit sur ces rochers, pour la plupart nus et arides. Les chamois seuls et les marmottes y établissent leur demeure ; il semble même que les oiseaux qui habitent les rochers fuient ces hauteurs. Mais quel spectacle que celui qui attend le voyageur assez courageux pour monter jusqu'à la sommité ! Une immensité de montagnes, toutes plus variées les unes que les autres, s'étend sous ses pieds. Peut-il alors se refuser à reconnaître que ces montagnes ne sont si hautes que pour conserver les neiges et les glaces, sources abondantes d'une eau si nécessaire au reste de la terre ; qu'elles ne sont si rapides que pour que ces eaux, en tombant, acquièrent une vitesse qui puisse les faire pousser avec force jusqu'aux contrées éloignées de leurs sources ? Supposons que les montagnes s'affaissent, que la terre n'offre plus qu'une surface plane ; bientôt elle se couvrira d'eaux mortes et croupissantes ; les hommes et les animaux ne vivent plus sur sa surface ; tout va rentrer dans le chaos.

Quelle sage prévoyance n'admire-t-on pas encore dans les différens étages de montagnes ! Ils empêchent que les neiges ne se fondent toutes en même temps, et la terre se trouve ainsi fournie d'eau chaque année. Tous ces sommets nombreux et élevés, ceux surtout où les neiges se convertissent en glaces, sont autant de réservoirs qui ne tarissent jamais.

En descendant du Grand-Charnier, de nouvelles merveilles frappent les yeux du voyageur. Les environs d'Alvar surtout attirent fortement son attention.

Alvar, connu depuis très-long-temps par ses mines de fer, est un petit village situé à l'entrée d'une gorge affreuse, entourée de hautes montagnes qui recèlent dans leur sein des mines de ce métal très-abondantes.

D'une de ces hauteurs s'élance le torrent de Bréda; sept lacs (qu'on appelle Sept-Lots, Celo) forment sa source. De là jusqu'à sa jonction avec le torrent du Glesin, le Bréda coule dans une gorge dominée par les montagnes de Pra, de Mederet et de Rochefort, et reçoit de part et d'autre encore plusieurs torrens.

Depuis Alvar jusqu'au Ponteau, de même que dans la gorge de Bréda, on ne voit que des rochers de schiste. Le Ponteau, placé dans la gorge appelée la vallée du Haut du Pont, est un de ces endroits où l'ame reste comme en suspens, entre l'étonnement et l'effroi, à l'aspect des objets que la nature lui présente dans ces lieux sauvages et abandonnés. D'une des montagnes les plus élevées de cette gorge, tombe avec fracas le torrent de Vayton; il y roule ses eaux avec toute la rapidité et l'impétuosité qu'elles ont acquises par la hauteur même de leur chute. Il y forme d'abord une longue nappe d'eau qu'on aperçoit dans le lointain; cette nappe se divisant de temps en temps, par la rencontre des rochers qui sont en place dans son lit ou qui y ont roulé du haut des montagnes voisines, forme des canaux qui se réunissent ensuite pour se diviser encore, et se précipiter par différens sauts jusqu'au pont de bois appelé de Ponteau.

La rustique architecture de ce pont est en harmonie avec la simplicité de la nature. Quelques arbres appuyés par les deux bouts sur des rochers, et fixés par des planches posées et clouées en travers, composent tout le pont. Pour y parvenir, il faut passer par un sentier étroit, ou plutôt par une espèce d'escalier pratiqué dans le rocher même, et traverser deux petits ponts construits en l'air, au-dessus du précipice où tombe le Vayton; leurs fondemens consistent en quelques pièces de bois enfoncées dans le rocher ou posées perpendiculairement sur des quartiers de roches tombées dans le torrent. Quelqu'intrépide qu'on soit naturellement, il n'est guère possible de passer pour la première fois sur ces ponts sans frissonner. Comment en effet se défendre d'un sentiment de frayeur en se voyant élevé et comme suspendu au-dessus d'un torrent impétueux et bouillonnant avec fureur au milieu des rochers? Ce n'est qu'après avoir passé le dernier pont, qu'on peut admirer avec tranquillité les beautés pittoresques de cette contrée sauvage. Les eaux écumantes du torrent, tous ces ponts aériens, ces masses de rochers qui s'é-

lèvent hors de l'eau ou qui s'avancent au-
dessus, les arbres qui couvrent les montagnes
voisines, et dont les branches pendent en
mille manières sur le lit du torrent, ceux
qu'il a arrachés et entraînés dans son cours;
tous ces différens objets font un ensemble
que l'art ne sera jamais capable de rendre.

La gorge d'Articol, située au-delà de cello
d'Alvar, ne le cède en rien à celle-ci. Le
torrent d'Eaudolle qui la traverse, y précipite ses eaux à travers des rochers tombés
des montagnes voisines, et offre différens
effets plus pittoresques les uns que les autres.
Il vient d'au-delà de la montagne nommée
la Dolle, et située dans le voisinage de l'endroit qu'on appelle la Montagne abîmée,
parce qu'en effet il y a eu dans ce lieu un
éboulement comme on en voit souvent dans
les Alpes du Dauphiné.

La grande Cristallière.

C'est ordinairement du Bourg-d'Oisan que
l'on part pour aller à la grande Cristallière,
qu'on regarde dans ce pays comme la mère
de toutes les autres; car le Dauphiné est aussi
riche en mines de cristal qu'en mines d'autres minéraux. Après avoir traversé la rivière
des grandes Fontaines et la Romanche, on

monte à la Garde, en passant près la cascade formée par le ruisseau de Serem, qui a sa source dans la montagne de la grande Herpière et dans les glaciers auprès de la grande Cristallière. De la Garde on va à Huez; on traverse ensuite une belle prairie, au bout de laquelle est un petit hameau qu'on prétend avoir été la ville de Brandes, fameuse par des mines d'argent qu'on dit y avoir été exploitées autrefois; de Brandes on monte à la petite et à la grande Herpière, et puis à la grande Cristallière.

Si l'on n'arrive à la petite Herpière qu'avec beaucoup de difficulté, à cause du chemin qui passe par une montagne roide et à travers les rochers, ce n'est qu'avec beaucoup de peine et de fatigue qu'on gravit la grande Herpière, surtout jusqu'à la grande Cristallière. On dirait que la nature a voulu faire payer cher le plaisir de voir une des plus belles productions qu'elle a renfermées dans le sein de la terre. En effet, deux heures suffisent à peine pour monter d'abord à la grande Herpière, par un chemin très-étroit et très-rapide, garni de cailloux roulés des rochers supérieurs. Mais ce n'est encore rien que ce chemin, malgré sa rapidité, si on le compare à celui de la grande Cristallière : ici le chemin mauque ; il faut escalader les rochers presque droits ; il faut agripper des pointes peu solides de rochers , d'où l'on serait précipité , si ces soutiens s'en détachaient.

L'intérieur de cette mine représente une quantité de cavités ou poches qui s'élargissent à mesure que l'on avance. Les parois de ces poches sont tapissées de masses de cristaux , de manière que les pointes des cristaux d'une paroi sont tournées vers les pointes des cristaux d'une autre paroi. L'espace qui est entre les parois ou le milieu des poches, est quelquefois rempli d'une terre ocreuse , qui souvent renferme aussi des cristaux détachés. On rencontre dans cette belle mine toutes sortes de cristaux , entre autres des canons à deux pointes, c'est-à-dire qui sont terminés à leur extrémité par deux pyramides à six pieds. Ces sortes de cristaux sont souvent assez petits ; quelquefois ils ont au moins un pouce de diamètre sur près d'un pied de longueur, et sont groupés en faisceau. Souvent ces groupes sont entremêlés de cubes ferrugineux, dont les côtés ont plus ou moins d'un pouce ; d'autres sont extérieurement teints d'une couleur d'un beau jaune d'ocre , qui se peut enlever par un frottement long et continuel. C'est encore

une chose fort curieuse que de voir les différentes formes qu'ont prises les cristaux en
se formant. Les uns ressemblent à des ger-
bes, à des épis, à des cierges, à des boîtes
d'asperges ; d'autres à des canons sur leur
affût, ou à des pistolets. On exploite cette
mine de cristal comme toutes les autres mines à filons : on entre dans le filon, en l'at-
taquant d'abord horizontalement, autant
qu'il est possible ; puis on le suit en fonçant
en terre, suivant que l'inclinaison le demande, et l'on forme des puits plus ou moins
profonds : si le filon se détourne ou for a
des branches, on fait des galeries pour découvrir ces branches, ou le suivre lui-même
dans ses détours.

Indépendamment de la grande Cristallière, il y en a plusieurs sur le penchant
d'Huez (1), au-dessus de la Garde ; la petite
Herpia a aussi une cristallière, dont le cristal est très-beau.

Les filons des cristallières se font voir assez
communément à des hauteurs très-élevées
dans les montagnes ; quelquefois même ils

_____

(1) Voyez sur l'exploitation des mines d'Huez,
le *Journal des Mines*, octobre, 1807.

touchent presque aux glaciers, comme c'est le cas à la Grave ; ce qui en rend l'accès difficile et quelquefois dangereux.

Le Val Godmard.

Cette vallée , formée par les montagnes du Dauphiné , est fermée dans son fond ; son entrée est dans la partie inférieure du Champ-Saur ; sa longueur peut avoir environ quatre lieues depuis Saint-Jacques , qui est le premier village de cette vallée, jusqu'aux derniers hameaux de la Chapelle. La Sevreuse y prend sa source , et en remplit quelquefois toute la largeur, de façon qu'on ne peut passer que d'un côté de ce torrent considérable.

Les montagnes du fond du Val Godmard, contiguës avec celles de la Bérade-en-Oisan, sont les plus élevées du Dauphiné, sans en excepter le Visó. Les plantes des pays les plus froids, la renoncule glaciale, les saxifrages en mousse des Pyrénées, et les autres plantes des Alpes se trouvent vers leur milieu, et l'on ne voit souvent au-dessus, que quelques rochers couverts de lichen , de bissus, une terre légère qui ne s'affaisse pas, et des tas de neiges immenses qui ne sont interrompus que par quelques crevasses profondes , dont plusieurs ont vingt-cinq à trente pieds de profondeur. Ces crevasses sont séparées par une ligne grise ou noirâtre, qui sans doute est due à la poussière que les vents y portent dans les mois d'été, pendant lesquels il tombe le moins de neige. Le mécanisme par lequel les crevasses se forment dans ces amas de neige, paraît bien simple; on n'en voit jamais dans les endroits creux et enfoncés, ni dans les endroits plats et horizontaux. Voici la raison qu'en donne Guettard, dans sa *Minéralogie du Dauphiné*: «Comme les neiges remplissent en hiver les creux et les vallons, la surface extérieure qui forme alors un plat uni, n'est pas semblable à la surface du terrain raboteux sur lequel porte la neige; l'inégalité de ce terrain est cause que la neige diminue non également sur toute sa surface, mais plus vite dans les endroits creux , à cause de la chaleur de la terre. Il arrive donc que la neige s'enfonce en s'affaissant dans l'endroit qui répond à cet enfoncement; s'il en arrive autant à côté, la neige qui se trouvera dessus sera forcée de se fendre; il s'ouvrira ainsi successivement une ou plusieurs crevasses. D'un autre côté, la neige fond beaucoup

coup plus vite dans la partie déclive où l'eau s'écoule et rejaillit entre les cailloux; la frappe par ses sauts, fait des voûtes, des excavations qui se trouvent chargées du poids énorme des neiges supérieures; la voûte s'écroule; la neige s'affaisse et se sépare de la grande masse, et voilà une crevasse plus ou moins grande, plus ou moins droite, inclinée ou courbe, à raison du poids, de la coupe du terrain et des autres circonstances. Toutes les montagnes du Val Godmard renferment en général des schistes, des granits, des quartz; ces rochers sont communément noirâtres et rompus à pic; on les distingue de très-loin: dans quelques endroits cependant elles font voir de la pierre calcaire ordinairement blanchâtre. Vues de loin, ces masses paraissent chargées de vapeurs, au lieu que celles qui ont des granits paraissent comme ombrées. Les rochers de la première espèce, par l'arrangement de leurs couches, forment des barrières impénétrables à ceux qui veulent les gravir; les autres, au contraire, offrent partout un passage, difficile, il est vrai, mais qu'on peut franchir. On trouve dans les montagnes du Val Godmard des masses de pierre calcaire qui, en se détachant, prennent des

X

éclats qui leur donnent beaucoup de ressemblance avec des billons de bois fendu. On en
voit auprès de Roux, et entre ce village et le
Villard-la-Loubière.

Les eaux qui sortent ou tombent des montagnes du Val Godmard n'offrent rien de
minéral ; mais elles font plusieurs fois spectacle par les différentes cascades qu'elles forment. Il y en a une au-dessus de la chaîne
de montagnes, appelée Combe-Froide : cette
cascade peut avoir vingt toises de hauteur,
et forme une belle nappe en tombant ; une
autre, vis-à-vis le hameau du Bourg, a environ cinquante toises de hauteur ; une troisième, qui porte le nom de l'Amiande, paraît avoir la même hauteur, et forme plusieurs nappes. Les eaux de toutes ces cascades
se rendent dans la Leveraise, rivière ou torrent qui baigne cette vallée.

La Vallée de Briançon.

Cette vallée n'est point une gorge étroite,
hérissée de rochers nus et arides ; elle s'étend
depuis le pied du mont Lautaret jusqu'à
Briançon ; ce qui fait une distance de cinq
lieues. Les montagnes entre lesquelles elle
est renfermée sont couvertes, du moins de

puis la maison Blanche, *de mélèzes*, arbres qui, par leur figure conique et la façon dont ils répandent leurs branches, donnent à ces montagnes un air différent de tout ce qu'on a vu dans le reste du Dauphiné, où ces arbres ne sont point cultivés. La Guisane, qui vient du Lautaret, y roule ses eaux et reçoit celles de plusieurs ravines qui descendent des montagnes. Plusieurs villages sont dispersés dans la plaine ou sur la pente des montagnes qui le bordent ; enfin, les champs bien cultivés, joints à tous ces objets, forment un coup d'œil d'autant plus agréable, que l'on sort des gorges où les difficultés n'étaient pas rares, et où les montagnes ne présentaient souvent que des rochers nus et presque pelés.

Après avoir quitté le Lautaret, on voit la rive gauche de la Guisane jusqu'à Briançon, et l'on passe plusieurs des ravines qui tombent des montagnes. Toutes ces chutes d'eau, celle surtout qui vient du Galbier, et le Riou-Blanc entraînent beaucoup de pierres, parmi lesquelles il y a quantité de quartz blanc : c'est probablement à la qualité de ce quartz que le Riou-Blanc doit son nom, et la propriété d'être aperçu de loin. On remarque aussi parmi ces pierres différentes sortes de schistes et même des granits, dont quelques quartiers très-considérables, en tombant des montagnes voisines, ont roulé jusque dans la vallée. Les montagnes n'ont pu faire cette perte qu'en se dégradant beaucoup; aussi y en a-t-il plusieurs qui paraissent très-abaissées. Une des choses les plus curieuses de cette vallée, ce sont deux fontaines minérales chaudes des environs de Monetier, dont l'eau est d'une chaleur très-modérée : l'une est au - dessus du village, l'autre dans le bas. L'eau de ces deux fontaines dépose un tuf calcaire assez dur, qu'on emploie dans les bâtimens.

Une vallée aussi bien cultivée que celle de Briançon, parsemée outre cela de maisons de campagne et de villages dominés par des montagnes également cultivées et boisées, ne peut être que très-agréable, quand les montagnes et la plaine sont dégagées des neiges abondantes qui les couvrent en hiver.

Lorsqu'en montant au col de la Traversette on est parvenu à un plateau dominé par le mont Viso, on trouve des rochers énormes de serpentine verte, et quelquefois d'un vert de sade; ces rochers sont ombés du haut des montagnes, qui, dans tout le reste de leur masse, sont de schiste, pierre dont le Viso est aussi formé. Cette montagne, une des plus hautes des Alpes du Dauphiné, mérite que nous la fassions connaître à nos lecteurs plus particulière- ment. On distingue le Viso aisément, sa dernière pointe du moins, en venant de Milan; il n'est guère possible de grimper sur cette dernière pointe; ce n'est qu'un ro- cher nu, escarpé de tous les côtés : quoiqu'il soit très-élevé et se perde dans les nues, il ne conserve cependant pas de neige en été, comme les montagnes des environs de la Garde, de la Barrarde, et de quelques autres endroits du Dauphiné; ce qui prouve que celles-ci surpassent le Viso en hauteur. Mais si sa pointe ne conserve pas de neige ou de glace, il en reste à sa base : on y en a vu au plus fort de l'été une longue et large masse, qu'il faut côtoyer en montant au col de la Traversette, et qui, en se fondant, fournit de l'eau au torrent de Guil. Jusqu'à ce col, le Viso est d'un accès difficile; pendant deux heures on marche à travers des rochers éboulés, et sou- vent par un sentier étroit qui règne le long de profondeurs assez dangereuses; on côtoie ensuite les neiges, et puis on monte au col de la Traversette par une rampe assez roide,

3

et de là on peut contempler à son aise tout
le Piémont, lorsqu'il n'est pas couvert de
nuages.

Ce col a cela de commun avec tous les
cols des montagnes, qu'il est la cause de la
direction de certains vents qui soufflent avec
violence dans quelque éloignement de là:
quand même ce vent n'est point véhément
dans le bas, on sent, en arrivant à ce col,
un courant des plus forts et d'un froid à
glacer. Lorsque le vent est très-violent, il
ne doit guère être possible d'y résister, et il
doit arriver ce qu'on dit arriver au Trou-
malet dans les Pyrénées : le vent qui y souffle
et s'y engorge, est quelquefois si impétueux,
que les voyageurs sont emportés malgré eux et
culbutés. Un courant d'air aussi violent ne
peut subsister que pendant un certain temps
dans la même direction, lors surtout qu'il
enfile une gorge de montagnes ; de là ces
bourrasques qui se font sentir à l'entrée de
ces gorges, et qui, le long de la côte de Gênes,
sont assez violentes pour submerger quelquefois de petits bâtimens.

Les Dents de Gargantua.

La roche singulière qui porte ce nom, se
trouve dans le Dauphiné ; elle présente à son

sommet trois éminences pointues, dont la forme, approchant de celle des dents canines, leur a fait donner le nom de *Dents de Gargantua*. Les habitans du pays l'appellent aussi la roche *Poupena*, c'est-à-dire de beaucoup de peines. Au pied de cette roche se trouve une cavité profonde, où croulent continuellement des pierres qui se détachent de sa masse. Ce trou paraît être le reste d'un vaste abîme qui a englouti la partie qui s'est détachée du rocher, et lui a laissé une forme à pic d'une hauteur prodigieuse. Il a environ trente toises de profondeur ; mais le fond ne paraît être qu'un plancher formé par des débris considérables de rochers qui se trouvent fixés à cet endroit, et n'ont pu pénétrer jusqu'au fond de l'abîme ; car il ne s'y amasse jamais d'eau, et même à la suite de pluies abondantes ce passage est toujours à sec : d'ailleurs, lorsqu'on le frappe fortement on entend un bruit qui annonce une cavité. Vers la fin du dernier siècle, il s'est détaché de ce rocher une partie si considérable, que la commotion a fait ressentir aux environs quelque chose d'approchant d'un tremblement de terre. Cette vallée fait partie de la chaîne des montagnes de Sassenage, qui s'élève en dos d'âne, et règne ainsi depuis les environs

4

de Paricel jusqu'à Cloye. A quelque distance
de la roche de *Poupena*, s'élève une autre
roche qu'on appelle le *Bec de l'Aigle*, soit à
cause de sa forme, soit parce qu'on y voit
assez souvent des aigles qui vont s'y réfugier
pour dévorer leur proie. A gauche de ce
rocher est la gorge où coule le Bruyant, qui
va se jeter dans le Furon, au pied du *Bec de
l'Aigle*. Cette gorge produit une petite quantité de bois noir, dont quelques pièces sont
propres au service des vaisseaux.

La Grotte de Notre-Dame-de-la-Balme.

La grotte de la Balme est à quelque distance du village de ce nom. Son entrée a
quelque chose de frappant et d'imposant. Ce
n'est point, comme dans beaucoup de grottes
semblables, une galerie basse et étroite, dans
laquelle il faille ramper avec peine et difficulté, mais une entrée large de vingt à trente
pieds, et élevée de cent pieds ou environ,
dont le haut est en voussure inclinée vers
l'intérieur, comme pourrait être celle d'un
vaste temple ou de quelque autre édifice public. On monte à cette entrée par un chemin
un peu incliné, mais très-facile. Un petit
ruisseau formé par l'eau qui sort de la Balme,

coule sur la gauche de ce chemin. Arrivé à la porte de la grotte, on y entre de plain-pied. Le premier objet qui se présente à votre vue, est une chapelle élevée à droite, à laquelle on monte par un escalier de bois : elle est dédiée à Notre-Dame, d'où est venu à la grotte le nom de Notre-Dame-de-la-Balme qu'elle porte. Sous cette chapelle passe un canal assez profond et assez large, qu'on a fait pour donner un écoulement facile aux eaux qui sortent du fond de la grotte, lors surtout qu'elles ont été considérablement augmentées par de grandes pluies continues ou par la fonte des neiges.

A-t-on dépassé la chapelle, on se trouve dans une vaste salle de cent vingt à cent trente pieds de hauteur sur plus ou moins de cinquante de largeur. Vers le milieu, elle forme une espèce de dôme assez élevé, qui perce presque le rocher. La voûte de la salle s'abaisse insensiblement jusqu'au fond, où l'on trouve une nouvelle entrée qui conduit dans une galerie beaucoup moins élevée, et dans laquelle on marche toujours droit et facilement. Pour arriver à cette entrée, l'on passe sur des rochers incrustés d'une matière de stalactite lisse, qui rend la marche glissante. Peu après cette entrée, on aperçoit

5

sur la gauche un petit enfoncement circulaire qui n'a que quelques pieds de profondeur : il renferme une masse de stalactite
conique; d'environ deux pieds de hauteur,
portant sur une base d'une étendue un peu
moindre. A quelques pas de cet enfoncement
est une masse beaucoup plus considérable,
également conique et de stalactite , placée
vis-à-vis l'entrée et au milieu de la galerie.

La partie antérieure de cette masse porte
trois ou quatre rangées de petits bassins ou
cuvettes circulaires, posés les uns au-dessus
des autres, qui ont depuis un jusqu'à trois
pieds de diamètre. Leurs bords sont gou-
dronnés ou rustiqués par des larmes ou parties pendantes de stalactites qui se sont formées
autour de ces bords. On descend ensuite, par
des espèces d'escaliers , à une profondeur
d'environ douze pieds : ces escaliers forment
un groupe de rochers où il y a plusieurs
bassins attachés les uns aux autres , et qui,
par leur entrelacement , représentent une
sorte de grille.

Au-delà de ce groupe de rochers , on
trouve un ruisseau qui, en passant sous terre,
coule dans le canal qui est au-dessous de
la chapelle de l'entrée de la grotte. En suivant ce ruisseau, on rencontre un lac qui

ferme le passage, et empêche ainsi d'aller plus loin. A ce lac, la grotte peut avoir environ vingt pieds de hauteur et autant de largeur. Plusieurs petites sources suintent à travers les rochers, et forment des stalactites incrustées d'une terre glaiseuse. On voit de ces dépôts de tous côtés; mais il n'y en a point qui se soient élevés en pyramides ou en colonnes, et il n'est pas aisé de détacher des morceaux de celles qui s'y sont formées. Il n'en est pas de même de l'autre galerie de cette Balme : il descend de sa voûte des stalactites en forme de ces culs-de-lampe que l'on voit suspendus aux voûtes des églises gothiques; et du sol s'élèvent des colonnes (1). D'un côté, on voit un groupe tellement disposé, qu'on a cru ne pouvoir le mieux comparer qu'à un jeu d'orgue. L'entrée de cette galerie n'est pas d'un abord aussi facile que celle de la première; lors même qu'on l'a passée, l'on a encore des rochers à escalader; le chemin devient ensuite plus doux. On entre dans une salle remplie de chauves-souris qui

_____

(1) Voyez la *Description des Stalactites de cette grotte*, dans les dissertations de Dieulamant et Morand, insérées dans les *Mémoires de l'Académie des Sciences*.

6

s'y retirent le jour, et dont la quantité est telle qu'elles y ont accumulé un tas de fiente qui y répand une odeur infecte. Il y a dans cette salle un petit bassin de sept à huit pieds de diamètre ; au milieu s'élève une masse de stalactite sur laquelle coule l'eau qui se rend dans ce bassin, d'où elle sort pour tomber dans le canal dont on a parlé plus haut. L'eau de ces deux galeries est quelquefois si abondante qu'elle a peine à passer sous le petit pont jeté sur la partie du canal qui est hors de la grotte, et de là elle se rend dans le Rhône, en passant devant Salettes. Dans le temps que cette eau est si abondante, il n'est pas facile, ou plutôt il est impossible de pénétrer dans les galeries ; lorsqu'elle est en quantité médiocre, et qu'elle tombe dans les cuves ou bassins dont il a été question, elle y doit former une jolie cascade (1).

Du temps de François Ier, il courut des bruits si exagérés des merveilles de cette

_____

(1) C'est à la poésie surtout qu'il appartient de peindre ces sortes de grottes, qui semblent en effet tenir du merveilleux, parce que la nature, en se jouant de la diversité des formes que prennent ces concrétions, produit des imitations dont la poésie descriptive sait tirer tant d'avantage. Voici

grotte, que ce monarque la fit visiter et examiner par des gens qui n'étaient ni hardis ni
éclairés, et qui, à leur retour, confirmèrent
tout ce qu'on en avait dit de merveilleux;

---

comment le président de Bossieu, qui a chanté
les merveilles du Dauphiné, décrit la cascade :

Pons erat illimis nitidaque argenteus unda
Quam circumtextum nivea lanugine saxum
E vitræ saliente jacit. Sonat unda, solumque
Irrigat. Hinc aberant artes; ut suppleat artem
Craterem natura facit lapidemque cavatum
Circinat et conchâ pretiosas excipit undas,
Cumque redundatent pleno cratere, dat orbes
Ingeniosa novos, et puri fontis amica,
Migdonio fingit varias è marmore conchas.....

Il peint par les vers suivans la galerie à droite,
où les stalactites forment des colonnes, des culs-
de-lampe, des jeux d'orgue, des feuillages, diverses figures d'animaux, des dragées.....

. . . . De montibus humor
Liquitur, hinc lacrimæ stillant, atque aera tacto
Congelat in varias lapidescers gutta figuras
Illic pyramides, obelisci, vasa, columnæ
Apparent oculis, quorum pars fornice pendet,
Pars teritur pedibus; me non simulacra ferarum
Saxea, terrorem facient; hinc recta videri
Forma potest hominis; rudibus tamen aspera signis
Nec satis humanum referens in marmore vultum.
Sunt fructus cum fronde sua, sunt ficta volucrum
Corpora; sunt variis intorti flexibus angues...

elle ne fut bien connue que long-temps après.
On n'y a trouvé ni le gouffre affreux, ni le
vaste lac que ces observateurs prétendaient y
avoir rencontré. Il résulte aussi des observations plus récentes, que cette spacieuse caverne a prodigieusement diminué d'étendue.

DÉPARTEMENT DES HAUTES-ALPES.

La Motte tremblante (1).

Les montagnes du département des Hautes-
Alpes offrent les sites les plus pittoresques
que l'on puisse voir. On n'y aperçoit de
toutes parts que rochers, torrens et déserts.
Comme dans toutes les grandes chaînes de
montagnes, il y a sur celles-ci quelques lacs
d'une profondeur inconnue : du moins le lac
de Menteyer, près de Gap, est remarquable
par un gouffre dont on n'a jamais pu sonder
le fond. Mais le lac de *Pelleautier*, situé à peu
de distance du précédent, mérite l'attention
sous un autre rapport. Il se balance continuellement sur la surface de ce lac une
masse de tourbe en forme de table ronde,

---

(1) *Annuaire du département des Hautes-
Alpes.*

détachée du marais environnant, par un
espace circulaire d'environ seize centimètres.
Le diamètre de ce plateau mobile est de trois
mètres; il en a autant d'épaisseur. Quand
on se place dessus, et qu'on s'appuie sur une
perche, dont le bout porte sur le terrain voisin, on fait tourner cette espèce d'île à droite
et à gauche.

On connaît dans ce pays cette singularité sous le nom de la *Motte tremblante*.

CHAPITRE XIV.

FRANCHE-COMTÉ (1).

DÉPARTEMENT DU DOUBS.

La Fontaine ronde (2).

CETTE fontaine est située au bout d'un pré, sur le grand chemin qui conduit de Pontarlier au village de Touillon, dans un lieu étroit et plein. La terre du pré est fangeuse et marécageuse, parce qu'elle est abreuvée des eaux d'une autre source. La fontaine, connue dans le pays sous le nom de *Fontaine Ronde*, prend sa source dans un endroit pierreux; et comme elle sort par deux ouvertures séparées, elle s'est fait deux bassins, dont la rondeur lui a fait donner le nom de *Ronde*. Le premier, le plus élevé des deux, a environ sept pieds de long sur six de large. Au milieu de ce bassin on

(1) *La Franche-Comté, ancienne et moderne,* par Romain Joli. Paris, 1779, in-12.

(2) *Journal des Savans*, oct. 1688.—*Descript. de la France*, par Piganiol de la Force, t. VIII.

emarque une pierre aiguë qui semble avoir té mise exprès pour mieux faire voir le mouvement de l'eau lorsqu'elle monte et qu'elle descend. Voici maintenant en quoi consiste la particularité remarquable de cette fontaine.

Comme la grande mer, elle a son flux et reflux. Quand le flux commence, on entend dans l'intérieur un bruit sourd, une espèce de bouillonnement; immédiatement après, on voit l'eau sortir de tous côtés en formant plusieurs petites boules, et en s'élevant peu à peu jusqu'à la hauteur d'un pied, et même au-delà. Après avoir rempli toute l'étendue du premier bassin, elle regorge un peu du côté du second, où on la voit croître de même avec tant d'abondance, que ce regorgement des deux sources qui s'unissent alors, fait un ruisseau considérable.

Dans l'instant du reflux, l'eau descend petit à petit et à peu près en aussi peu de temps qu'elle est montée. On a observé avec une montre que le flux et le reflux durent en tout six à sept minutes, après lesquelles elle se repose deux minutes encore avant de recommencer à couler. L'abaissement de l'eau est si évident, qu'on voit la fontaine presque entièrement tarir. Cependant le reflux n'est jamais le même deux fois de suite, parce que tantôt la fontaine tarit presque entièrement, et tantôt il reste un peu plus d'eau dans le bassin ; ce qui continue toujours alternativement et dans la même proportion, sans augmenter ni diminuer. Vers la fin du reflux, lorsque l'eau est presque toute rentrée, on entend un bruit faible et singulier. Dans le second bassin, le reflux est beaucoup moindre, quoiqu'on y observe les mêmes mouvemens : il y reste toujours assez d'eau pour entretenir le ruisseau qu'il produit ; tandis que le flux et le reflux dans le premier bassin sont bien plus sensibles, à moins que la pluie ou les neiges fondues n'en troublent les eaux.

On a expliqué de différentes manières les causes d'un aussi curieux phénomène. Un savant naturaliste (1) présume qu'il pourrait bien n'être produit que par un air raréfié renfermé sous terre, et poussé continuellement à la surface de l'eau. Son opinion paraît assez fondée ; et jusqu'à ce qu'on parvienne à connaître mieux les secrets de la nature, il ne faut pas aller plus loin.

_____

(1) Voyez le *Dictionnaire d'Hist. naturelle*, par Velmont de Bomaro, à l'art. *Fontaines*.

Il nous reste à dire un mot de la nature de l'eau de cette fontaine. Quoiqu'elle soit fraîche, claire et légère, il semble pourtant qu'elle laisse sur la langue un petit goût de fer; elle teint aussi les pierres du bassin d'une couleur de rouille; propriété qu'elle tient sans doute des mines de fer qui se trouvent dans les environs.

Les Grottes d'Osselles ou de Quingey (1).

A cinq lieues de Besançon et à une lieue de Quingey, on trouve les grottes d'Osselles ou de Quingey. L'entrée en était autrefois très-étroite : elle a été élargie par l'ordre d'un intendant de la province où elles sont situées. En passant successivement par trois salles, on arrive à une autre plus grande, formée, pour ainsi dire, d'une seule pièce de roc vif, dont la voûte plate peut avoir cent cinquante pieds dans sa plus grande longueur, sur soixante-dix de largeur. Le plafond de cette grande salle n'a guère plus de huit à neuf pieds d'élévation. Avant de pénétrer dans l'intérieur, il faut avoir soin de se munir de flambeaux et de justaucorps de toile, parce qu'il y règne la plus grande obscurité, et qu'on risque de gâter entièrement ses habits.

---

(1) *Journal des Savans*, 9 sept. 1684.

Elles sont d'ailleurs remplies de chauves-
souris qu'il ne faut point inquiéter, car si on
les chasse il s'en répand une si grande quantité , qu'il est impossible d'y rester plus
long-temps. Avec ces précautions on peut
admirer à l'aise toutes les beautés merveilleuses de cette grotte, qu'on ne peut mieux
comparer qu'à un sallon rempli d'antiques et
de raretés. Ici ce sont des colonnes ornées de
tout ce que la patience et la singularité du
goût gothique ont pu inventer de plus délicat
et de plus singulier, et qu'on dirait faites
exprès pour soutenir la voûte : les unes ont
des chapiteaux d'un volume énorme à proportion du fût et de la base ; d'autres ont une
base très-massive et un petit chapiteau, de
sorte que les premières paraissent être sorties
de terre, et les autres avoir été formées de la
voûte qu'elles soutiennent. Là ce sont des
alcôves, des réduits, des cabinets, des tables,
des autels, des tombeaux, des statues, des
trophées, des fruits, des fleurs..... enfin tout
ce qu'on peut imaginer de plus approchant
des ouvrages de l'homme. Dans certaines
pièces, on voit des niches singulièrement
ornées ; dans d'autres, des figures grotesques
portées sur des espèces de consoles, des buffets d'orgue, des chaires telles qu'on en voit

dans nos églises; mais surtout les voûtes sont bizarrement ornées de fusées, de pierres luisantes semblables à ces glaçons qui pendent des gouttières pendant l'hiver. C'est un spectacle agréable de voir l'eau dégoutter sur toutes les figures, se fixer, s'épaissir, et produire mille formes grotesques, car toutes ces décorations sont l'effet d'un suc pétrifiant qui s'agglutine : c'est une transformation continuelle; ce qu'on y voit aujourd'hui est souvent tout autre dans huit jours. Tout cela est blanc et fragile, tant qu'on le laisse dans la grotte ; mais ce qu'on en tire s'endurcit à l'air et devient grisâtre. Il n'y a point de meilleurs matériaux pour faire des grottes artificielles. Les fusées pétrifiées dont nous venons de parler, ont encore cela de remarquable, que lorsqu'on frappe avec une canne sur ces congélations, elles rendent différens sons, dont le retentissement forme une harmonie qui n'est pas moins singulière que tout le reste (1).

(1) Ceci rappelle la grotte de Castleton en Angleterre, dans laquelle les gouttes d'eau, en tombant de la voûte sur les congélations, forment des sons, dont l'ensemble fait sur le voyageur, dans le lointain, l'effet d'une musique délicieuse. Il s'arrête ravi de ce concert invisible ; il veut en

Le sol de la grotte est un sable très-délié, luisant et sec ; mais le terrain y est fort inégal, par une suite des congélations qui s'y sont amassées. Il est même à craindre qu'avec le temps tout ne se remplisse ; car il y a déjà des endroits où l'on ne peut plus passer qu'avec beaucoup de peine, et un, entr'autres, où il faut se traîner sur le ventre. Pour passer dans la belle salle, on est presque obligé de traverser un petit ruisseau dans cette position : il est vrai qu'on est amplement dédommagé de cet inconvénient par l'aspect de tant de beautés curieuses et diverses, que la nature, souvent bizarre dans ses productions, s'est plu à y rassembler.

La longueur de toute la grotte est de seize cent quatre-vingt-quatre pas géométriques. A l'extrémité de la grotte est un lac de vingt pieds de diamètre, si profond, qu'on prétend que sept mille brasses de cordes, au bout desquelles on avait attaché deux boulets, n'ont pu atteindre le fond de ce gouffre.

L'air a si peu de jeu dans l'intérieur de cette caverne, qu'on n'y respire souvent

connaître les exécuteurs ; il approche, les sons s'affaiblissent ; il entre enfin dans la grotte, et tout cesse ; il ne voit qu'une pluie douce et continuelle.

qu'avec peine, et que la fumée des flambeaux
qu'on y porte reste suspendue, immobile à
l'endroit où elle est ; et si après avoir fait le
tour de la grotte on l'observe au retour, on
trouve qu'elle a gardé sa situation et à peu
près sa figure. Il y a lieu de penser que si
l'on y déposait des cadavres, ils s'y conser-
veraient sans corruption pendant une suite de
siècles, aussi bien que dans les caveaux des
ci-devant Cordeliers à Toulouse.

La Glacière naturelle (1).

Dans les montagnes du Jura on a découvert plusieurs glacières naturelles, dont la
plus remarquable est celle qui se trouve sur
le territoire de la commune de Chaux-les-
Passavent. En voici la description :

A cinq lieues de Besançon, à l'est, dans
un endroit appelé *Montagne*, près du village
de Beaume, on trouve un petit bois au milieu duquel on voit une ouverture formée
par deux masses de rochers qui, prenant

---

(1) *Encyclopédie*, tom. VII, pag. 689.—*Mémoire de Cossigni*, dans le premier vol. des
Mémoires des Savans étrangers. -- *Description
de la même Grotte*, par M. Girod-Chantrans.

naissance à fleur de terre, conduisent, par une pente fort roide, à l'entrée d'une caverne, dont le bas est cent quarante-six pieds au dessous du niveau de la campagne. Cette avenue de rochers vient s'attacher aux deux extrémités de la façade de la glacière, avec laquelle elle ne paraît plus faire qu'un corps par la couleur et la disposition de ces pierres. L'entrée de la grotte, large de soixante pieds et haute d'environ quatre-vingts, est couverte par deux lits de rocailles horizontaux, qui forment au-dessus de l'ouverture deux espèces de corniches. On voit au-dessus quantité d'arbres et d'arbustes qui contribuent à entretenir la fraîcheur de la *glacière.* Avant d'y entrer, on trouve à main droite une ouverture en forme de fenêtre, à demi-murée, qui mène dans des concavités où l'on se retirait pendant la guerre. La grotte s'élargit pour prendre la figure d'un ovale irrégulier. On y voit à droite une ouverture longue, étroite et profonde, mais qui ne donne point de jour. Les bords en sont ornés de glaces, et il en découle sans cesse de l'eau en gouttes, qui se réunissant dans le bas de la grotte, commencent à y former un corps de glace d'un grand volume. On trouve aussi sur la gauche, en entrant, une semblable

semblable masse de glace, mais plus petite, parce que l'eau n'y tombe pas en si grande quantité, et ne sort de la voûte que par des fentes ou veines peu considérables. Ces deux masses de glace étaient autrefois d'une grande élévation, et formaient des colonnes qui, dans l'été, touchaient au haut de la caverne; mais la glace manquant, en 1727, dans Besançon, ces colonnes furent détruites pour l'usage du camp de la Saône (1).

---

(1) Long-temps avant cette époque même, on a enlevé une partie des glaces de cette grotte pour l'usage de la ville de Besançon, ainsi qu'on le voit par une lettre de l'abbé Boizot, insérée dans le *Journal des Savans* de 1685. « J'ai été me promener, dit-il, il y a quelques jours, à notre fameuse glacière. Jamais ce miracle de la nature n'a été d'un plus grand secours. Il fait ici des chaleurs excessives, et comme l'hiver n'a pas été rude, toutes les glacières particulières ont manqué. On accourt à celle-ci de toutes parts; ce ne sont que chariots et que mulets qui viennent enlever de gros quartiers de glace pour en fournir non-seulement toutes les villes de province, mais encore le camp de la Saône. Cependant la bonne et précieuse caverne ne s'épuise point; un jour de grande chaleur y produit plus de glace qu'on n'en ôte en huit. »

Le sol ou le bas de la grotte est d'un roc assez vif et entièrement couvert de glace épaisse d'environ un pied et demi; mais au mois d'août son épaisseur peut être de quatre à cinq pieds. Ce plancher glacé remplit tout l'espace que décrit l'ovale, et vient se terminer à l'ouverture du cul-de-lampe, où l'on monte par un talus de six pieds; le dedans est en voûte, et paraît d'un seul morceau de roc. La voûte prend sa naissance dès le pied. La pierre en est fort belle; une partie est d'un rouge brun-clair, et l'autre d'un bleu pâle, et tout ressemble à des restes d'une sculpture antique et usée, entre-coupée par des bandes vermiculées. On voit dans le haut une petite crevasse d'où il tombe de l'eau qui forme peu à peu un corps de glace semblable aux premiers. Le dessus de la grotte est un terrain assez uni, sec, pierreux, sans eau, couvert de beaucoup d'arbres, et de niveau avec le reste du bois. En hiver, une partie de la glace se fond; la grotte semble fumer et se couvre d'un brouillard très-épais qui la dérobe à la vue; mais aussitôt que la chaleur se fait sentir, la glace augmente; ce brouillard se dissipe presqu'entièrement, et il ne reste qu'une légère vapeur à l'entrée de la glacière. La glace de cette grotte est sensiblement plus dure que celle des rivières, et fond assez difficilement. Un coup de pistolet tiré dans la caverne y fait un bruit considérable; mais il faut faire cette expérience avec la précaution de ne pas s'exposer à la chute de la glace qui est attachée à la voûte de la grotte, de même que les stalactites de glaçons qui pendent le long des toits en hiver.

Il règne dans cette grotte un froid très-vif, qui force celui qui la visite d'interrompre souvent ses observations pour se réchauffer.

Voilà l'état où était la grotte en 1731, temps où elle fut décrite pour la première fois avec assez d'exactitude. Depuis cette époque, elle a éprouvé des changemens considérables, par rapport à l'aspect qu'elle présentait, mais non par rapport au phénomène singulier qui la caractérise.

Dans les temps modernes, on a ajouté à ces observations encore d'autres que voici:

L'eau tombe goutte à goutte en plus de mille endroits de la voûte, se change sur-le-champ en glace, et forme des stalactites de glace semblables à celles qui s'attachent à l'extrémité des toits en hiver; ce qui produit une infinité de figures très-singulières. Le centre de la voûte est la partie la

Y 2

mieux décorée ; l'œil s'y repose avec plaisir
sur une masse éclatante de cristaux plus
ou moins allongés , qui semble vouloir se
joindre à d'autres pyramides de glace élevées
au-dessus du sol correspondant. Celles-ci,
au nombre de cinq , n'avaient pourtant, en
1783 , que trois à quatre pieds de hauteur ;
elles partaient d'une base également congé-
lée , dont l'épaisseur varie suivant les saisons
et la température , quoiqu'elle soit toujours
assez considérable pour offrir aux yeux du
spectateur un magnifique piédestal. La couche de glace est beaucoup plus mince sur le
reste du sol. On remarque partout un intervalle sensible entre la glace et le sol sur
lequel elle reposait. Elle paraît aussi criblée
de petits trous avec cette espèce d'opacité
qui caractérise la fusion. La partie la plus
basse de la grotte est impraticable à cause
des eaux qui s'y rendent de tous côtés. Celles
qui filtrent à travers la voûte sur le piédestal dont nous avons parlé, au lieu de
se convertir en glace, creusent de plus en
plus dans ce massif, et y forment des espèces
de puits. En été les glaces pendent de la
voûte, et il s'élève quelquefois du fond , des
masses de quinze pieds de hauteur.

Au fond de la grotte, il y avait deux endroits où l'eau, en tombant, avait formé deux bassins de glace, de deux à trois pieds de diamètre : l'eau liquide y était conservée, et se tenait de niveau avec les bords des bassins qu'elle avait formés. Autrefois l'entrée de la grotte était ombragée par de grands arbres touffus dont les branches la garantissaient contre les ardeurs du soleil ; mais depuis qu'on les a abattus, il ne s'y est plus formé une si grande quantité de glace ; de plus, on a enlevé et brisé les colonnes et les pyramides de glace qu'on y voyait auparavant, et qui étaient l'ouvrage de plusieurs siècles : la glace s'y amasse néanmoins, et s'y durcit d'une année à l'autre. Le brouillard qu'on voit quelquefois sortir de la glacière ne se dissipe jamais avant le mois de juillet, parce que ce n'est que dans les grandes chaleurs que la glace s'y forme. Mais quoique le froid y soit plus sensible en août qu'en octobre, l'état intérieur de la caverne ne change pas considérablement à cet égard de l'hiver à l'été, quelque froid ou chaud qu'il fasse extérieurement.

Un physicien est parvenu à trouver la cause du phénomène qui rend cette grotte fameuse. Il a observé que les terres du voisinage, et surtout celles du dessus de la voûte, sont imprégnées d'un sel nitreux ou ammoniac naturel. On sait que ce sel, mêlé avec l'eau, a la qualité de la faire congeler. Les eaux qui filtrent sur les terres et le rocher jusque dans la grotte, y apportent donc assez de sel pour faire amasser et geler ce liquide. On a cru qu'en hiver il n'y avait dans cette grotte que de l'eau sans glace ; mais ce préjugé populaire est sans fondement.

Outre cette glacière naturelle, il y en a trois dans le même département; l'une dans la commune de Luisans ; l'autre auprès d'Arc, et la troisième sur le territoire de Pierrefontaine, près la Grange-au-Roi.

Le Frais-Puits.

Auprès du village de Froté, il y a un puits appelé le *Frais-Puits*. Sa largeur d'en haut est d'environ quinze toises sur vingt de profondeur. Dans ce fond il est fort rétréci, et on y trouve une petite fontaine dans une fente de rocher. Lorsqu'il a plu deux jours de suite tout au plus, on voit monter l'eau, remplir ce puits, s'élever quatre ou cinq toises au-dessus, et comme une montagne d'eau venir se répandre dans les campagnes voisines, qui en sont inondées (1).

Le *Puits d'Ornans* est dans la même province, et présente le même phénomène. Au temps des grandes pluies, il croît tellement, que, quoique très-profond, il regorge d'une manière prodigieuse, et jette une si grande quantité d'umbres, qu'elles peuplent la rivière de Louve.

Auprès des mines de l'ancienne ville d'Antres, dans le Jura, on remarque aussi deux trous naturels fort profonds, de vingt à trente pieds de diamètre à leur ouverture,

(1) Ce regorgement d'eau a sauvé une fois la ville de Vesoul du pillage des ennemis qui l'assiégeaient. *Frais-Puits*, dit Piganiol, commença le 15 novembre (1557) à vomir tant d'eau, quoiqu'il n'eût plu que vingt-quatre heures, qu'en moins de cinq ou six heures de temps, toute la campagne qui est aux environs de la ville de Vesoul en fut inondée. Les assiégeans, croyant pour lors que les assiégés avaient quelque grand réservoir d'eau, par le moyen duquel ils allaient submerger l'armée, gagnèrent les montagnes avec tant de hâte et tant de frayeur, qu'ils abandonnèrent non-seulement leur artillerie, mais encore leurs flacons et leurs barils.

4

dont l'un porte le nom de *Puits-Noir*, e
l'autre celui de *Puits-Blanc* : ce sont, comme
les précédens, des espèces de soupiraux qu
descendent à une profondeur inconnue dans
la terre, et par lesquels l'eau sort en torrent,
dans le temps de la fonte des neiges et l'abondance des pluies. Dans la saison de la sécheresse on peut y descendre.

Ces sortes de puits sont assez communs
dans les pays montagneux.

DÉPARTEMENT DU JURA (1).

La Dole.

La Dole est la plus haute des montagnes
qui forment la chaîne du Jura. Ayant plus
de neuf cents toises d'élévation au-dessus du
niveau de la Méditerranée, son sommet s'é-

---

(1) *Voyage pittoresque et physico-économique
dans le département du Jura*, par Lequinio,
2 vol. in-8o. Paris, an 11.

*Voyage dans les Alpes, précédé d'un essai
sur l'Histoire naturelle des environs de Genève*,
par de Saussure, tom. I.

Streifcreyen durch den Franzœsischen Jura,
von Salis-Marschlin. Winterthur, 1805, 2 vol.
in-8°.

ève majestueusement au-dessus de tout ce
qui l'entoure. Les forêts cessent un bon quart
de lieue au-dessous; il n'y a que quelques
sapins que l'on voit s'élever plus haut :
ils semblent avoir voulu lutter contre le
climat; mais ils ont cédé à sa puissance.
On les voit se rapetisser et se rabougrir à
mesure qu'ils s'élèvent sur ces pentes. Plus
bas, ils croissent souvent au-delà de cent et
cent vingt pieds; sur la Dole, ils en prennent
à peine trente, et bientôt ils n'en ont plus
que quinze; cependant les étages de leurs
branches prouvent qu'ils ne sont plus jeunes;
mais leur écorce est écaillée et fendue, et les
rameaux sont dépouillés de leur ornement.

Un rocher arrête le voyageur qui veut
monter sur le sommet de la Dole; ce
rocher est à plomb; il semble qu'on ne peut
aller plus loin; mais dans le rocher il existe
une scissure, et cette scissure se coupe par
degrés; elle est absolument cachée dans la
roche, et sans le secours du guide, il serait
difficile de la découvrir.

On monte par ces marches, et déjà on est
sur la cime : cependant celle-ci s'élève encore
en se prolongeant vers le sud, et il faut se
déterminer à marcher encore pour arriver au
point le plus haut; quelques crêtes de rochers

forment une sorte de mur naturel le long
du sommet de la montagne : il faut
gravir derrière cette espèce de mur. Tout à
coup on se trouve au-dessus du mur : quel
spectacle inattendu ! Devant les yeux du voyageur se déploie une scène trop éblouissante,
trop vaste, pour être embrassée d'un coup
d'œil. Il reste extasié de plaisir et d'étonnement. Un horizon immense s'arrondit autour de lui et enferme dans sa circonférence une foule d'objets qui se confondent
d'abord , et ne produisent sur ses sens
qu'une sensation de surprise; peu à peu les
objets se déroulent, et les premiers qui frappent ses regards, ce sont les Alpes qui s'é-
tendent devant lui, dans toute leur majesté;
ce n'est point le voyageur qui est allé chercher les Alpes, ce sont les Alpes qui viennent
se présenter subitement à lui. Cette chaîne
de montagnes s'élève avec audace; le ciel
semble s'appuyer sur son sommet : c'est une
des bornes de l'univers, et c'est sur la cime
de cette borne imposante que le soleil jette,
dans les beaux jours, avec profusion, ses
plus riches couleurs. Imaginez des masses
de rubis, d'émeraudes et de topazes, fixées
sur un fond quelquefois d'une blancheur
éclatante, et quelquefois d'une transparence

admirable. Peignez-vous tout ce que vous connaissez de plus varié, de plus brillant dans le coloris de ces nuages qui flottent dans l'atmosphère, aux beaux jours de l'été, et vous n'aurez qu'une faible idée du spectacle qu'offrent lesAlpes vues de la cime de la Dole.

Toute cette richesse forme un cordon de hauteur inégale, au-dessus de la Savoie ; l'œil s'y fixe, et voudrait le considérer toujours ; et plus on le contemple, plus on sent accroître le plaisir; surtout si l'on est assez heureux pour jouir d'un ciel bien pur et serein. L'air pur et vif que l'on respire dans cette région élevée, ajoute encore au ravissement que procure ce spectacle sublime. Mais quittons-le pour quelques instans ; descendons un moment des Alpes, et parcourons l'intervalle qui les sépare du Jura. Plus de dix lieues de pays en longueur, et vingt-trois en largeur, voilà l'étendue que vous mesurez sans effort, et qui se déroule comme une carte géographique à vos regards.

Devant vous, au pied du Mont-Blanc, c'est la Savoie. Le lac Léman, qui la baigne en tournant ses bords en croisant, se développe majestueusement jusqu'à Genève. Sa couleur est d'un bleu doux, tranchée seulement de quelques bandes blanches, occasion-

6

nées par le cours du Rhône et des ruisseaux
qui s'y jettent.

Cette plage liquide, bleuâtre, brille comme
un vaste miroir, au milieu des plaines et des
collines fertiles qui l'entourent, et contribue,
avec les montagnes du fond, à produire un
coup d'œil des plus étendus, des plus magnifiques que l'homme puisse imaginer.

En face, entre le lac Léman et vous,
est le riche pays de Vaud; sur la droite,
est celui de Gex, de Genève et de Car-
rouge. Les montagnes du Dauphiné bornent votre vue de ce côté; à gauche, vous
avez les montagnes de la Suisse qui s'enchaî-
nent avec la Dole; au bas de ces monts, la
Suisse même, et dans le lointain, le lac de
Neuchâtel.

Les plaines sont partagées en champs, en
vergers et en prairies, garnies de haies vives
et de rangs d'arbres, dont la verdure est re-
levée par celle des vignes; de grands villages
se remarquent çà et là dans la campagne, et
plusieurs villes qui se réfléchissent dans le lac
Léman, achèvent d'animer ce brillant tableau.

La ville de Genève, entourée d'un grand
nombre de maisons de campagne, et Car-
rouge qui s'y joint, se voient assez clairement à l'extrémité du lac; mais elles ne

paraissent qu'un amas de quelques pierres à peine élevées au-dessus du sol : ce sont deux groupes de points blancs peu éloignés , et garnis d'une multitude d'autres points épars à l'entour.

La Savoie , quoique placée directement en face de vous , ne vous laisse apercevoir ni villes ni villages, si ce n'est le petit nombre de ceux qui sont placés sur les bords ou dans le voisinage du lac. Les autres , ensevelis dans la profondeur des vallées, échappent entièrement à la vue.

Du lac Léman jusqu'à la cime la plus élevée des Alpes, il ne paraît exister qu'un glacis immense et sans interruption. Ce glacis, dont la pente a plus de vingt lieues de long, semble tout voisin de vous; cependant il ne vous laisse pas soupçonner les grands intervalles qui le séparent, et qui ne sont sensibles que par des teintes différentes. La partie la plus basse de ce glacis offre les nuances variées des produits différens d'une terre qui porte des fourrages et des grains. Les premiers coteaux se distinguent par le vert jaunâtre des vignobles et le vert plus foncé de quelques bois; plus haut, c'est la sombre verdure des forêts qui perdent leurs feuilles d'automne ; plus haut encore, la

teinte se rembrunit , et vous montez aux
noires forêts de sapins ; ensuite le coloris re-
devient plus clair par les forêts de mélèzes,
et plus encore après les sommités où tout
arbre cesse de croître. Au degré qui suit, la
neige ne fond plus, et vous atteignez enfin à
ces masses monstrueuses de glaces éternelles
qui couronnent ce majestueux édifice. Plus
à votre droite, et sur une ligne presque perpendiculaire à l'axe de la Dole, vous avez les
pointes les plus hautes du Mont-Blanc ; elles
sont éminemment élevées au-dessus de toutes
les inégalités de cette immense glacière ; ce
sont les sommets de quelques larges pyramides de cristal, qui semblent avoir la même
base, et dont l'une surpasse encore les autres
d'une grande hauteur. Ce sont les dernières
aspérités de la masse solide ; elles ne semblent
être que les derniers degrés de la terre pour
arriver aux cieux.

Nous n'avons encore vu que le midi de
notre horizon ; tournons le dos à ce côté : la
France est devant nous ; la Franche-Comté,
le Jura, la Bresse et la Bourgogne sont exposés sous vos yeux, et vous jouissez de l'aspect de ces pays en proportion de la finesse
de votre organe, jusqu'au point où le rayon
visuel touche à la voûte du ciel. Vous pou-

rez distinguer dans la basse plaine les habitations entre Dôle et Dijon; mais dans toute l'étendue du Jura, vous ne voyez que les sommités des chaînes de montagnes : elles sont dirigées parallèlement à la Dole; elles cachent absolument les vallons qui les séparent, et ne laissent à votre imagination que le tableau des vagues irritées, lorsque de la pleine mer et du vaisseau qu'elles soulèvent, l'œil les voit s'abaisser à mesure qu'elles s'éloignent, et se fondre en mourant sur la rive.

La plaine des Rousses et le village des Cressonières vous offrent seuls, à droite, le séjour des hommes, et sur la gauche, vos regards en retrouvent encore dans la vallée de Mijone, que vous remarquez par-dessus les forêts de sapins. Mais directement en face de vous, il n'y a que sapins, rochers, montagnes et forêts; et vous n'apercevez que les crêtes, tandis que les espaces qui les séparent se dérobent à vos regards. Deux lacs, celui des Rousses et un autre plus éloigné, se font distinguer, et marquent dans ce vaste plan. Par-dessus les autres montagnes de la chaîne, domine, comme une île au sein des vagues de la mer, le mont Poupet, qui se trouve à quinze ou seize lieues de vous.

Tel est le tableau grand et varié dont la vue charme le spectateur lorsqu'il est au sommet de la Dole. Jetons maintenant nos regards sur cette montagne, et avant de la quitter, occupons-nous un instant de sa forme et de ses particularités.

La cime de la Dole est longue d'un petit quart de lieue; vers le midi, sa face est à pic, et vers la France elle a une pente courbe. Imaginez un dos de mulet fendu par le milieu dans sa longueur : c'est la forme exacte de cette montagne ; le plan de section sera tourné vers les Alpes, et la surface courbe du flanc regardera la France.

Une crête de rochers forme un mur naturel sur le haut, dans toute sa longueur : ce mur avait quelques interruptions ; mais les bergers les ont remplies de pierres, pour empêcher leurs vaches de passer sur le bord qui regarde les Alpes. Ce bord forme une espèce de terrasse de largeur inégale, mais dans laquelle il est des endroits qui n'ont pas douze pieds, et par-delà l'on ne peut avancer la tête sans frémir. La chute perpendiculaire qui se présente est au moins de cent cinquante toises. Cette crête pierreuse, ce mur naturel de rochers ne s'élève que de quatre à cinq pieds au-dessus de la pelouse, et n'a pas plus d'épaisseur qu'un mur ordinaire ; mais à son point le plus haut, il s'élargit et fait une plate-forme circulaire de six à huit pieds de diamètre : c'est là l'observatoire désigné par la nature, et adopté par les curieux.

Il ne faut point chercher la nature vivante sur cette montagne : pas un oiseau, pas une abeille, pas un insecte ne s'y fait apercevoir. Nul bruit même n'y frappe les oreilles, qu'un faible vent qui glisse avec rapidité sur la crête ; on voit les troupeaux errer dans les chalais qui sont dans le bas-fonds, au plus haut degré des sapins ; mais ni leurs mugissemens, ni le son du cornet ne sont portés par les échos jusqu'à cette élévation, et le bruit du tonnerre est vraisemblablement le seul qui puisse y parvenir.

Les sapins qui décorent les flancs de la Dole, et dont nous avons fait mention plusieurs fois, sont dignes aussi de notre attention. Quiconque n'a vu que les sapins des plaines ou des petites collines ne se fait point une idée de la végétation de ces arbres sur le sol et sur la hauteur du Jura.

Dans les pays plats, ce ne sont que des tiges rabougries, maigres, de cinquante à soixante pieds de haut au plus, et presque sans branches; des feuilles jaunes plutôt que vertes garnissent à moitié ces branches, et montrent des peignes difformes. Ici, dans le sapin qui se trouve à l'écart des autres, c'est une tige vigoureuse, droite, élevée de cent pieds, et souvent plus, cachée depuis la terre par un immense volume de branches et de feuillages d'un vert très-nourri. L'épaisseur de ce feuillage le rend comme solide et presque impénétrable à l'air, à la lumière et à la vue. Une pyramide de verdure perpétuelle, de trente à quarante pieds de diamètre à la base, et dont la tige qui forme son axe, en a souvent quatre...... voilà le sapin isolé du Jura. Dans l'intérieur de la forêt, les arbres sont trop rapprochés pour que leur branchage puisse prendre un développement aussi vaste ; mais la contrainte qu'ils s'imposent mutuellement les force à s'élever encore davantage. Le défaut d'air et l'exploitation de la forêt font périr les branches du bas ; mais à une certaine hauteur elles s'entrelacent, et forment une toiture continue qui n'a d'autres bornes que celles de la forêt (1). Qu'on

---

(1) Le fruit du sapin, la térébenthine, est un article important dans la médecine et la droguerie. On en fait la récolte au mois de mai.

uge d'après cela de ce que sont les forêts de sapins au Jura! Peu d'animaux habitent ces sombres demeures : elles étaient autrefois le repaire des ours; mais depuis près de vingt ans on ne voit plus cette espèce dans le Jura. Le loup, le renard, l'écureuil, le lièvre et quelques sangliers sont à peu près les seuls grands quadrupèdes qui habitent maintenant les forêts de sapins, et l'écureuil seul s'y trouve abondant; les autres sont très-rares; le lapin ne s'y trouve point du tout dans l'état sauvage; il est même inconnu dans ce canton. Quant aux oiseaux, il n'y a guère que les petites espèces d'aigle, les éperviers, la gelinotte et le faisan, tous deux très-rares aujourd'hui, et une espèce de grive appelée sur les lieux *grive-traîne* : elle y demeure toute l'année; elle fait son nid de menues brincailles de bois et de plumes, à la différence d'une espèce émigrante qu'on appelle *grive-parée*, parce qu'elle pave son nid, ou plutôt parce qu'elle le fait de boue, ainsi que l'hirondelle. Mais si ces forêts ne sont point la demeure constante d'un grand nombre d'oiseaux, elles deviennent l'asile momentané d'une multitude d'espèces de celles qui vaguent sur l'étendue du globe, qui émigrent perpétuellement, passent tous les ans, à des époques réglées, du midi au nord, et du nord au midi; quelques-unes de ces tribus voyageuses y demeurent tout l'été : la bécasse et les ramiers sont de ce nombre.

Les Fortifications naturelles.

Si l'homme parvient quelquefois à imiter assez bien les ouvrages de la nature, celle-ci affecte à son tour de produire, par une bizarrerie inconcevable et d'une manière surprenante, les ouvrages artificiels que l'homme construit à grands frais. En voici un exemple frappant.

A une petite distance d'un village appelé les *Petites-Chiettes*, aux environs de Clairevaux, dans le Jura, on voit une portion de fortifications à la Vauban, produites sans le secours des hommes. On y découvre plusieurs bastions, des flancs, des faces, des courtines, et même plusieurs rangs de batteries les unes au-dessus des autres; quoique très-imparfait, tout y est figuré de manière à frapper, au premier coup d'œil, l'homme qui a la plus légère connaissance de l'architecture militaire. Et tout cela, ce n'est autre chose que la partie supérieure d'un rocher conformée naturellement de cette manière, et qui s'élève de six à huit cents pieds, presque perpendiculairement, au-dessus d'un vallon resserré (1). A cent cinquante pieds de la cime, la pente, quoique très-rapide, est couverte de bois, dont le feuillage ressemble de loin à un gazon, tandis que la bordure supérieure imite le revêtement d'une forteresse ; pour la couleur, c'est l'inverse d'une place où la masse des fortifications est revêtue jusqu'au parapet, tandis que le plus souvent ce parapet n'est qu'en gazon ; mais pour les formes, c'est l'imitation assez exacte de nos forteresses ; et le vallon creux est l'immense fossé de cette place, dont les embrasures sont au niveau du plateau qui l'entoure, et qui figure les glacis d'alentour.

La Seille.

Souvent une petite rivière, un ruisseau devient un objet intéressant pour le voyageur qui aime les beaux sites, et qui admire la belle nature partout où il la rencontre. La petite rivière de la Seille, dans le Jura, est

_____

(1) Dans le vallon il ne tombe, à ce qu'on assure, presque jamais de neige, quoique toute la montagne et les coteaux en soient annuellement couverts de plusieurs pieds d'épaisseur.

de ce nombre. Sa situation n'a point de ces beautés douces et riantes, que la nature prodigue aux plaines fertiles : c'est ici une nature mâle et sauvage qui veut frapper. Le lieu où coule la Seille est des plus solitaires: une prairie dans le vallon est la seule portion de terrain qui rende quelque produit agricole ; de chaque côté, des coteaux couverts de rocailles s'élèvent à deux cents pieds, et par-dessus ces coteaux, près de trois cents pieds de rocher se montrent à nu , dans une coupe aussi perpendiculaire que la muraille la mieux construite. Ce rocher est divisé en quatre lits horizontaux , d'environ soixante pieds d'épaisseur chacun, et l'eau s'échappe de plusieurs endroits entre ces lits ; chacune de ces couches épaisses , est absolument de la même nature et de la même solidité: c'est une masse calcaire très-compacte et très-forte.

Le vallon se termine en fer à cheval, et les sources de la Seille sont à la branche droite quand on est en face de la culée. La plus basse de ces sources est au-dessus du coteau, à la naissance du rocher nu ; c'est une masse d'eau de six pieds de large et d'un demi-pied d'épaisseur, qui sort continuellement avec la même force ; on y remarque quelques glaçons formés par la vapeur que es eaux élèvent contre le rocher.

A trente pas de cette source on en voit une seconde fort différente : celle-ci sort du milieu de la masse des rochers par une fente qui paraît avoir dix-huit pieds de haut sur un de large ; elle est élevée au-dessus du coteau de vingt à trente pieds ; par sa chute, l'eau s'est creusé dans la roche et dans le coteau un demi canal en forme de cheminée, de cinquante pieds de profondeur. C'est donc après une chute de soixante-dix pieds que l'eau serpente dans une masse de tuf de cent cinquante pas de long et de deux cents pieds de haut. Les deux sources réunies sillonnent cette masse de tuf en différens sens, et font mouvoir plus bas deux moulins, les seules habitations de ces tristes lieux.

Dans les temps ordinaires, en posant une échelle contre le rocher, on peut entrer par l'ouverture verticale qui donne issue à la seconde source de la Seille ; on assure que par cette ouverture on pénètre fort loin sous la montagne, et que dans son intérieur on rencontre un lac qui alimente cette source. Tout concourt à donner de la vraisemblance à ces observations.

Depuis la bouche verticale par laquelle

l'eau sort ordinairement, jusqu'au coteau; ce n'est qu'un glaçon perpendiculaire, et gros en proportion de sa hauteur; il est produit par un flux insensible; les différens écoulemens légers qui se montrent en plusieurs endroits forment également des glaçons considérables, parce que leur mouvement n'est pas assez fort pour résister à la puissance coagulante du froid.

Un spectacle singulier, dont Lequinio jouit lorsqu'il visita ces lieux, fut celui d'une congélation en forme de rideau, de soixante pieds de long sur douze de haut, et d'un demi-pied d'épaisseur. Imaginez dans ces proportions une glace de miroir mal polie, sans étamage, et mise de champ pour faire une cloison transparente entre de vastes appartemens : voilà le jeu de la nature qui résultait du suintement des eaux.

La masse de tuf dont nous venons de faire mention, et qui s'élève du bas du vallon jusqu'à l'endroit où le rocher se montre à nu, est criblée de grottes et de cavernes, toutes pleines de stalactites; elles forment des habitations naturelles à qui veut y loger. Les meuniers de cette solitude n'ont point d'autres écuries ni d'autres étables ni d'autres poulaillers.

La

La culée derrière les moulins est d'une hauteur et d'un aplomb dont l'aspect excite une secrète horreur: c'est en vain qu'au temps de la canicule le soleil embrase de ses feux toute l'atmosphère; jamais ce coin de la terre ne sera touché de ses rayons; l'étoile du nord est presque le seul astre que les regards y puissent atteindre; le jour n'y est, pour ainsi dire, qu'un éternel crépuscule, et nul foyer de lumière n'y pénètre que dans l'ombre de la nuit.

Par où sortira-t-on de cet affreux précipice? c'est la question qu'on se fait naturellement après avoir tout observé : l'on ne voit nulle issue praticable, et la frayeur augmente. Faut-il retourner sur ses pas, et parcourir encore une lieue et demie pour se retrouver dans la plaine?

Non : dans la partie gauche du rocher il existe une scissure qu'on n'aperçoit que lorsqu'on est au-dessus ; c'est ce qu'on nomme les *Échelles.* On y a pratiqué des degrés; quelque rapides qu'ils soient, les ânes et les mulets les remontent tous les jours pour le service du moulin. Dès qu'on est au sommet de la culée, on s'abandonne au plaisir de revoir le soleil; tant il est vrai que la privation momentanée d'un bien en rend la jouis-

Z

sance plus douce ! On se procure encore un autre plaisir : celui de contempler d'en haut cette fosse large et profonde dont on vient de sortir ; et l'on se demande dans quel temps, par quel accident s'est creusé cet immense vallon.

Le problème n'est pas aisé à résoudre, et plus on y réfléchit, plus on trouve de doutes. D'abord, ce n'a point été un courant habituel de la mer lorsqu'elle couvrait cette partie du globe, car il n'y a point de passage pour les eaux au fond de la culée ; par la même raison, ce ne peut être l'effet lent du flux et reflux de l'Océan. D'ailleurs, il manque à ce vallon le dépôt de galets, signe caractéristique du battement habituel des flots, qui finit toujours par égaliser le terrain, et former des plaines basses par la retraite lente des eaux. Cet effet est visible en plusieurs endroits du Jura, et notamment dans la plaine du pont de Navoé, qui traverse le grand chemin de Lyon à Pontarlier. A cet endroit, le dépôt de galets est immense et visible au voyageur le moins attentif. L'inspection du local démontre que des courans y passaient entre les montagnes. Ces courans ont disparu à mesure que les eaux se sont retirées ; alors les galets se sont rapprochés par le flux et reflux journalier qui les rejetait des rives à l'endroit le plus creux. Ils furent ainsi déposés entre les montagnes, dont ils exhaussèrent le fond, et fournirent une plaine assez large, où ils sont encore à découvert. Mais rien de semblable n'existe dans le creux vallon de Beaune, que nous venons de décrire. C'est ce qui engage Lequinio à conclure que ce creux vallon doit son existence à un affaissement dans la montagne: cette explication, quoiqu'elle ne soit qu'une hypothèse, est sans doute la meilleure qu'on puisse donner d'un événement qui n'est connu que par ses effets.

Les Poudings de Poligny.

Auprès de la ville de Poligny, on voit un assemblage de petits monticules ou de masses très-solides et très-volumineuses, qu'on appelle *poudings*. La matière dont ils sont composés n'offre rien de curieux; mais la manière dont ils se sont formés est un objet digne de notre attention. Nous allons raconter en peu de mots l'histoire de leur naissance.

Derrière l'hospice des Orphelins, à Poligny, s'élève une montagne presque à pic,

composée d'une roche calcaire médiocrement
dure. Cette montagne a été insensiblement
altérée par les attaques continuelles des élémens et par son propre poids ; plusieurs
parties ont cédé doucement, et ont glissé vers
la base. Par cette chute, la roche friable, à
demi décomposée par cet amas et l'influence
des météores, s'est réduite en petits morceaux
souvent moins gros que le poing. Mais depuis
cette trituration occasionnée par l'affaissement des masses, le flux des eaux, chargées
de suc pierreux, en a recouvert la plus grande
partie, et s'est introduit entre les petits morceaux qui les composent ; il les a unis par
agglutination, comme fait le ciment dans
lequel on jette des éclats de pierre. Ce suc
coagulé récemment, et très-distinct des petits
morceaux de roche d'un âge indéterminé,
qu'il a liés ensemble, forme avec eux ces
masses appelées *poudings*.

En Auvergne et en Dauphiné, on voit
beaucoup de vallées qui en sont remplies.

Les Grottes de Loizia.

Dans les environs de Loizia, village situé
dans les montagnes du Jura, il existe une
belle vallée en forme d'une demi-lune. La

montagne qui l'entoure est échancrée régulièrement de haut en bas ; une bande large
et demi-circulaire d'une roche aride couronne
toute cette demi-lune : c'est au fond de cette
vallée que sont situées les grottes. On y entre
par une ouverture de douze pieds de large
sur vingt pieds de haut. A gauche de cette
ouverture est un pilier taillé dans la roche :
il a trois pieds d'épaisseur, et monte jusqu'au
plafond de la grotte. La voûte est assez bien
ceintrée. A cinquante pieds de l'entrée, la
grotte s'élargit, et la voûte s'élève ; mais à
trois cents pieds environ, elle se rétrécit de
nouveau ; la voûte s'abaisse et va se terminer
en cul-de-lampe. Dans une direction presque
perpendiculaire à celle-ci, s'ouvre sur la
gauche une seconde grotte plus large que la
première, mais n'ayant que soixante-douze
pieds de long : c'est un bras qui croise la
principale nef de cette espèce de temple; l'endroit de leur réunion est un dôme d'une
grande et majestueuse élévation.

Au milieu de cette seconde grotte, au bas
des parois, est une ouverture d'environ quatre
pieds ; baissez-vous, elle vous introduit dans
une troisième grotte de soixante pieds de
long et dirigée à peu près parallèlement à la
seconde. Dans cette troisième, vous trouverez

3

un trou d'un pied et demi ; glissez-vous avec précaution par ce trou , vous passez dans une quatrième grotte. Celle-ci a quatre-vingts pieds de long ; c'est le dernier réduit où vous puissiez pénétrer. On y remarque des trous et des scissures qui établissent peut-être des communications avec des souterrains immenses. Qui sait à quelle distance, à quelle profondeur on pourrait parvenir , si on réussissait à élargir ces ouvertures ?

Les voûtes des quatre grottes et leurs parois latérales, sont plus ou moins couvertes de stalactites ou de concrétions et de pétrifications formées par les gouttes d'eau qui filtrent à travers les plus petites fentes du rocher. De là résultent une multitude de formes et de figures bizarres , auxquelles chacun donne des ressemblances à l'objet qu'il veut. On y voit entr'autres une stalactite qui ressemble assez bien à un grand héron ou à une petite autruche vue par derrière. Des pattes et des jambes de l'oiseau, vous pouvez cependant faire les bras et les mains décharnées d'un squelette qui pend la tête en bas, ayant la face collée sur le roc.

Il est inutile de dire qu'on ne peut se conduire dans ces souterrains sans être éclai-

ré. Quoique le sol soit horizontal, il n'est
pas uni ; les pétrifications y forment souvent
des élévations considérables ; en d'autres endroits il y a des tas d'une ordure boueuse et
infectante : c'est la fiente des chauves-souris
qui habitent les voûtes de ces grottes, où
elles sont accrochées par groupes les unes
sous les autres. Combien de siècles n'a-t-il
pas fallu pour que, dans une de ces grottes,
il ait pu se former un monceau de fumier de
seize pieds de diamètre et d'environ quatre
pieds de haut !

Nulle part on ne peut sans flambeau
jouir du spectacle de ces grottes ; mais dans
la première, quoiqu'elle ait trois cent cinquante-deux pieds de long, on peut, à certaines heures du jour, arriver jusqu'au bout,
à la clarté de la lumière extérieure ; elle serait même assez bien éclairée dans toute son
étendue, si les rayons de lumière n'étaient
interceptés par différentes masses de pétrifications qui sont semées çà et là sur le terre-
plein. Après avoir fait soixante à quatre-vingts
pas, on n'aperçoit plus qu'une lumière faible
et incertaine, qui flotte le long de la voûte,
en allant frapper son extrémité, d'où elle paraît venir. On croit que la montagne est percée et qu'elle est éclairée par le haut : cet effet

4

de la lumière est si frappant, qu'il faut arriver jusqu'au terme et regarder attentivement, pour reconnaître son erreur. Si de cet endroit on tourne la face vers l'entrée, les yeux sont éblouis ; la petite portion d'atmosphère qu'on aperçoit semble infiniment plus lumineuse, et cependant en fixant le terrain on en distingue toutes les parties beaucoup mieux que de l'entrée même du souterrain.

Ces grottes sont fréquemment visitées. Les stalactites ont été brisées de toutes parts ; et les gens du pays assurent que les voyageurs en ont enlevé ce qu'il y avait de plus précieux. Il ne s'y trouve point, en effet, de cavité qui ne porte des traces de leur présence : partout on lit des noms. Plusieurs fois ces grottes, ainsi que celles de Vabos, situées dans le même département, ont servi de retraite aux malheureux fugitifs pendant les guerres civiles.

Sur la branche opposée du fer à cheval que forme l'échancrure de la montagne en face des grottes de Loizia, on voit plusieurs trous dont quelques-uns n'ont que dix pieds de profondeur. Le plus considérable porte le nom d'*Ermitage*, parce qu'un ermite y vivait il y a cinquante ans. Ce paraît être l'ancien lit d'un torrent qui coulait par l'intérieur du mont. Le capillaire en revêt l'intérieur. Les signes d'humidité non équivoques, et les masses irrégulières de poudings, qui font maintenant corps avec la montagne, démontrent que l'eau pétrifiante y a long-temps coulé.

Un autre trou percé en entonnoir paraît également avoir servi pendant des siècles à l'écoulement des eaux. Ces sortes de canaux sont fort communs dans ce pays ; ils forment des espèces de bondes proportionnées à l'étendue des vides intérieurs des monts. Quelques-unes laissent échapper l'eau presque continuellement, comme celle de la culée de Vaux ; et d'autres seulement dans les époques où les lacs intérieurs, trop grossis par la fonte des neiges ou par les pluies, pénètrent par les scissures des rochers.

Mais dans le canton dont nous parlons, on remarque plusieurs cavités d'une autre espèce, qui n'ont jamais donné passage à aucune sorte de fluide. La plus grande a vingt pieds de long, autant de profondeur dans la montagne, et dix pieds de haut. Dans le rocher nommé *de Grimont,* qui couvre Poligny, l'on voit une excavation de cette nature, mais beaucoup plus considérable, et connue sous le nom de *Trou de la lune.* Dans la plupart des

montagnes dont la roche est coupée verticalement comme un mur, on voit de ces excavations : elles n'ont que peu de profondeur,
et elles sont sans la moindre scissure ; leurs parois sont lisses, comme si la main de l'homme
les avait taillées.

Le Jet d'eau naturel.

Dans la commune du Ghatagna, vers le
pied d'une côte qui descend presque perpendiculairement d'environ sept cents pieds,
un objet assez singulier excite la curiosité
du naturaliste : c'est un canal souterrain
par lequel la montagne vomit l'hiver un petit torrent, et donne, dans la belle saison,
un courant d'air toujours sensible. La bouche ou scissure est dans la roche solide ;
elle est horizontale, ayant douze pieds de
long sur un pied et demi de large. L'eau
qui, l'hiver, sort par cette bouche, s'élance
en un jet fort large, à la hauteur de dix à
douze pieds ; ensuite elle retombe dans un
lit de six pieds de large, semé de grosses
pierres, au milieu desquelles elle se précipite
avec l'impétuosité d'un torrent. L'été, ce lit
est parfaitement sec ; il ne coule pas une
goutte d'eau du rocher ; mais un vent con-

tinuel en sort , et fait flotter le mouchoir
qu'on suspend devant la scissure.

La Gorge de la Tour-du-Métix.

A un quart de lieue du village de la
Tour - du - Métix , la route de Saint-
Claude passe entre deux pans de rochers,
qui, tous deux, s'élèvent également dans une
direction verticale ; ils paraissent avoir cent
cinquante pieds de haut : la distance entre
eux n'est guère que l'espace même du grand
chemin qui les sépare. La montagne est
coupée net et d'à-plomb; mais ce n'est point
perpendiculairement à son axe ; la gorge formée par cette brisure décrit une courbe qui
ne la rend que plus singulière, en lui donnant plus de largeur que la montagne n'a
d'épaisseur réelle. Pendant qu'on traverse
cette espèce de puits allongé, sur le fond duquel on marche, la vue, resserrée de tous côtés,
ne peut se porter qu'en haut ; le firmament
est le seul objet qu'elle rencontre. Les parois
des deux rochers qui forment cette gorge bizarre, sont lisses, et s'élèvent avec une har-
diesse qui frappe l'imagination ; leurs sommets sont de niveau. On voit que jadis ils ne
faisaient qu'un corps, et que le court inter-

vallé qu'il y a maintenant entr'eux n'est
qu'une interruption dans la montagne.

Ici le doute s'élève : est-ce l'œuvre de la
nature, ou le résultat du travail des hommes?
Rien n'éclaire suffisamment ces questions.
D'un côté, on ne peut supposer que cet intervalle soit aussi ancien que les monts qu'il
sépare ; et cependant sa scissure est trop
étroite pour être l'effet lent du passage des
eaux qui auraient employé des milliers
de siècles à la miner. L'action impétueuse
d'un torrent qui l'aurait produite tout à
coup, est encore moins concevable ; l'immense vallon qui s'étend à deux cents pieds
au-dessous ne permet pas de le soupçonner.
Si elle est l'effet d'un tremblement de terre,
que sont devenues les masses énormes qui
remplissaient ce vide; et par quel événement
se trouvent-elles extraites de la montagne
d'une manière uniforme, sans avoir agi sur
les parties latérales ? car la scissure est aussi
unie que l'est, dans une bibliothèque, l'espace entre deux livres lorsqu'on en ôte un
troisième. D'un autre côté, si cette scissure
est l'ouvrage des hommes, qu'est devenu
l'immense déblaiement qui nécessairement
a dû en provenir ?

Le bas de la coupe est, de part et d'autre,

au niveau du terrain qui l'avoisine. Du côté d'Ongelet, la plaine et le pied de la montagne s'étendent sur le même niveau jusqu'à une distance si considérable, qu'on né peut soupçonner que depuis la formation du globe, il y ait eu des changemens dans cette contrée. Il est vrai qu'il existe une vallée très-profonde du côté du pont de la Pile; mais ce n'est pas immédiatement à la sortie de la gorge ; et si c'est là que s'est porté le déblaiement, d'où sont venues les terres qui les ont recouvertes, et qui forment une esplanade assez étendue sur l'avant, de même que sur la gauche de cette coupe ?

Au bout de cette gorge, un spectacle nouveau frappe le voyageur : il semble qu'au sortir d'un profond souterrain il est enfin rendu au jour ; et ce n'est que pour voir une étendue presque illimitée de monts et de forêts. Sur la gauche, est une plaine parfaitement horizontale, demi-circulaire, et d'environ cinq cents pieds de diamètre. La montagne qui l'entoure est composée de plusieurs zones ou couches placées horizontalement les unes sur les autres ; et chacune des zones se retire de plusieurs pieds sur celle qui la précède ; en sorte que, dans leur ensemble, elles présentent l'image parfaite d'un

amphithéâtre. Elles sont couvertes d'une espèce de buis, qui ne s'élève que d'environ
deux à trois pieds, et qui, vu du bas, ne
semble être qu'un tapis ou coussin vert étendu
sur chacune des banquettes de ce cirque immense.

Traversez l'esplanade qui forme l'arène
de cet amphithéâtre, et rendez-vous à son
extrémité opposée : le coteau se prolonge, en
montant sur la gauche de la rivière de l'Ain.
Là, sans que la crête s'élève, la montagne
devient beaucoup plus considérable, parce
qu'elle descend jusqu'au lit de la rivière, et
qu'elle laisse l'arène qu'on vient de quitter,
à peu près à moitié de sa hauteur. La côte
est très-rapide ; mais le buis qui la couvre
fait qu'on peut la remonter sans crainte. A
cinq ou six cents pas de l'arène, et à six cents
pieds au-dessus du lit de la rivière, au milieu du buis, vous rencontrerez une scissure
funeste à ceux qui ne marchent pas avec la
plus grande circonspection. Le rocher s'est
fendu ; mais ses parois, écartées d'abord, se
resserrent à dix pieds de profondeur, et ne
laissent entr'eux que le passage d'un homme.

Glissez-vous par cette espèce de couloir, à
douze pieds au-dessous, vous vous trouvez
dans la partie latérale d'une grotte d'environ

quarante pieds de long, de trente de large;
et de dix de haut. Cette grotte est ouverte
dans toute sa longueur; mais la côte est ici
tellement à pic, qu'il serait presque impossible d'y entrer par-devant. Sur le bord inférieur, se sont amoncelées des terres sur lesquelles des buis, des coudriers et d'autres
arbrisseaux ont poussé de manière à dérober
à la vue jusqu'aux moindres indices de cette
large ouverture.

Quoique la côte opposée du lit de la rivière
soit à la même hauteur, également rapide, et
par conséquent peu distante, on s'y placerait
en vain pour découvrir cette grotte dans le
coteau, qui s'élève encore à plus de cent cinquante pieds au-dessus de son ouverture; la
nappe de buis et d'autres arbrisseaux qui
couvrent toute la pente, ne montre qu'un
immense tapis de verdure jaunâtre, mais
uniforme et sans lacune.

Le Cours de l'Ain.

Quoique l'Ain ne soit pas une des principales rivières de la France, elle est néanmoins remarquable sous bien des rapports.
Nous donnerons donc quelques détails sur
la source de cette rivière, sur son cours, sur

les particularités qui la font remarquer, telles que les nombreuses chutes, les sites pittoresques qui ornent ses bords..., et nous aimons à croire que ces détails ne seront pas les moins intéressans de ce recueil. Lequinio, qui a examiné cette rivière, et qui a suivi son cours dans le département du Jura, dont elle traverse une partie, pour entrer ensuite dans celui de l'Ain, nous servira de guide dans cette excursion.

En sortant du village de Syrod, on passe quelques monts, et après une heure de marche on arrive au sommet d'un précipice en cul-de-sac, formé par deux montagnes très-rapprochées, ou plutôt par une montagne dans laquelle s'est faite une longue échancrure très-profonde. Depuis le haut jusqu'au gouffre, le cul-de-sac de la gorge, taillé perpendiculairement par la nature, a environ cent toises; on ne peut avancer sur cet abîme, puisque le rocher dans le bas fait une saillie. La gorge est fort étroite; la lumière y pénètre à peine. Pour le voir de près, il faut donc descendre réellement à la surface du gouffre; mais les deux flancs de la gorge ne sont guère moins rapides que le fond même du cul-de-sac. Cependant, en descendant à cent pas plus loin, à l'aide des arbrisseaux aux-

quels on se suspend, et avec un peu de courage, l'on peut y arriver sans accident. La
gorge est taillée en demi-lune, et l'on peut,
dans un temps sec, tourner autour du gouffre
sur une banquette naturelle de rocher qui le
borde : ce qui cependant ne se fait pas sans
péril ; car les bords sont très-glissans, à cause
de leur humidité continuelle, et les parois
du gouffre descendent aussi perpendiculairement que celles d'un puits. L'eau a la
transparence du cristal ; et comme l'œil est
presque à sa surface, et que le croisement
des rayons ne gêne point en cet endroit, on
voit très-distinctement les pierres que l'on
y jette, descendre à une profondeur considérable ; le mouvement qu'elles font à la
surface dans leur chute, est déjà calmé qu'on
les voit descendre encore, et l'on sent qu'elles
ne sont pas au fond quand elles cessent d'être
aperçues.

Les eaux ne commencent à couler qu'à
vingt pas plus bas. Entre le gouffre et la
naissance de la source est un terre-plein sur
lequel on marche en été comme dans une
chambre, et ce terre-plein est composé de
sable et de pierrailles ; en sorte qu'il est fort
simple de croire que l'eau qu'on en voit sortir vient du gouffre même et y prend sa

source. Pendant la plus grande partie de l'année les eaux y sont si abondantes, qu'elles couvrent entièrement leur lit dans toute cette gorge, et qu'elles refluent vers le gouffre, et semblent en sortir. Mais Lequinio, qui y est descendu dans le temps des grandes chaleurs, lorsque les eaux étaient très-basses, a trouvé qu'elles ne venaient pas du gouffre, mais du côté gauche de la gorge. Il serait difficile de prouver qu'il a existé une communication souterraine entre elles (1).

En suivant successivement les deux bords de la gorge, on voit une multitude de sources qui naissent du côté gauche au bas de la montagne, et qui fournissent à la rivière même, pendant les chaleurs, une quantité d'eau si abondante, qu'elle porte bateau à cent toises du gouffre, se grossissant toujours dans sa

(1) Le P. Joly, dans sa *Franche-Comté ancienne et moderne*, Paris 1786, croit que l'on peut suivre les sources dans des cavernes immenses, et qu'il y a un sentier étroit sous lequel est un gouffre perpétuel dont il n'est pas possible de sonder la profondeur ; mais des observations plus récentes prouvent qu'il n'y existe rien de semblable.

cours de sources nouvelles. Un quart de lieue plus bas on ne soupçonnerait jamais que ce fleuve eût une source aussi voisine.

Vers le fond de la culée, sur le penchant du coteau, on observe plusieurs sources qui descendent en sillonnant la côte, et qui s'absorbant à quelques pieds plus bas, vont se perdre à vos yeux dans les terres, sans qu'il y ait un trou sensible pour les engouffrer. Il y a apparence qu'elles se rendent par des voies souterraines au lit du fleuve.

On voit aussi du même côté une cascade large de deux toises et haute de vingt; elle est formée par la chute des eaux pluviales et des neiges fondues qui se réunissent sur les hauteurs éloignées, et se précipitent du haut du rocher.

Le long des bords de la montagne la plus basse, on remarque un grand nombre de beaux plants de saules; les deux parties mêmes de la montagne, divisées par cette gorge, sont couvertes de bois, quelque rapide que soit leur penchant : des taillis d'arbres couvrent seuls la portion la plus basse, et descendent jusqu'au lit du fleuve; quelques sapins s'y entremêlent et varient les nuances de la verdure sur la région moyenne, ce qui produit un effet charmant; ils deviennent plus serrés à

mesure que le coteau s'élève, et règnent seuls
enfin sur le sommet.

Après avoir reçu le torrent de la commune
de Nozeroi , l'Ain coule dans une gorge
très-resserrée , ayant à droite le mont de
Château-Villain, et à gauche deux autres
montagnes fort élevées, dont la plus haute
porte le nom de *Côte-Poire*, à cause de son
pic qui semble avoir la forme d'une poire
quand on le considère du vallon. Le mont
du bourg de Syrod n'est séparé du précédent que par la rivière ; ils s'élèvent l'un
et l'autre avec une rapidité extrême. Entre
ces deux montagnes s'élance du rocher la
rivière qui les sépare; elle tombe sur une
esplanade qui s'élargit des deux côtés, à
mesure qu'elle s'avance, et elle forme, en
tombant, une nappe d'eau de cinquante
pieds de haut, et de plus de cent trente pieds
de large, plus ou moins écumante et tumul-
tueuse , et par conséquent d'une beauté plus
ou moins horrible , selon que les eaux sont
plus ou moins abondantes.

Au-dessus de la cascade, l'Ain se trouve
entièrement recouvert par les roches. Il est
probable que *Côte-Poire* et *Bourg de Syrod*
ne formaient autrefois qu'une seule montagne. Lequinio croit que dans ces temps re-

culés et perdus dans l'immense série des révolutions physiques, la plaine de Syrod ne
faisait qu'un grand lac, et qu'une violente
commotion du globe rompit la roche en cet
endroit, et fit deux monts tels qu'ils existent
aujourd'hui.

Mais la brisure ne fut pas nette ; quelques-
unes des masses supérieures se détachèrent
et couvrirent la partie creuse de la scissure,
où leur volume les arrêta. Une de ces masses,
que l'on voit encore, a près de cinquante
pieds de long, trente pieds de large et quinze
pieds d'épaisseur ; elle est tombée de travers;
la gorge s'étant trouvée trop étroite pour la
recevoir, cette masse n'a pu prendre une
assiette horizontale, et présente un plan incliné d'un bord à l'autre.

Dans le bas, ces roches détachées du haut
forment une espèce d'aqueduc irrégulier et
gigantesque, sous lequel passe le fleuve. La
voûte est composée de masses, et le fond
n'est qu'une suite de gouffres. Il n'est pas
impossible néanmoins d'y pénétrer, quand
les eaux sont très-basses; mais la prudence
exige qu'on n'y passe qu'en se traînant sur
les genoux et sur les mains.

A quelque distance de là sont les grandes
forges de Syrod, dont les mécaniques sont

mises en mouvement par un filet d'eau provenant de la rivière. Cet établissement, avec les chaumières des ouvriers, touche exactement au pied des montagnes du bourg de Syrod et de Côte-Poire. Cette dernière, par son immense élévation, et par la sombre forêt dont elle est couverte, dérobe le jour aux habitations ; elles ne sont frappées des rayons du soleil que trois ou quatre heures au plus dans la belle saison, et presque point en hiver. On doit juger que le froid n'épargne pas cette humide et sombre vallée ; elle est exposée tout à la fois à la fraîcheur des forêts, à celle des eaux et à celle de l'air; le climat, par sa température, y semble reculé de quelques degrés vers le nord.

Avant d'entrer dans la gorge que nous venons de décrire, le cours de l'Ain se détourne par un angle droit, et forme une espèce de puits triangulaire de quatre-vingts pieds de large. Trois montagnes, unies par la base, s'élèvent autour : l'une n'est qu'une roche sèche et stérile qui descend du bourg de Syrod; les deux autres sont couvertes de haut en bas de grands sapins entremêlés de hêtres et d'autres arbrisseaux qui remplissent les intervalles et le dessous de ces belles et noires pyramides. La nudité de la première

montagne, surmontée des chaumières misérables du bourg de Syrod, fait un contraste frappant avec le vert obscur et sombre
des deux autres.

Transportez-vous en imagination au fond
de ce majestueux précipice, en vous représentant devant vous la source de la rivière,
vous aurez sa chute à votre gauche; à droite
est un torrent formé par les eaux qui, après
une pluie abondante, s'amassent sur les deux
coteaux voisins : son cours est rapide; ses
eaux, transparentes et claires comme le cristal, après être descendues des coteaux à travers la mousse et le gazon, sont englouties
par l'Ain qui, dans cet endroit, est sale
et boueux, et elles disparaissent avec lui
dans l'abîme.

Si vous remontez encore trois cents pas
plus haut les bords de la rivière, vous voyez
un promontoire; c'est un rocher d'un tuf
très-tendre et poreux, qui se coupe aisément,
et que sa légèreté rend propre à la construction des tuyaux de cheminée. Cette pierre,
d'une formation très-moderne est pleine de petits objets pétrifiés : on y trouve surtout des
feuilles de lierre entières et parfaitement
dessinées dans leur pétrification. Il n'y a
pas une côte, pas une petite nervure d'omise,

pas une pointe d'altérée dans sa forme. Après
avoir reçu les eaux du torrent, l'Ain se resserre et s'abîme dans l'intervalle des montagnes entre lesquelles il passe rapidement de
chute en chute ; l'eau se précipite avec un
énorme fracas, et couverte d'une masse d'é-
cume. A vingt pas plus loin c'est la même
chute, la même agitation. Ces chutes et ces
fureurs se répètent vingt fois, en faisant
mugir les cavernes où le torrent s'engouffre,
et les rochers qu'il mine ; ce n'est plus qu'un
bouillonnement continuel, accompagné d'un
bruit épouvantable. En gravissant la montagne, vous pouvez contempler ce spectacle
à loisir : quelques sapins et quelques hêtres
qui s'avancent en saillie vous serviront d'appui ; osez vous y asseoir, vous planez sur
l'abîme. A deux cents pieds au-dessous, le
torrent frappe, en écumant, les rochers avec
une sorte de fureur ; l'on dirait qu'il veut forcer
sa prison. Des pièces de bois qu'il entraîne lui
servent comme d'instrumens pour ébranler les
flancs des monts ; tour à tour lancés et re-
poussés avec la plus grande violence, ces bois
s'engloutissent, reparaissent, se heurtent,
coulent et disparaissent enfin dans le gouffre.
Là, vous perdez absolument les eaux de
vue ;

rue ; elles passent sous les roches brisées, comme nous avons dit plus haut ; pour les retrouver, il faut se transporter à cent pas plus loin , et descendre au fond de la gorge.

La rivière paraît vomir par deux bouches de vingt pieds de large sur six de haut ; ce sont deux torrens d'écume qui se confondent à l'instant et se jettent en masse, par une chute de trente pieds , avec une telle fureur, qu'une partie de leurs eaux rejaillit à plus de trente pieds au-dessus de la chute, et forme une pluie qui de loin ne paraît qu'une sorte de fumée.

Le torrent est resserré encore une fois par le rapprochement des rochers, et se précipite enfin dans le grand amphithéâtre , où il forme cette nappe d'eau, d'écume et de vapeur dont nous avons fait mention. Ici, ce n'est plus un torrent ; c'est le déluge qui va se reproduire, menaçant de tout dévaster. Le fleuve impétueux s'étend de tous côtés ; vous craignez qu'il ne renverse à l'instant même les bâtimens qui l'avoisinent.

Cette chute, une des plus belles du Jura, ne cesse en aucun temps ; mais elle éprouve, comme nous avons dit, des variations extrêmes. Quand il ne gèle pas dans la mauvaise saison, elle est constamment dans son effrayante beauté ; mais dans la saison des chaleurs elle éprouve des changemens subits. Une pluie légère et à peine sensible aux forges ; souvent même un orage qui a éclaté ailleurs, réveille, au moment qu'on s'y attend le moins, toute la fureur du torrent, qui peu d'heures après est aussi calme qu'auparavant.

On passe ensuite à travers de vastes plaines, jusqu'au *port de la Sez*. Là, le rocher se coupant net et perpendiculairement, offre un lit au fleuve, qui tout à coup tombe d'une hauteur de cinquante pieds. Cette nappe d'eau a quatre cents pieds de large ; c'est vraisemblablement une des plus belles cascades de l'Europe.

A la fin de l'été, lorsque les eaux sont très-basses, on peut se promener, avec précaution toutefois, sur ce rocher, dont la cime horizontale s'élevant presqu'à la hauteur des bords, interrompt le cours de l'eau depuis là jusqu'au *Pont de Poëte*, et force la rivière à lutter en murmurant contre les stries, les crevasses et les scissures de la pierre : ces crevasses vous offrent en mille endroits des baignoires très - bien taillées. Mais quand les pluies abondantes de l'hiver, ou les neiges fondues qui roulent à la fin du printemps, par torrens, de la sommité des monts, ont surchargé la rivière, les eaux deviennent une mer agitée qui cache de plusieurs pieds le rocher sur lequel elle passe en grondant, et se précipite dans le lit inférieur, remplit l'air de vapeur, et le fait retentir de terribles mugissemens.

Le *port de la Sez* est le premier port du Jura; c'est là que l'Ain devient navigable. Quoique ce fleuve, dans sa course tortueuse ait déjà parcouru quinze lieues depuis sa source, et qu'au-dessus du *Pont de Poëte* il soit assez large et assez profond pour porter bateau, l'inégalité de son lit et la multitude de chutes qu'il fait ne permettent pas d'y naviguer avant le port de Sez. On ne pouvait même le descendre autrefois, que beaucoup plus bas: le fleuve, en changeant de niveau, se précipitait par une seconde cascade, appelée le *Saut du Mortier*. Mais on a fait sauter le roc qui le coupait verticalement; et l'Ain est devenu navigable depuis le port de Sez jusqu'à sa jonction avec le Rhône.

La Langonette.

Quand on descend du coteau près du village des Planches, dans le Jura, on s'at-

tend à trouver ce village au bas du vallon; et
on en est encore plus persuadé quand on descend par la route de la Suisse. La rivière de
la Sène, qui coule dans cet endroit, au niveau
des habitations, ne doit-elle pas faire penser
en effet qu'elles sont toutes dans la partie la
plus basse?

Cependant cela n'est point. A l'entrée
du village, cette rivière fait tout à coup une
chute perpendiculaire de quatre-vingts pieds
environ, et quelque pas après elle en fait
une seconde de soixante pieds, également
perpendiculaire; puis elle coule, sans être vue,
dans ce lit profond et taillé carrément, l'espace d'environ six cents pas, avant de reparaître. Au fond de cette vallée, elle descend
par de longs circuits et beaucoup de chutes,
dans celle de Siam, où elle se réunit à l'Ain.
Ce lit profond n'est point la scissure d'une
montagne qui s'est entr'ouverte, et dont les
flancs divergent davantage à mesure qu'ils
s'élèvent; c'est une caisse allongée, d'une
grande profondeur, et dont les parois sont
coupées parallèlement dans le rocher, ou
plutôt c'est un étroit espace entre deux murs
très-élevés. On nomme cette partie presque
souterraine de la Sène la *Langonette :* elle
n'est pas tout-à-fait cachée, puisqu'elle est

découverte par le haut, comme une rue; mais son peu de largeur (elle n'a que douze à quinze pieds) et son extrême profondeur la rendent ténébreuse à peu près comme le fond d'un puits.

Les Rochers de Syrod (1).

Lorsqu'on est sur la route qui conduit au village de Syrod, un spectacle assez bizarre et unique dans son genre frappe la vue : ce sont des espèces de statues colossales, produites par la nature, et hautes de cinquante à soixante pieds.

Ces objets inattendus font croire à l'imagination du voyageur qu'il voit devant lui une compagnie de géans qui ont tous les regards fixés sur lui, et qui semblent attendre son arrivée; mais à mesure qu'il avance, l'illusion se dissipe, et il rit lui-même de sa méprise : car ces colosses qui, vus de la grande route et dans le lointain, présentent des corps élancés et minces, ne sont que des portions de rochers, des feuilles perpendiculaires détachées de la montagne; on n'aperçoit d'abord que leur épaisseur :

_____

(1) *Voyage dans le Jura*, par Lequinio, tome II.

3

voilà la raison de leur forme singulière. Vous ne voyez que des masses étroites, perpendiculaires, rongées inégalement, et ces inégalités pourraient laisser croire qu'elles furent élevées et taillées par l'homme ; mais quand vous approchez, vous apercevez leur véritable face dans toute sa largeur ; la statue disparaît et se change en mur.

Abstraction faite de l'illusion qu'occasionnent ces masses isolées, elles sont encore des objets dignes de notre attention ; ce sont des témoignages authentiques de la force corrosive des élémens, et du pouvoir du temps sur toute la nature. Ces agens destructeurs ont rongé les rochers calcaires, bien long-temps après la retraite des eaux de l'Océan, en ont séparé les corps intermédiaires, ont partagé ainsi une seule masse en une infinité de parties isolées, qui, privées de solidité et de force, finiront probablement par tomber sous leur propre poids, ou par diminuer insensiblement, jusqu'à ce qu'elles soient confondues avec les monceaux dont elles s'entourent.

De semblables détachemens de rochers ne sont pas rares dans les pays de montagnes : les Alpes, les Pyrénées et le Jura en fournissent des preuves suffisantes.

En observant les montagnes qui renferment la vallée de Bresse, on voit au premier coup d'œil les altérations qu'elles ont subies. Dans toute la longueur du flanc et des sinuosités, le rocher y est dépouillé vers le haut, et déchiré perpendiculairement jusqu'à une profondeur de cinquante à cent pieds; tout le coteau a glissé et est resté appuyé contre le rocher dont il faisait autrefois partie.

Le Torrent perpétuel.

A une demi-lieue de la source de l'Ain on voit une fontaine très-remarquable. En examinant sa source, on distingue un cône renversé, dont la base a soixante-dix pieds de largeur, et qui n'est que la bouche évasée d'un torrent perpétuel, inépuisable, et le même dans toutes les saisons : c'est un puits naturel, de figure conique, qui s'enfonce perpendiculairement dans le terrain, en se rétrécissant vers le fond. Ce puits donne environ dix-huit pieds cubes d'une eau très-vive, très-claire, et qui ne gèle jamais, pas même dans les plus grands froids. Or, voici, d'après les observations de Lequinio, la raison de l'uniformité de son cours et de sa température : cet auteur pense d'abord que

4

la source n'est point entretenue par un des lacs du Jura : tous ceux que ce département contient s'épuiseraient pour l'alimenter ; elle ne peut venir que des glaciers du Mont-Blanc, qui sont un réservoir immense et inépuisable. Il faut, en outre, que le canal souterrain par lequel cette source coule, soit fixe, et que ses parois soient toujours également distantes l'une de l'autre ; car si elles se dilataient ou se rétrécissaient en quelques endroits, le cours des eaux ne pourrait pas être uniforme. Il est également aisé de comprendre par quelle raison l'eau ne gèle jamais : comme elle descend d'une très-grande hauteur, puis qu'elle vient des glaciers du Mont-Blanc, elle fait un très-grand effort pour remonter par le puits conique d'où vous la voyez sortir. Naturellement elle devrait s'élancer avec roideur et former un jet dans l'air ; mais cette masse est trop volumineuse et se répand trop à sa sortie pour pouvoir s'élancer ; elle se divise et retombe aussitôt qu'elle a gagné les bords du puits. La forme d'entonnoir de ce puits facilite encore cette division de la masse d'eau, et la fait retomber dès qu'elle est au haut de cet entonnoir. Elle conserve néanmoins trop de force pour permettre qu'il se forme de la glace à la surface

du puits, qui est soulevée, agitée et renouve-
lée sans cesse.

Quelque vive que soit l'eau de cette belle
source, elle nourrit, comme toutes celles du
Jura, d'excellentes truites; il n'est point de
souterrain, point de gouffre, point de profondeur connue, que ce poisson n'habite; il
vit, il voyage dans les entrailles de la terre,
et se transporte sans doute à de grandes distances, et par des canaux souterrains, soit
d'un lac dans un autre, soit d'un lac dans
une fontaine qui en dérive : du moins est-il
impossible d'assigner une autre raison à
l'existence de ces poissons dans des lacs auxquels on ne connaît aucun conduit visible
par où ils eussent pu y entrer. Le lac de
Viremont, par exemple, situé dans le même
département, sur une hauteur (ce qui ajoute
encore à la singularité), est fort poissonneux;
tandis qu'un autre, dans une position bien
plus basse que toutes les rivières et tous les
lacs des environs, ne se vide point, et est
dans un isolement parfait.

L'Écho singulier.

Dans une forêt de sapins, sur une
des montagnes voisines de Sept-Moncel,
on entend un écho singulier qui, à ce

qu'on prétend, remplit l'air d'une multitude
de sons qui vont toujours se répétant, et
forment, quand on sonne du cor, une sorte
de concert. Ce n'est pas simplement un écho
qui répète de suite plusieurs syllabes distinctes, comme celui qu'on entendait autrefois dans les ruines d'un château entre Rennes
et Saint-Malo ; ici, c'est une succession rapide et croisée d'échos multipliés par les parties brisées des montagnes voisines du lieu
d'où partent les sons du cor : ce qui appartient au joueur, c'est la mélodie ; la nature
s'est chargée de l'harmonie, qui, quoique
bruyante, ne frappe pas l'oreille sans agrément.

~~~~~~~~~~~~~~~~~~~~~~~~~~~

CHAPITRE XV.

SUISSE.

~~~~~~~~

DÉPARTEMENT DU LÉMAN (1).

Le Lac de Genève.

———

Le superbe tableau que présente ce lac avec les environs, donne au voyageur une idée

———

(1) *Remarques sur l'Histoire naturelle des environs du lac de Genève*, par J. C. Factio de Duillier, insérées dans le second volume de *l'Histoire de Genève*, par Spon, 1730.

Voyages dans les Alpes, précédés d'un Essai sur l'Histoire naturelle des environs de Genève, par H. B. de Saussure, tom. I. Neuchâtel, 1779, in-4°.

Ray, *Description of the lake of Geneva.*

OEuvres du marquis de Pézai.

Les Voyageurs en Suisse, par Lantier. Paris, 1803, 3 vol. in-8o.

Itinéraire de Genève, des glaciers de Chamouny, du Valais et du canton de Vaud, par T. Bourrit. Genève et Paris, 1808.

6

des scènes imposantes qui l'attendent dans le pays sauvage et pittoresque de la Suisse ; il le prépare doucement à ces émotions dont le cœur se sent pénétré à la vue des plus belles contrées.

Le lac de Genève occupe le milieu d'une grande vallée qui sépare le Jura des Alpes. Qu'on se représente une vaste plaine d'eau qui a tout le brillant du cristal et le poli de la glace, assez étendue pour offrir un aspect majestueux, mais non pas assez pour être exposée aux tempêtes. Du côté de la Suisse, ses bords s'élèvent en terrasses tapissées d'une quantité de villes, de villages, de hameaux, de maisons de plaisance, de châteaux et de prairies, dont les images se marient à l'azur des eaux qui les réfléchissent. Un vent frais amène des courans d'air parfumés de tous les baumes végétant au sommet du Jura et des Alpes. Les clochers de Genève, de Clarens et de Meillerie s'élèvent dans les airs ; mais que leurs pointes sont basses en comparaison des cimes de ces montagnes qui ferment l'horizon et se perdent dans les nues ! Ce spectacle si beau, si charmant, le devient bien davantage au lever de l'astre qui anime toute la nature. C'est au lever du soleil qu'il faut voir le lac Léman ; c'est alors qu'on

jouira de plaisirs inconnus, mais difficiles
à peindre ! Transportons-nous sur les bords
du lac. Il n'est pas jour encore ; mais les
ténèbres ont cessé ; leur teinte uniforme et
sombre n'est plus la teinte universelle ; la
masse des ombres se décompose ; le chaos de
la nuit se débrouille ; les· formes commencent à saillir, les nuances à se démêler, et
l'œil, impatient, brûle de connaître les objets
qu'il ne peut encore distinguer : l'atmosphère
s'argente et s'éclaire au reflet du crépuscule.
Déjà la vue peut s'exercer, et les cœurs re-
connaissans de tous les êtres animés sont
partagés par le double plaisir et de voir et
d'entendre. Il fait jour. L'aurore se lève brillante : l'œil croit avoir tout vu ; mais la gradation toujours renaissante de ces prodiges
dément délicieusement cette erreur, et chaque
instant qui la renouvelle est suivi d'un
autre qui la détruit. De moment en moment
la lumière augmente, et c'est toujours pour
embellir la nature. Le voile étendu sur ces
charmes se replie : on dirait que la main
des heures le roule vers l'occident, et de
nouvelles beautés successivement nous en-
chantent.

Enfin, l'astre attendu se lève ; il s'élance
et se montre au-dessus des glaces de la Sa-

voie ; leurs cimes, colorées par ses feux, semblent porter un moment son orbe radieux.
Il s'en détache bientôt et nage dans le vague
des airs. A la douce chaleur de ses rayons,
les forêts sèchent leurs chevelures humides ;
les troupeaux descendant des collines, les
fauves sortant des bois, et l'homme des
champs, qui vient de quitter sa retraite, s'arrêtent et contemplent en silence la plus auguste des scènes, embellissant le plus auguste
des théâtres ! Quelle majesté ! quelle variété
ravissante ! quelle nappe immense de cristal
offre ce lac limpide que le soleil transforme
tout à coup en un or brillant comme ses
rayons ! Cent cascades jaillissent jusqu'à
nous et l'enrichissent ; à chaque pas une
source filtre sous nos pieds, et court, à travers
le sable le plus pur, lui porter le tribut de ses
eaux. Le Rhône se précipite des sommets du
Saint-Gothard, et, conservant toujours sa
teinte naturelle, il roule ses liquides émeraudes à travers l'immense bassin que ses
ondes alimentent. Le grèbe (1) au plumage
blanc étend ses ailes argentées et plane au-

_____

(1) Cet oiseau est fréquent dans les montagnes
de la Suisse. Son plumage fournit une matière
dont on fait de belles fourrures.

dessus du vaste miroir qui le reproduit ; et l'aigle, dans une plus haute sphère, cherchant sa pâture de contrée en contrée, fixe l'astre créateur qui fait tout naître et décore à la fois ce paysage et l'univers.

L'haleine des vents semble suspendue : l'aube annonce un calme durable. Déjà les gondoles et les chaloupes voguent au milieu du lac, et ajoutent encore à l'agréable variété de ce spectacle. Lieux favorisés de la nature ! que vous offrez de charmes aux regards du spectateur ravi ! que vous remplissez son ame d'émotions délicieuses ! que l'œil aime à parcourir la chaîne de ces coteaux, à se reposer sur ces plaines où cent productions diverses offrent un si doux ensemble ; où Cérès moissonne, où Pomone recueille, où Bacchus vendange dans l'enceinte du même champ ; où tout contribue au service et à l'agrément de l'homme ; où chaque retraite annonce l'aisance sans aucun superflu ; où tout embellissement particulier, par un heureux accord, concourt à la décoration universelle ; où, du lieu le plus bas de ces rives charmantes, la vue peut remonter de tableaux en tableaux, de montagnes en montagnes, d'enchantement en enchantement, jusqu'aux cimes glacées des Alpes, et de là jusqu'au

ciel habité par l'être qui créa les monts
les lacs et les plaines pour l'homme ingra
qui se plaint au lieu d'admirer !

Que tout plaît en ces lieux à mes sens étonnés !
D'un tranquille océan l'eau pure et transparente
Baigne les bords fleuris de ces champs fortunés :
D'innombrables coteaux ces champs sont couronnés ;
Bacchus les embellit. Leur insensible pente
Vous conduit par degrés à ces monts sourcilleux
Qui pressent les enfers et qui fendent les cieux.
Le voilà ce théâtre et de neige et de glace,
Eternel boulevard qui n'a point garanti
   Des Lombards le beau territoire !
Voilà ces monts affreux célèbres dans l'histoire ;
Ces monts qu'ont traversés, par un vol si hardi,
Les Charles, les Othons, Catinat et Conti
   Sur les ailes de la victoire !
Que le chantre flatteur du tyran des Romains,
L'auteur harmonieux des douces géorgiques,
Ne vantent plus ces lacs et leurs bords magnifiques,
Ces lacs que la nature a creusés de ses mains
   Dans les campagnes italiques !
Mon lac est le premier ; c'est sur ses bords heureux
Qu'habite des humains la déesse éternelle,
L'ame des grands travaux, l'objet des nobles vœux ;
Que tout mortel embrasse, ou désire ou rappelle.... (1)

(1) *Epît. au lac de Genève*, par Voltaire. Ce même
poëte se promenant, dans une belle soirée, dans
les environs de ce lac, y fit l'impromptu suivant :

Tout ce vaste océan d'azur et de lumière,
Tiré du vide même et formé sans matière,
Arrondi sans compas et tournant sans pivot,
A peine a-t-il coûté la dépense d'un mot.

On évalue la longueur du lac à quatorze ou quinze lieues; sa plus grande largeur est de trois lieues et un quart, et sa surface de trente lieues carrées : il a peu de profondeur auprès de Genève ; mais à la distance de deux milles, il devient plus profond : près de Meillerie, il a environ cent quatre-vingt-dix brasses. Ses eaux sont très-claires, excepté à l'endroit où le Rhône s'y jette quand il sort du Valais. Là, s'ouvre un bassin creusé par la nature, où le fleuve se repose et se dépouille du limon dont il était chargé. Les matières déposées par le Rhône refluent déjà jusque dans le cul-de-sac qui termine le lac auprès de Villeneuve, et elles y forment un fond de vase couvert de roseaux. Ces dépôts accumulés tendent même à remplir insensiblement le bassin du lac. C'est ainsi que le village de Prévallay ou Provallay (en latin, *Portus Valesio*), situé autrefois sur le bord du lac, s'en trouve présentement éloigné d'une demi-lieue. La hauteur des eaux du lac varie souvent de plus de six pieds : bien différentes de celles des autres lacs, elles croissent dans la belle saison, c'est-à-dire depuis le mois d'avril jusqu'au mois d'août, et elles baissent depuis septembre jusqu'en décembre. Ce sont les rivières des Alpes qui occasionnent ces variations : la pluie de ces montagnes se change toujours en neiges, qui, entassées pendant l'hiver, se fondent au printemps, et grossissent le cours des rivières où elles se précipitent. La forme du lac approche un peu de celle d'un croissant dont les deux cornes seraient émoussées, et dont l'une serait échancrée en dedans. Il ne se gèle presque jamais dans les plus grands froids, parce qu'il abonde en sources vives.

Quelquefois on remarque sur sa surface une espèce de trombe ou des vapeurs épaisses qui, s'étendant dans une largeur de quinze à vingt toises, s'élèvent à une hauteur à peu près égale, et se dissipent un instant après. Jusqu'à présent on n'a pu encore éclaircir d'une manière satisfaisante les causes de ce phénomène. Une autre particularité de ce lac est d'avoir une espèce de flux et reflux : quelquefois, dans des journées orageuses, on voit le lac s'élever tout à coup de quatre ou cinq pieds, s'abaisser ensuite avec la même rapidité, et continuer ces alternatives pendant quelques heures. Ce phénomène, connu sous le nom de *seiches*, est peu sensible sur les bords qui correspondent à la plus grande largeur du lac ; il l'est davantage aux extrémités, mais surtont aux environs de Genève, où le lac est le plus étroit. On en attribue la cause à la fonte successive des neiges, quoique quelques naturalistes soient plus portés à croire que ce sont les coups de vent du sud qui occasionnent ce phénomène.

Le fond du lac est trop pur et ses eaux trop claires pour qu'il soit très-poissonneux; mais en revanche aussi les poissons qu'on y pêche sont salubres et pleins de saveur. Les truites (*salmotrutta*, d'après la nomenclature de Linné), les ombres (*salmothymallus*) et les perches (*perca fluviatilis*) du lac Léman sont si renommées, qu'on les envoie, durant les grands froids de l'hiver, même jusqu'à Paris et Berlin. Le féra est aussi un poisson excellent dans son genre, mais trop délicat pour supporter le transport : on le pêche en été sur le *travers*, ce banc de sable qui coupe le lac près de Genève, entre Cologny et Lécheron ; et c'est pour cela qu'on nomme ce poisson *féra du travers*. La *platte*, que Saussure croit être le *féra lavaterus* de Linné, est plus large et plus aplatie que le féra ordinaire, mais elle lui ressemble beaucoup ; elle vit dans le golfe de Thonon, et se pêche rarement ailleurs. Les autres poissons du lac de Genève sont à peu près les mêmes que ceux des autres lacs de la Suisse.

Les oiseaux les plus rares qui vivent sur ce lac, sont le grèbe (*colymbus cristatus*, suivant Linné) : ses plumes, d'un blanc argenté, donnent une fourrure très-précieuse; le petit lorgne (*colymbus immer.* L.); le grand lorgne (*colymbus areticus*) ; le colymbus urinator , et d'autres espèces du même genre qui ne sont pas bien connues ; la guignette ou petite bécassine du lac (*tringa hypoleucos*): on la prend au mois d'août sur des gluaux piqués au bord du lac ; en la rappelant au moyen d'un appeau ; le courly (*scolopax arquata*); le crenet ou petit courly (*scolopax phœopus*) ; l'échasse (*chamdrius himantopus*); le rare et beau courly vert (*tantalus fancinellus*, L.) ; diverses espèces de chevaliers , de plongeons ; une grande variété de canards , etc..... mais il n'y a point d'oiseaux de marais , parce qu'excepté vers l'embouchure du Rhône, il n'existe point de marais ou d'eaux stagnantes sur les bords du lac.

Après avoir décrit les beautés du lac, il nous reste à parler de ses rives et de ses environs.

De Genève à la Tour-Ronde, la route est

bordée de collines parées d'une verdure
riante ; elles sont assez reculées pour laisser
un chemin entr'elles et le lac ; mais en approchant de la Meillerie, l'espace se rétrécit ;
des rochers nus et stériles, des forêts suspendues, présentent un aspect triste et sauvage.
On aperçoit deux ou trois villages sur ces
rocs escarpés : celui de Meillerie est sur le
penchant d'une montagne si rapide, qu'à
une certaine distance les maisons paraissent
les unes sur les autres, et les communications du haut et du bas du village ressemblent
à des échelles plutôt qu'à des rues. Saint-
Gingouph ou Gingo, situé au pied de ces
montagnes, est bâti sur leurs débris charriés,
accumulés par un torrent rapide qui partage
cette ville en deux parties. Entre Evian et
Saint-Gingo, les montagnes plongent dans
le lac, et le chemin se rétrécit tellement,
qu'on peut à peine y passer à cheval. La
situation de Clarens a quelque chose de ro-
mantique. Des vergers touffus, de belles
prairies qui se terminent par une pente douce
au bord du lac, des ruisseaux nombreux
d'une eau vive et limpide, enfin la vue du
lac et des rochers noirs et escarpés qui bordent la rive opposée, présentent un tableau
imposant et mélancolique. Auprès de Cla-

rens, on voit le château de Chillon, édifice gothique qui s'élève du sein du lac sur un groupe de rochers où les eaux vont se briser. Lausane n'est pas moins agréablement situé que Meillerie.

A l'ouest de Genève, de l'autre côté de l'Arve, s'élève le coteau de la Bâtie, dont le haut présente un point de vue infiniment agréable. On voit sous ses pieds le Rhône et l'Arve joindre leurs eaux, séparées par une langue de terre couverte de jardins potagers. Genève se montre de là sous son plus bel aspect : on voit le Rhône le diviser en deux villes différentes : le lac, aperçu par cet intervalle, orne encore ce tableau couronné par les hautes cimes des Alpes.

La source de la Vevaise attire aussi les regards ; elle se jette dans le lac auprès de la jolie ville de Vevay, et contribue à embellir cette belle contrée que la nature s'est plue à parer de tous ses dous.

Le Rhône ne conserve pas long-temps la limpidité qu'il a en sortant du lac : après que ce beau fleuve a arrosé de ses eaux encore pures les jardins qui sont au-dessous de la ville, la rivière, ou plutôt le torrent de l'Arve qui descend des Hautes-Alpes voisines du Mont-Blanc, vient avec impétuosité mé-

ler ses eaux bourbeuses à celles du Rhône.
Celui-ci semble vouloir éviter ce mélange ; il
se range contre la rive opposée, et l'on voit,
dans un long espace, ses eaux, d'un bleu
pur, couler dans un même lit, mais séparées
des eaux grises et troubles de l'Arve. Celle-ci
est sujette à des crues subites et considérables. Quatre fois on l'a vue s'enfler à un
tel point, que, ne pouvant pas s'écouler assez
promptement entre les collines qui la resserrent au-dessous de sa jonction avec le
Rhône, les eaux du torrent refluèrent dans
le lit du fleuve, le forcèrent de remonter
avec leur masse contre le lac, et firent tourner à contre-sens les moulins construits sur
le Rhône. Ce singulier phénomène a été observé le 3 décembre 1570, le 21 novembre
1651, le 10 février 1711, et le 14 septembre
1733.

La Grotte des Fées.

Il y avait autrefois auprès du lac Léman,
dans le voisinage de Genève, un château et
un couvent de Chartreux qui portaient le
nom de Ripaille. C'est à deux petites lieues
de ce monastère, au milieu d'une forêt d'é-
pines, qu'on voit, dans des rochers affreux,
trois grottes en voûte, l'une au-dessus de

l'autre, taillées à pic par la nature dans un roc inabordable. Les habitans du pays leur ont donné le nom de *Grottes des Fées*. On ne peut y monter qu'à l'aide d'une échelle; et, arrivé sur le bord, il faut y descendre le long de rameaux d'arbres. Chacune de ces grottes a son fond dans un bassin dont l'eau passe pour avoir des qualités merveilleuses. Dans la plus grande et la plus élevée des grottes, l'eau qui distille à travers le rocher, a formé un corps ressemblant à une poule qui couve des poussins. Tout auprès se voit une autre concrétion qui ressemble exactement à un morceau de lard avec sa couenne, de la longueur de trois pieds. On y trouve encore des figures de pralines; à côté, la forme d'un rouet ou tour à filer, avec la quenouille. Les femmes du pays prétendent y avoir vu, il y a long-temps, une femme pétrifiée, assise à terre; mais les naturalistes qui ont visité la grotte, n'ont rien vu qui pût lui ressembler, et leurs recherches, infructueuses à cet égard, ont du moins servi à rassurer le peuple, qui auparavant n'osait pénétrer dans l'intérieur de cette caverne.

CHAPITRE XVI.

CHAPITRE XVI.

SAVOIE.

DÉPARTEMENT DU MONT-BLANC.

Le Mont-Blanc (1).

Tous les voyageurs qui visitent les Alpes sont ravis à la vue de ces masses énormes, de ces monts sourcilleux qui cachent leurs cimes dans les nues, et voient à leurs pieds les générations se renouveler sans cesse, tandis qu'eux seuls, ne connaissant point le pou-

---

(1) *Voyage aux Glacières de Savoie*, par Bourrit. Genève, 1772, gr. in-8°. avec planches.

Description des Aspects du Mont-Blanc, du côté du val d'Aost, et de la découverte de la Mortine, par Bourrit. Lausane, 1776, in-8o.

Nouvelle Description des Glacières et des Glaciers de la Savoie, particulièrement de la vallée de Chamouny et du Mont-Blanc, par Bourrit. Genève, 1785, in-8°.

Voyage aux Alpes, par Saussure.

Les Voyageurs en Suisse, par Lantier.

Bb

voir du temps, bravent depuis tant de siècles
les efforts réunis de tous les élémens.

Dans cette longue chaîne, les regards distinguent quelques montagnes particulières
qui commandent l'attention, soit par leur
hauteur, soit par leur forme, soit enfin par
des sites pittoresques qu'ils offrent en plus
grand nombre que les autres. Nous disons
en plus grand nombre, car aucune de ces
montagnes n'en est dépourvue ; toutes en imposent au voyageur par leur masse et par
leur situation. Chargées de neige et de glace,
elles offrent des aspects si grands, si majestueux, et les richesses qu'elles étalent sont si
diversifiées, qu'à peine notre langue nous
fournit des expressions pour les peindre. Le
Mont-Blanc, particulièrement, frappe les
regards du spectateur. A une grande distance,
on voit ce colosse immense élever sa triple
cime, et dominer sur une chaîne de plus de
cent lieues d'étendue. Au soleil couchant,
lorsque l'air est serein, on l'aperçoit du
Piémont, de Genève, du pays de Vaud, de
Neuchâtel, et même de Langres en Champagne. Tous les voyageurs se font un devoir
de peindre l'aspect sublime de ce mont, les
sensations qu'ils ont éprouvées à cette vue,
et toutes les beautés que la nature a prodiguées

dans ces contrées ; mais combien leurs tableaux sont au-dessous de la réalité ! Combien il se trompe, celui qui croit connaître ces lieux d'après leurs récits ! Ces grands ouvrages de la nature sont au-dessus de l'expression de l'homme ; la poésie même n'y atteint pas. Cependant il n'est pas sans intérêt de se faire au moins une faible idée de ces merveilles si justement vantées, et qui semblent frapper au loin tous les yeux pour rappeler à l'homme sa propre faiblesse et la toute-puissance de son auteur.

Plusieurs voyageurs célèbres, entr'autres Saussure et Bourrit, ont gravi ce mont et en ont donné des descriptions fort détaillées. Leurs ouvrages sont indispensables pour ceux qui veulent les imiter, soit par le désir de s'instruire, soit par simple curiosité. En extraire une partie serait inutile, parce que leurs voyages se composent d'une suite de remarques qu'ils ont faites successivement dans leur chemin, et qu'il faut lire par conséquent de suite, pour avoir du moins quelqu'idée de ce que ces voyageurs ont essayé de décrire.

Nous nous bornons ici à quelques détails généraux.

Le Mont-Blanc ressemble par sa forme à un dromadaire, dont la bosse est représentée par le *dôme du Goûté* : c'est là plus haute montagne connue de l'ancien continent ; il a deux mille quatre cent vingt-six toises au-dessus du niveau de la mer.

Ce mont, avec tous ses pics décharnés, forme peut-être les plus énormes blocs de granit qui existent dans les terres soumises à nos observations. Au pied du Mont-Blanc, on rencontre d'immenses décombres de granits qui se sont détachés peu à peu de la grande masse ; ce qui ne laisse plus de doute sur la vérité du fait dont nous parlons, même à celui qui serait prévenu contre ce qui ressemble à des systèmes généraux. Il suffit de voir les roches de Courmayeur, pour y reconnaître deux blocs de granit séparés, par quelque révolution, du centre du Mont-Blanc ou des flancs du Mont-Rouge, qu'on regarde comme le second feuillet pyramidal des bases du Mont-Blanc (1).

Les glaciers dont ce mont est hérissé, comme la plus grande partie des Alpes, sont remarquables sous un autre point de vue ; c'est que ces masses énormes, le foyer éternel des frimas, tendent sans cesse

(1) *Histoire du monde primitif*, tom. II.

à grossir leur volume, et, pour nous servir des expressions d'un éloquent naturaliste, à prolonger autour d'elles la ligne qui sépare le domaine de la végétation du champ de la solitude et du néant. Rien de si destructeur pour les montagnes que cette propagation de glaciers : toutes celles qui se trouvent dans le cercle de leurs conquêtes sont dévouées à une dégradation qui tient de près à l'anéantissement; d'antiques forêts qui ombrageaient leurs cimes se renversent; les moissons qui couvraient leurs flancs disparaissent avec la terre où leur germe se développait. Le berger, tristement assis dans la plaine où repose leur base, cherche sur le sol même où sont épars les débris de sa chaumière, les pâturages fortunés où il engraissait ses troupeaux ; un monde nouveau a pris à ses yeux la place de l'ancien, et ce monde est celui où règne le silence et la mort.

CHAPITRE XVII.

ALSACE.

DÉPARTEMENT DU BAS-RHIN (1).

La Mine d'asphalte.

L'ALSACE renferme un très-grand nombre de mines de toute espèce. Celles de Giromagny, le Puy et une quantité d'autres situées au pied des Vosges, produisent de l'argent, du plomb, du fer... Nous ne parlerons ici que d'une mine toute particulière, celle qui produit de l'asphalte, ou bitume noir.

On la trouve en basse Alsace, entre Haguenau et Weissenbourg. Avant la découverte de cette mine, on n'en connaissait

_____

(1) *Mahlerische Ansichten des ehemaligen Elsasses, in radierten Kupfern*, von B. Zix... Strasbourg, 1803, cahier I.

pas d'autre dans nos contrées que celle de
Neuchâtel en Suisse, dans le val Travers.
C'est par une fontaine minérale, nommée
en allemand *bockelbrun*, ou fontaine de poix,
que fut découverte la mine d'asphalte en
Alsace. Les eaux de la fontaine que nous
venons de nommer, a, depuis long-temps,
la réputation de guérir plusieurs espèces de
maladies. C'est une eau de goudron naturel,
qui ne porte avec elle que des parties balsa-
miques : elle sent peu le goudron ; elle est
claire comme de l'eau de roche, et n'a presque pas de sédiment. Cette fontaine singulière, charrie dans ses canaux souterrains
un bitume noir et une huile rouge, qu'elle
pousse de temps en temps sur la surface des
eaux de son bassin : on les voit monter à
tous momens et former un bouillon ; ces
huiles et bitumes s'étendent sur l'eau, et
on en peut ramasser tous les jours dix à
douze livres, plus cependant en été qu'en
hiver. Quand il y en a peu, et que le soleil
donne sur la fontaine ; ces huiles ont toutes
les couleurs de l'arc-en-ciel ou du prisme ;
elles se nuancent, et ont des veines et des
contours comme l'albâtre ; ce qui fait croire
que si elles se répandaient sur des tufs durs
et propres à se pétrifier, elles les veineraient

à la manière des marbres.—En creusant un puisard dans les environs de cette fontaine, on découvrit peu à peu les veines de bitume ou d'asphalte répandues dans la mine. Pour donner une idée de cette mine , il est nécessaire de dire qu'elle est d'une étendue immense , puisqu'elle se découvre à près de six lieues à la ronde. On y a trouvé quatre lits ou bancs de cette matière l'un au-dessus de l'autre , et peut-être y en a-t-il encore d'autres au-dessous de ceux-ci. Le bitume se renouvelle , et continue de couler dans les anciennes galeries que l'on a vidées de mine, et remplies de sable et d'autres décombres : ce bitume pousse en montant et non en descendant ; ce qui fait juger que c'est une vapeur de soufre que la chaleur intérieure de la terre pousse en haut.

Pour tirer de cette mine une sorte d'oing noir dont on se sert pour graisser les rouages , il n'y a d'autre manœuvre que de faire bouillir le sable de la mine pendant une heure dans l'eau ; cette graisse monte, et le sable reste blanc au fond de la chaudière. On tire du rocher et de la terre rouge une huile noire, liquide et coulante , qui est de l'huile de pétrole.

A Bastenne et à Canpenne en Guienne, on voit aussi des mines de bitume.

Les Cascades de Nidek et Sulzbach.

Ces cascades font partie des plus beaux
sites dans les Vosges. La première est formée
par le ruisseau de Hassel, au milieu d'une
contrée entièrement déserte et sauvage. Pour
ne rien perdre de la beauté de la scène, il
faut s'avancer jusqu'au milieu de l'étroite
vallée dans laquelle se précipite le Hassel du
haut d'un pan de rochers. Ses eaux, claires
comme le cristal, contrastent agréablement
avec le vert sombre des forêts qui couronnent
les hauteurs ; de loin on est tenté de prendre
la cascade pour une étoffe argentée qui flotte
du haut de la montagne ; en approchant, on
remarque que l'eau, en tombant, forme une
ligne courbe, brisée par une saillie du rocher.
De hauts murs de granit enferment la vallée,
et lui dérobent une grande partie des rayons
du soleil. Auprès de la cascade, on voit
s'élever un pan de rocher très-haut, mais
aussi très-mince, qui semble être placé là par
la main des hommes comme un monument.
Si l'on veut jouir d'une vue plus belle encore
que celle de la vallée, il faut avoir le courage
de monter par un sentier extrêmement rapide
au haut du rocher : là on voit la cascade sous

5

un autre point de vue ; tandis que les regards dominent sur d'énormes masses de rochers à moitié décomposés et revêtus d'une teinte grisâtre qui se confond avec celle des ruines du château de Nidek , situées sur la plus haute sommité de cette chaîne. La vue est encore plus belle au haut de la tour de ce château : l'œil y embrasse une grande partie des Vosges avec leurs vallées et leurs forêts , ainsi que les plaines de l'Alsace et de la Lorraine.

Après avoir admiré , non sans quelque peine , la cascade de Nidek , le voyageur peut avec plus de commodité visiter celle de Sulzbach, qui n'en est pas fort éloignée. On passe par Ober-Hasslach, et on entre dans un vallon couvert de prairies ; le chemin se divise ensuite en deux ; on prend celui de la gauche, qui conduit à la petite vallée de Sulzbach , où est la chute, une des plus agréables qu'il y ait dans les Vosges. La vallée est fermée par un pan de rocher très-escarpé et couvert de mousse et de broussailles. Le ruisseau appelé *Waldbach* sort des buissons, parcourt un lit qu'il s'est creusé dans le rocher, en forme de zigzag, tombe dans un petit bassin, et de là il se jette avec plus de mouvement le long du rocher, et entre deux bandes de gázon de mer, dans un autre bassin plus considérable. La hauteur de cette dernière chute peut se monter à trente pieds. Lors des grandes pluies et de la fonte des neiges, la masse et la violence de l'eau augmentent beaucoup; elle devient alors blanche comme la neige, et entraîne avec frac grand nombre de pierres. La vallée n'est large que de vingt pieds tout au plus:

Il y a un chemin qui de cet endroit conduit, à travers une forêt de pins, à une vallée à l'autre côté de la montagne; c'est celle de *Kappelbrunn*, où il y a aussi une cascade plus considérable, mais moins élevée et moins agréable que la précédente.

On peut visiter ces trois cascades en une seule journée.

~~~~~~~~~~~~~~~~~~~~~~~~~~~~~~~~~~~~

CHAPITRE XVIII.
CHAMPAGNE.

~~~~~~~~

DÉPARTEMENT DES ARDENNES.

Lac merveilleux.

————————

Il existe à quatre lieues de Mézières, sur le territoire de Signy, un phénomène peu connu ; c'est une espèce de lac situé sur une haute montagne : ce lac ne reçoit aucune rivière, aucun ruisseau qui puisse l'alimenter, ne s'épanche et ne se déborde jamais, et conserve toujours la même hauteur. Sa profondeur est inconnue ; une sonde de soixante brasses n'en a pas atteint le fond : il paraît que l'intérieur de ce lac va en diminuant, en fond de cuve ; ce qui fait conjecturer que ce lac est le cratère de quelque volcan éteint depuis plusieurs siècles. La terre argileuse de ses bords toujours mouillés, le rend en quelque sorte inaccessible, excepté en été ; ce qui lui a fait donner le nom de *Fosse aux Mortiers.*

En parlant du lac sans fond dans les Ardennes, nous dirons un mot d'un phénomène pareil dans une autre contrée. C'est une *fontaine sans fond* qui se trouve auprès de la petite ville de *Sablé*, dans l'Anjou. Toutes les recherches qu'on a faites jusqu'ici pour en trouver le fond ont été infructueuses. Ce qu'il y a encore de remarquable à cette fontaine, c'est que la terre qui est aux environs tremble sous les pieds des hommes et des bestiaux qui s'en approchent. On croit que ce terrain est la voûte d'un lac qui est au-dessous, et dont cette source tire ses eaux, ou qui du moins communique avec elle.

CHAPITRE XIX.

BOURGOGNE.

DÉPARTEMENT DE L'YONNE.

Les Grottes d'Arcy (1).

———

Auprès du village d'Arcy, à six lieues d'Auxerre, on aperçoit des rochers escarpés;

———

(1) On peut voir dans l'Encyclopédie, au mot *Arcy*, la description de ces grottes faite par ordre de Colbert ; une autre description fort ample dans l'*Origine des Fontaines*, par Perrault ; dans les *Mémoires de littérature du P. Desmollets*, et dans les *Tablettes de Bourgogne*, par Richard, 1769. Le dernier ouvrage est : *Voyage aux grottes d'Arcy*, par A. Deville. Paris, 1802, in-12. Pasumot en a fait aussi une savante description avec des dessins, ainsi que Morand, Raoul, auteur du *Coup d'œil sur l'Univers*; M. N. ... dans son *Voyage aux grottes d'Arcy*... La liste de tous ceux qui ont parlé de ces grottes serait très-nombreuse.

d'une grande hauteur, au pied desquels il y
a de petites cavernes peu profondes. On voit
sortir du pied de l'un de ces rochers une partie
des eaux d'une rivière qui, après avoir coulé
sous terre plus de deux lieues, trouvent dans
cet endroit une issue par laquelle elles s'é-
chappent avec impétuosité, et font aller un
moulin. Un peu plus avant, en descendant
la rivière, on trouve sur les bords quelques
bois qui fournissent un ombrage assez agréable, et les rochers forment de tous côtés des
échos dont quelques-uns répètent un vers
entier. Assez proche du village est un gué
appelé le *Gué des Entonnoirs*, au sortir duquel, du côté du couchant, on entre dans un
petit sentier fort étroit qui, montant le long
d'un coteau tout couvert de bois, conduit à
l'entrée des grottes. En le suivant, on voit
en plusieurs endroits, dans les rochers, de
grandes cavités, où l'on se mettrait peut-être
commodément à couvert des injures du temps.
Il mène à une grande voûte, large de trente
pas et haute de vingt pieds à son entrée, qui
semble former le portail de ce lieu. A huit ou
dix pas de là elle se rétrécit et se termine en
une ouverture de quatre pieds de haut. La
figure en était autrefois ovale; depuis quelques années on l'a fermée avec des pierres de

taille et une porte dont la famille d'Arcy garde la clef. L'entrée est si basse, qu'on ne peut y passer que courbé. La partie supérieure de la première salle est une voûte d'une figure plate et tout unie. La descente est fort escarpée, et l'on y rencontre d'abord des quartiers de pierre d'une grosseur prodigieuse.

De cette salle on passe dans une autre beaucoup plus spacieuse, dont la voûte est élevée de neuf à dix pieds. Dans un endroit de cette voûte, on voit une ouverture large d'un pied et demi, longue de neuf pieds, et qui paraît avoir deux pieds de profondeur. On y trouve quantité de figures pyramidales. Cette salle, admirable par sa grandeur, a quatre-vingts pieds de long : elle est remplie de gros quartiers de pierre, entassés confusément en quelques endroits, et épars dans d'autres, ce qui fait qu'on y marche difficilement. A main droite est un petit lac où se réunissent toutes les eaux qui suintent sans cesse du sommet des grottes. Ce réservoir n'est pas très-profond ; mais comme il s'étend assez loin sous une voûte fort basse, il serait fort dangereux de s'y engager.

On entre ensuite dans une troisième salle, large de quinze pas, et longue de deux cent

cinquante. La voûte a plus de courbure que
les précédentes , et est élevée d'environ dix-
huit pieds. Les molécules pierreuses qui sont
entraînées continuellement par les eaux qui
distillent de cette voûte , y ont produit de
nombreuses stalactites dont le superflu, tombant à terre , s'élève en stalagmites. Ces deux
espèces de pyramides , en se réunissant par
leurs sommets , forment des colonnes et des
arcades qui se recouvrent par étages , et qui
sont ornées de petits cônes renversés et percés
dans leur centre d'un tuyau d'où l'eau tombe
goutte à goutte.

Cette salle se termine en se rétrécissant, et
tout l'intérieur est tapissé d'un grand nombre
de stalactites. On passe de là sous une voûte
très-basse et fort longue, qui conduit dans
une autre un peu plus élevée , où l'on remarque des stalactites qui affectent mille
formes bizarres. On passe de là dans une
grande pièce séparée de la précédente par des
stalagmites disposées en pyramides. La voûte
est garnie d'énormes concrétions qui offrent
différentes perspectives , et dont les reflets
variés forment un tableau pittoresque. Les
imaginations crédules croient y apercevoir
une femme tenant un enfant entre ses bras ,
une petite forteresse carrée, flanquée de cinq

tours, que des soldats semblent garder ; un buffet d'orgues, un énorme champignon, et beaucoup d'autres choses (1).

On sort de cette salle par un passage étroit, et l'on entre dans la pièce suivante, où l'on rencontre une foule de chauves-souris qui viennent voltiger autour des flambeaux. Le plafond de cette salle est très-uni ; ce qui confirme l'opinion de Buffon, qui dit, dans son *Histoire des Minéraux*, que ces grottes

_____

(1) Dorat a célébré en vers les grottes d'Arcy. Voici ceux qui peignent les merveilles qu'on y découvre :

. . . Ces beaux salons, de rocailles ornés,
Sans le secours de l'art, avec art ordonnés ;
Ces magiques piliers dont la cime hardie
Observe, en s'élevant, l'exacte symétrie ;
Ces rocs qui des rubis dardent tous les rayons ;
Ce buffet d'orgues prêt à recevoir des sons ;
Ces ifs qui, sans le soin d'une vaine culture,
S'échappent tout taillés des mains de la nature.
Puis-je me rappeler tant d'effets variés,
Sous l'œil contemplateur cent fois multipliés,
Tant d'objets qu'on voit moins qu'on ne les imagine,
Que le caprice seul à son gré détermine ;
Que plusieurs spectateurs, dans le même moment,
Et sous le même aspect, verront différemment ;
Simulacres légers, esquisses imparfaites,
Qu'efface et que détruit l'instant qui les a faites !

ne sont que d'anciennes carrières ; que la
colline dans laquelle elles se trouvent a été
attaquée par le flanc, un peu au-dessus de
la rivière de Cure, et qu'on voit dans quelques endroits les marques des coups de marteau qui en ont tranché les blocs.

On remarque au milieu une petite voûte
qu'on entend résonner lorsqu'on la frappe du
pied. On croit qu'un bras de la *Cure* passe dessous.

Cette salle se termine par des piliers d'albâtre, adossés à des roches qui montent
jusqu'au-dessus de la voûte, laquelle finit en
se rétrécissant, et laisse un passage si étroit et
si bas, qu'on ne peut s'y glisser qu'à plat
ventre ; ce détroit s'appelle le *Trou du Rénard*.
Il est peu fréquenté à cause de la difficulté de
le passer ; mais on est agréablement dédommagé de cette peine par la beauté des deux
salles auxquelles le *Trou du Renard* sert d'entrée. La première offre une voûte tout unie,
dans une longueur de cent pas ; quelques
rochers et une pyramide en tapissent le fond,
d'où l'on pénètre dans une seconde salle, la
dernière des grottes, la plus grande et la plus
belle de toutes. Elle est remplie de blocs de
pierre, recouverts de nappes d'albâtre,
de pyramides de différentes dimensions, for-

mant des perspectives très-pittoresques, et
d'un grand nombre de stalactites qui affectent
les figures les plus bizarres.

Tout ce qu'on admire dans ces grottes,
ces figures, ces pyramides, ne sont que des
congélations qui néanmoins ont la beauté
du marbre et la dureté de la pierre, et qui,
exposées à l'air, ne perdent rien de ces qualités.
On remarque que, dans toutes ces figures, il
y a au milieu un petit tuyau de la grosseur
d'une aiguille, par où il dégoutte continuellement de l'eau, qui, venant à se congeler,
produit tout ce qu'on y admire. En portant
la main à l'extrémité des pointes et des culs-
de-lampe, on sent que la matière est molasse;
on voit même que la dernière goutte d'eau
n'a pas encore acquis le degré de congélation
qui doit la rendre aussi blanche que le reste
de la matière à laquelle elle est attachée.
Cette matière solide est rangée par couches
circulaires que l'on distingue aisément, et
au moyen desquelles on pourrait juger du
temps qu'il faut pour les former.

Les échos de ces grottes sont remarquables:
on sait qu'ils se rencontrent presque toujours dans les bâtimens dont les murs forment des angles aigus, et dans les palais
où il y a des colonnes et autres ornemens

propres à répéter les ondulations de l'air, et à les réunir dans un foyer. Ici les échos sont augmentés par la structure des piliers de congélation qui, étant creux pour la plupart, rendent les sons plus clairs. Parmi les congélations qui ornent les côtés de la voûte principale, on remarque à main droite cinq ou six gros tuyaux; de six à sept pieds de haut, de huit à dix pouces de diamètre, creux en dedans, et rangés sur le même alignement. On les appelle les *orgues*, parce qu'ils rendent différens sons lorsqu'on les frappe avec un bâton, et que les échos qui répètent et prolongent les sons, les adoucissent par une espèce de roulement qui va toujours en diminuant, et qu'on ne cesse d'entendre qu'à une distance considérable. Les autres grottes sont soutenues par une infinité de pyramides droites et renversées, et de différentes figures, qu'il est impossible de décrire. On y aperçoit des coquilles de diverses figures et grandeurs ; des manielles qui suintent de l'eau par un bout mamelonneux ; des enfoncemens et des rehaussemens qui procurent autant de perspectives qu'il y a de points de vue différens. On voit dans toutes ces grottes merveilleuses des représentations de diverses

sortes d'animaux, de fruits, de plantes, de
meubles, d'ustensiles, de parties de bâtimens,
des rustiques, des draperies.... enfin, un
assemblage curieux de tout ce que l'imagination peut se représenter en ce genre. Il
n'y a qu'une grotte, qu'on nomme la *Salle
du Bal* ou de *M. le Prince*, où l'on ne voit
aucune congélation ; ce qui vient sans doute
de la qualité de la pierre qui en forme la
voûte, et la rend trop compacte pour qu'aucun fluide puisse la pénétrer. Mais le plafond est couvert d'une sorte de broderie assez
fine, plus brune que le fond de la pierre qui est
guillochée et à compartimens presqu'égaux.

———

On voit dans le midi de la Bourgogne
d'autres grottes à peu près pareilles à celles
qu'on admire au nord. Ce sont les *grottes
de la Balme*, au pied du rocher de Pierre-
Chetil en Bugey. Il faut se munir de flambeaux pour parcourir les vastes détours de
cette grotte ; on y pénètre par une rampe
très-rapide, taillée en zigzag ; on découvre
ensuite des voûtes de différente coupe, en
dômes, en berceaux, à arcs-doubleaux,
quelques-unes à clefs pendantes ; elles sont
toutes ornées d'une infinité de bas-reliefs

relevés en bosse, et de stalactites plus ou
moins allongés. Les parois et le plancher
sont décorés de stalactites brillantes et de formes très-variées. Ici c'est une broderie légère; là
des ramifications plus saillantes, des feuilles
entrelacées avec autant d'art et d'élégance
que le pourrait faire l'artiste le plus intelligent. Plus loin, des figures grossièrement
sculptées, des ornemens dans le goût gothique, des groupes, des pyramides d'inégale
grandeur, des amas de cylindres terminés
par des aiguilles taillées à six pans, comme
celle du cristal de roche, enfin toutes les
variétés accidentelles qu'offrent les grottes
les plus renommées. Celles d'Arcy-sur-Cure
et de la Balme ne sont pas les seules qu'on
trouve en Bourgogne; il y en a d'autres
qui mériteraient chacune une description
particulière et l'examen des curieux; telles
que les grottes de la *Roche-aux-Chèvres*, près
de Ternant, de la *Rochepot*, de *Lusigny*,
d'*Auteuil*, d'*Auxey*...

On trouve des stalactites fort singulières
dans les grottes de Lusigny, du sel gemme
et des espèces de végétations nitreuses, imitant des plantes, et qui, étant mises sur
une pelle rouge, s'enflamment et se rédui-
sent lentement en cendres de couleur d'ar-

doise. Les grottes d'Auteuil sont percées de différentes rues larges et élevées, dont les murs et les voûtes sont garnis de congélations représentant des plantes et des animaux de toute espèce. Il y a un abîme dans lequel se précipite un torrent en forme de cascade, et plusieurs réservoirs d'eau claire et limpide, qui forment, à ce qu'on croit, les belles sources de Bouillaud.

La *grotte d'Auxey*, à trois lieues de Beaune, est une caverne où l'on entre par une espèce de fente de soixante-quatre pieds de longueur. Il y a une fontaine dont le bassin est composé d'un bourrelet de stalactite ; on y trouve des fuseaux, de petites colonnes, des chandelles, des écoulemens de sucs lapidifiques, de différente forme, des confetti ronds, oblongs... dont la croûte blanche et crétacée enveloppe du sparr. A Mandelot, dans le Beaunois, il y a une grotte où l'eau gèle en été et jamais en hiver. On voit aussi une glacière naturelle à Mavilly, même canton : la glace s'y conserve très-long-temps dans le creux des rochers.

En sortant de ces souterrains, on peut examiner les rochers calcaires qui bordent la rivière de la Cure, et l'on sera bientôt convaincu que ces grottes sur lesquelles l'amour
du

du merveilleux a répandu des bruits exagérés, ne sont que les divisions d'une carrière abandonnée, où la main du temps a fait disparaître les traces du travail. Les monumens antiques dont on voit les vestiges dans le voisinage, ont vraisemblablement été construits avec des matériaux tirés de ces carrières ; car on sait que les grottes naturelles se forment par l'affaissement des rochers, par l'irruption des eaux ou par l'action des feux souterrains. Or, nulle de ces causes, toujours bizarres dans leurs effets, n'a pu produire les cavités symétriques des grottes d'Arcy, dont toutes les dispositions présentent à l'observateur l'ouvrage des hommes qui n'ont pu entièrement déguiser les concrétions qui le couvrent. Il est vrai que ces concrétions augmentent encore tous les jours, et contribuent visiblement à rétrécir l'étendue de ces grottes. Buffon y étant descendu pour la seconde fois en 1759, c'est-à-dire 19 ans après sa première visite, leur trouva une augmentation de volume très-sensible et plus considérable qu'il ne l'avait imaginé : il n'était plus possible de passer par les mêmes défilés qu'il avait suivis en 1740 ; les voûtes étaient devenues trop basses ; les cônes et les cylindres

C c

s'étaient allongés , les incrustations s'étaient épaissies ; et il jugea qu'en supposant l'augmentation de ces concrétions également progressive , il ne faudrait peut-être pas deux siècles pour achever de remplir la plus grande partie de ces excavations.

DÉPARTEMENT DE LA CÔTE-D'OR.

Vaux-Chignon (1).

Ce beau vallon , appelé aussi *Vaux-Saint-Jean* , est situé en Bourgogne , auprès de la ville de Nolay, remarquable par sa position et par ses belles pétrifications. Il est très-peuplé, bien cultivé , et bordé à droite et à gauche de rocs nus coupés perpendiculairement , et qui s'élèvent en certains endroits à une hauteur considérable. Le ruisseau de la Cusanne traverse le vallon d'un bout à l'autre, et se rend à Nolay. Ce ruisseau est formé par deux sources qui sont au bout du vallon. L'une, appelée *la Tournée,* sort du roc vif par une fente assez large, dans laquelle on pénètre à environ cent toises jusqu'à sa source. Il y a dans le lit du ruisseau un endroit où

_____

(1) *Voyage pittoresque de la France.*

l'eau dépose beaucoup et forme des incrustations qui ont peu de consistance ; ce qui fait
présumer qu'il y a dans le même lieu une
autre source d'eau calcaire. La seconde source
qui forme le ruisseau, est intermittente, et
sort à gros bouillons pour couler vingt-quatre
heures : elle est dans un enfoncement plus
éloigné au nord, qu'on appelle *le Bout-du-
Monde* ou *le Cul-de-sac de Ménévault*. C'est
vraiment un cul-de-sac formé par le resserrement des rochers, qui sont encore plus à pic
dans cet endroit que dans les autres, et dont
les bancs ou lits sont inclinés en sens contraire, et semblent s'être rapprochés par un
bouleversement que cette contrée paraît avoir
éprouvé. Ces deux sources débordent quelquefois ; elles inondèrent Nolay en 1757.
Tout au fond du vallon, et dans le lieu le
plus reculé, il tombe perpendiculairement,
du haut du roc, une nappe d'eau formée par
une fontaine supérieure qui ne fournit pas
toujours. Quand elle donne abondamment,
la nappe peut avoir six pieds de large ; la
hauteur est d'environ quatre-vingts pieds (1).

---

(1) Ce n'est pas la seule cascade que l'on voie
en Bourgogne. A Busseau, il y a une fontaine

La chute de l'eau a creusé un bassin rond
d'environ douze à quinze pieds de diamètre.
En hiver, on va voir par curiosité les congélations singulières et les glaçons de figures
variées et bizarres qui se forment dans cette
cascade. A la source de la Cusanne, comme
en plusieurs endroits de la Bourgogne, on
trouve de belles tufières. Le Vaux-Chignon
et Ménévault servent de demeures aux ducs
et à d'autres oiseaux de proie qui nichent en
grande quantité dans ce lieu pittoresque (1).
On trouve dans les montagnes des environs
une pierre noire parsemée de gryphites cristallisées et devenues spathiques.

***

charmante qui forme plusieurs cascades. Il y a
deux autres cascades à Mémont, appelées le
grand et le *petit Pisson*. Le grand surtout forme
une belle nappe d'eau en hiver et dans les temps
de pluie. La superbe cascade du Rhône à l'extrémité du pays de Gex, celle près de Bussy-le-
Grand en Auxois, celle de la *Montée-de-
Cerdon* en Bugey, celle de Sillaut, route de
Nantua à Genève.... se font aussi remarquer.

(1) Les ducs qu'on y avait lâchés autrefois,
s'étaient tellement multipliés dans les cavités,
qu'ils désolaient les villages : pour les détruire,
il a fallu leur faire une longue guerre.

~~~~~~~~~~~~~~~~~~~~~~~~~~~~~~~~

CHAPITRE XX.

~~~~~~~~~~

CONCLUSION.

Nous avons fait passer devant les yeux de nos lecteurs les divers tableaux des beautés et des singularités remarquables que la nature a prodiguées en France. Ils ont dû être frappés des merveilles qui s'y présentent à chaque pas aux regards de l'homme observateur. Est-il un spectacle plus ravissant et plus fait pour exciter notre reconnaissance envers l'auteur de la nature? L'homme qui reste insensible à tant de preuves de sa bonté, ne mérite pas d'en jouir. Le vulgaire, entouré de toutes ces merveilles, passe au milieu d'elles sans les voir, et va souvent chercher au loin les objets de son admiration; quelquefois même il attribue aux choses les plus communes des qualités et des effets qui n'existent que dans son imagination égarée.

Nous croirions cet ouvrage incomplet, si nous ne faisions pas voir à combien d'erreurs et d'opinions ridicules ont donné nais-

3

sance les productions naturelles dont la cause était cachée aux yeux de l'ignorance, et quels effets singuliers on a cru voir dans mille objets où l'homme éclairé ne voit que la marche ordinaire de la nature. Cependant, dans ce nombre de fausses merveilles, nous ferons un choix, car plusieurs volumes suf-firaient à peine pour les rapporter toutes. Le peuple est le même partout : il aime mieux croire aveuglément que de réfléchir et de s'éclairer par ses propres yeux ; de là tant de choses miraculeuses attribuées à chaque pro-vince, à chaque canton. Grâces aux progrès qu'ont faits depuis deux siècles les sciences physiques, nous sommes en état aujourd'hui de corriger les erreurs de nos aïeux, et de remonter des effets aux causes par une chaîne de faits non interrompue.

Parmi les merveilles que l'ignorance et la crédulité ont rendues les plus fameuses, se dis-tinguent les *Merveilles du Dauphiné.*

On n'est pas d'accord sur le nombre de ces merveilles ; quelques-uns en comptent sept, d'autres neuf, et d'autres jusqu'à quinze (1).

---

(1) Aimard Falcon, dans son *Histoire de l'Abbaye de Saint-Antoine*, en décrit quinze.

Ceux qui comptent sept merveilles dans le Dauphiné, comprennent dans ce nombre: 1. La Fontaine ardente ; 2. la Tour sans venin ; 3. la Montagne inaccessible ; 4. les Cuves de Sassenage ; 5. la Manne de Briançon ; 6. le Pré qui tremble ; 7. La Grotte de Notre-Dame-de-la-Balme.

Examinons maintenant tous ces objets à part ; et, sans nous laisser conduire en erreur

---

Gervais de Tilsburg ne parle dans ses *Otia imperialia*, que de neuf merveilles. Salvaing de Boissieu, président à Grenoble, mort en 1683, bon poëte et grand érudit, quoique mauvais physicien, a rendu ces merveilles encore plus fameuses par la beauté de ses poésies. Chorier, contemporain de Boissieu et premier historien du Dauphiné, rapporte de la meilleure foi du monde toutes les fables qui ont été débitées à l'égard de ces merveilles. On en verra quelques preuves dans les pages suivantes. Enfin, en 1721, Lancelot réunit l'explication physique à l'histoire des sept merveilles du Dauphiné dans un mémoire inséré dans l'*Histoire de l'Académie des Inscriptions*. Les auteurs de l'Encyclopédie et de la Description générale et particulière de la France... ont également contribué à dissiper les erreurs des habitans et de plusieurs écrivains.

4

par des noms sonnans ou des bruits généraux, cherchons dans la vérité la clef de l'énigme.

1°. La première de ces merveilles est la *Fontaine ardente*. Cette source se trouve au haut d'une montagne qui est à trois lieues de Grenoble et à une demi-lieue de Vif. Saint-Augustin dit qu'on attribuait, dans son temps, à cette fontaine, la propriété singulière d'éteindre un flambeau allumé et d'allumer un flambeau éteint. Si cette fontaine a eu autrefois cette propriété, elle l'a entièrement perdue. L'on n'y voit quant à présent qu'un petit ruisseau qui coule sur un terrain où, à différentes époques, on a remarqué des exhalaisons de feu et de fumée, ce qui a donné à cette source le nom de *Fontaine ardente*. Il est possible qu'effectivement le feu souterrain qui se manifestait par des exhalaisons, ait pénétré jusqu'à la fontaine, et qu'il ait échauffé ses eaux à un degré sensible.

2°. *Le Parizet* ou *la Tour sans venin*. C'est une ruine située à six lieues de Grenoble, au-dessus de Seissins, sur les bords du Drac. On a prétendu que les animaux venimeux ne pouvaient point y vivre ; ce qui est contredit par l'expérience, vu qu'on y a porté des serpens et des araignées qui ne s'en sont point trouvés plus mal. Le nom de *Tour sans venin*

lui vient de ce qu'autrefois il y avait auprès
de ce monument une chapelle dédiée à Saint-
Verain ou Vrain, dont, par corruption, on a
fait *sans venin.*

3°. *La Montagne inaccessible* ou le *Mont
de l'Aiguille.* C'est un rocher fort escarpé qui
est au sommet d'une montagne très-élevée,
dans le petit district de Triaves, à environ
deux lieues de la ville de Die, et à neuf de
Grenoble. Anciennement, on croyait impossible de parvenir jusqu'au sommet de ce
roc nu et dégarni de terre et d'arbres; mais
en 1492, le gouverneur de Montélimar y
monta avec plusieurs personnes, par ordre
de Charles VIII, et depuis ce temps les
paysans y montent habituellement.

4°. *Les Cuves de Sassenage.* Ce sont deux
roches creuses qui se voient dans les grottes de
Sassenage, que nous avons décrites ch. XIII.
Les habitans du pays prétendent que ces deux
cuves se remplissent d'eau tous les ans au 6
janvier; et c'est d'après la quantité d'eau qui
s'y amasse, que l'on juge si l'année sera abondante. On dit que cette fable a été entretenue
par des paysans qui avaient soin d'y mettre
de l'eau au temps marqué.

Les bonnes gens du pays montrent aussi
dans cette grotte la chambre et la table de la

f!e Mélusine, à qui ils attribuent l'origine de la maison de Sassenage.

5°. *La Manne de Briançon*. C'est le suc que l'on détache, comme nous l'avons dit en parlant de la vallée de Briançon, des mélèzes qui se trouvent sur les montagnes du voisinage : ce qui n'est rien moins qu'une merveille.

6°. *Le Pré qui tremble* ou le *Pré virant*, dans le lac Pelhotier, à une lieue de Gap. Ce n'est autre chose qu'une grande motte ronde, de neuf pieds de diamètre, entourée de plusieurs pieds d'eau, placée au milieu d'un marais considérable, dans lequel on enfonce un peu en marchant (1). On peut présumer que ce marais a été autrefois un lac qui s'est peu à peu rempli, et qu'on a coupé le gazon de ce prétendu pré flottant, tout autour, pour le séparer du reste du marais.

7°. *La Grotte de Notre-Dame-de-la-Balme*.

---

(1) Dans les pays marécageux, comme la Hollande, la Frise, le pays de Munster...... il n'est pas rare de rencontrer sous ses pas un sol élastique qui s'élève et se baisse alternativement. Cette terre, qui forme une croûte, au-dessous de laquelle on trouve une bourbe profonde, est très-propre à fournir une bonne tourbe.

Nous avons fait connaître l'intérieur de cette
grotte, ch. XIII; nous y renvoyons, et nous
remarquons ici seulement qu'on n'y trouve
point ces objets merveilleux qu'anciennement
on prétendait y avoir vus.

A ces sept merveilles quelques auteurs
ajoutent :

La Fontaine vineuse. C'est une source d'eau
minérale qui se trouve à la Pierre-d'Argen-
son; elle a, dit-on, un goût vineux, et est
un remède assuré contre la fièvre. Ce goût
aigrelet est commun à un grand nombre
d'eaux minérales acidules.

Le Ruisseau de Barberon. Par la quantité
de ses eaux, on juge de la fertilité de l'année.
Il y a plusieurs sources qui servent d'alma-
nach naturel aux gens de campagne.

Le Mont brasier, ou le mont qui lance des
flammes et du feu, est encore une de ces
merveilles imaginées par l'ignorance ou la
peur, adoptée par la crédulité et la superstition du peuple, et rapportée par la bonne
foi. L'endroit où est le trou qui jette, dit-on,
tantôt de la flamme, tantôt de la fumée, est
à une grande lieue de Serres. L'on trouve
sur la sommité de la montagne plusieurs
crevasses; trois ou quatre de celles qui sont
au couchant, peuvent avoir quatre toises de

profondeur. Ces espèces de grottes ou d'abîmes
n'ont rien de particulier : l'on y pénètre aisément. Du côté du midi, où la roche est inaccessible, on lui a donné le nom de *Brame
buou* ou *Brame bœuf*, parce que les gens du
pays prétendent, dans le temps que le vent
du nord est très-fort, y entendre un bruit
sourd semblable au mugissement d'un bœuf,
et des coups de la force des coups de canon,
accompagnés de feu et de fumée.

Sous le rocher de la montagne voisine de
Brame buou, on voit une grotte dont l'ouverture est étroite. Les habitans de ce canton
veulent que cette grotte cache un veau d'or,
ancien idole des payens, et que vers le milieu
de la caverne se trouve une grande rivière.
Ces contes ne méritent guère d'être éclaircis.

Ce qui entretient ces bruits erronés, c'est
que plusieurs savans et gens de mérite y ont
ajouté foi et les ont rapportés dans leurs écrits.
Chorier, premier historiographe du Dauphiné, en parlant du lac de Paladru, se moque
des gens crédules qui prétendent que sur les
bords de ce lac on entend sonner les cloches
d'une église qui fut engloutie, il y a quelques
siècles, avec le village qui l'entourait ; et
immédiatement après il dit qu'il regarde
comme une merveille, que l'écume des eaux

de ce lac s'était épaissie et ayant ainsi passé
en un corps plus solide, produit dans les
étangs et les rivières où elle se jette, toutes
sortes de poissons. Chorier devrait sentir,
observe Guettard sur ce passage, si ce fait est
vrai, que ce ne pourrait être que parce que
cette écume renfermait du frai de ces poissons, et qu'il en serait de même de l'écume de
tous les étangs dans laquelle il y aurait du
frai de poissons. Le même auteur parle encore d'une quantité d'autres merveilles ; il
compte dans ce nombre les eaux d'un lac
situé au pied d'une montagne appelée *Matey-
sim*, que l'on voit entrer par un trou dans
l'intérieur d'une montagne et en ressortir par
le côté opposé.

Si le lac *des Égaux*, situé entre Aspre et
Vain, ne produit qu'une grande quantité de
sangsues, cela ne vient sans doute que de
ce que le fond de ce lac, plus chargé de
vase que les autres, fournit aux sangsues
une place plus commode pour y déposer
leurs œufs et s'y retirer dans l'hiver. Si
l'on n'y voit point de poissons, c'est probablement parce que les sangsues ont détruit
celui qu'il pourrait y avoir.

La fontaine de Bordoire, qui sort à gros
bouillons d'un rocher, fait un bruit qui,

selon le peuple et selon Chorier, prononce distinctement le nom de la fontaine ; celle de Saint-Alba-du-Rhom peint de toutes les couleurs imaginables les cailloux sur lesquels elle roule.

Il faut encore être peu familier avec la structure intérieure du globe, pour trouver du merveilleux dans le phénomène que présentait la fontaine profonde des prairies de Septène, à une lieue et demie de Vienne, qui jetait, selon Chorier, des poissons, surtout des lamproies. Cette fontaine avait apparemment une communication souterraine avec le Rhône, qui n'en est pas très-éloigné, ou avec quelqu'autre rivière, par où les poissons se rendaient à cette fontaine, qui a été obstruée par un éboulement ou par quelqu'autre événement.

Voilà donc les merveilles du Dauphiné analysées et expliquées d'une manière qui ne laissera plus de doute sur leur nullité : on en trouve dans tous les pays de semblables. Nous allons en examiner encore quelques-unes.

Une fontaine située entre Andresé et la Salle, au lieu nommé Saint-Félix-de-Paillère a été nommée la *Fontaine corrosive*, parce que toutes les fois qu'on y jette quelqu feuille d'arbre ou quelque petit animal mort, on ne trouve plus, au bout de quelques jours, que le squelette de la feuille ou de l'animal. Du reste, l'eau de cette fontaine est très-bonne à boire. Un naturaliste a fait des recherches sur cet objet ; et quel fut le résultat de ses observations ? Il se convainquit que le travail qui en imposait aux habitans, n'était point l'effet des eaux de cette fontaine, mais l'ouvrage de certaines petites écrevisses, connues sous le nom de *crevettes* ou *chevrettes*, qui sont très-communes dans les puits des Cévennes, où on les nomme *trinquetailles*.

Il en est de même de plusieurs autres fontaines auxquelles le peuple attribue des choses ridicules ou absurdes. Le peuple de Savoie prétend, par exemple, que la fontaine située à Hautecombe ne coule pas en présence de certaines personnes. Voici ce qui a donné sujet à une pareille opinion. La fontaine de Hautecombe est au nombre des fontaines intermittentes ou périodiques. Or, si une personne arrive à la fontaine au moment de son intermittence, il est clair qu'elle cesse de couler en présence de cette personne, aussi bien que devant toute autre.

Un autre phénomène qui passe parmi le peuple pour une chose naturelle, et qui cependant est dans l'ordre des choses, est celui dont nous allons parler.

Dans les environs de Cologne, sur les bords du Rhin, il y a sept montagnes assez élevées. Autrefois chacune d'elles portait sur sa cime un château-fort, ce qui est attesté par les ruines que l'on remarque encore aujourd'hui. Dans le pays on comprend cette chaîne de montagnes sous le nom de *Montagnes du Diable*, dénomination que leur a sans doute procurée une circonstance particulière que les habitans des environs n'attribuaient qu'au diable. Voici en quoi elle consistait : Au haut de ces montagnes, surtout auprès des vieux châteaux, on entendait souvent, il n'y a pas encore trois siècles, un bruit épouvantable qui paraissait sortir de l'intérieur des montagnes, et qui durait quelquefois, à la plus grande frayeur des paysans, des nuits entières. La superstition y ajouta des revenans et d'autres contes puérils ; et bientôt c'était un fait notoire dans le pays, que les ames des anciens chevaliers qui avaient habité les châteaux, se montraient toutes les nuits sur ces montagnes, et que leur pré-

sence était annoncée par un fracas infernal.
Encore aujourd'hui que le bruit a cessé,
les gens du pays s'entretiennent de ces
contes superstitieux de leurs aïeux, tandis
que la véritable cause de ce phénomène ne
peut être cherchée que dans les feux souterrains qui ont probablement brûlé au
sein de ces montagnes, long-temps après
qu'elles ont cessé d'être volcans : car, comme
nous l'avons dit à l'occasion des volcans
éteints en France, la plupart des montagnes
situées le long du Rhin ont été ignivomes
pendant très-long-temps.

Un bruit semblable épouvanta durant
bien long-temps dans la nuit les habitans
de Marsanne, ville du Dauphiné. On avait
donné à ce bruit singulier le nom *du Piqueur.*
Enfin le P. Dufer parvint à expliquer tout
le mystérieux de ce phénomène par les principes de la physique, et l'on cessa de s'en
étonner.

A quatre lieues de Lyon, près du village
de Chessey, il y a une mine de cuivre, et à
cent pas de cette mine on voit une voûte
souterraine qui a été creusée horizontalement
pour tirer les filons de ce métal. Il y a une
petite source d'eau froide et vitriolée qui
coule de plusieurs endroits de cette voûte.

Comme cette eau doit naturellement influer sur la couleur des métaux, on n'a pas manqué de lui attribuer gratuitement la qualité de changer le fer en cuivre. Il n'est pas besoin de dire qu'aucune force physique n'est capable d'opérer un pareil miracle, et que l'eau de Chessey ne peut tout au plus que donner à de petits morceaux de fer quelque ressemblance avec l'extérieur du cuivre.

On peut aussi ranger parmi les fausses merveilles tout ce qu'on a débité au sujet des îles flottantes. A proprement parler, il n'y a point d'autres îles que celles qui sont fixes et solides. Ce qu'on nomme îles flottantes n'est qu'un tissu d'herbes entremêlé de pierres-ponces, de vase et de terre. Telles sont celles qu'on trouve sur un marais auprès de la ville de Saint-Omer, sur lesquelles on voit effectivement des herbes et des arbustes sortis de cette espèce de sol qui ressemble de loin à une terre solide ; mais cependant elles n'ont pas toutes les belles choses dont la crédulité des gens peu instruits les a gratifiées, et on ne peut jamais les compter parmi les véritables îles (1). Elles sont au

_____

(1) Voyez là-dessus un ouvrage curieux, publié en 1633, par un chanoine de Tournay,

nombre de vingt-une, tant grandes que petites. La plus grande a douze pieds de circuit, et la plus petite a quatre ou cinq pieds; la plus épaisse n'a que quatre ou cinq pieds en profondeur. L'on est ordinairement étonné de voir voguer ces îles, et porter plusieurs personnes qui les font aller de côté et d'autre, de la même manière que l'on conduit un bateau; cependant rien n'est plus naturel, et il n'y a rien en cela de plus surprenant que de voir flotter un train de bois sur une rivière. Comme ces îles sont légèrement chargées de terre, elles s'enfoncent aisément lorsqu'on les surcharge; mais elles remontent aussitôt. Louis XIV eut la curiosité de monter sur la plus grande de ces îles flottantes; et autrefois les gouverneurs des Pays-Bas ne manquaient pas d'aller les visiter une fois durant leur gouvernement.

Combien de mensonges n'a-t-on pas débités au sujet de la source pétrifiante à Clermont en Auvergne! (*Voyez* la description que nous en avons donnée chap. XII.) On a prétendu que les eaux de cette source, puisées dans un vase, se changeaient en

sous le titre : *Terra et aqua, seu terræ fluatuantes.*

une pierre solide qui se moulait dans le vase : on a dit que ces eaux avaient formé des cabinets, des grottes et mille autres choses. Par la description qu'on en a luëdans cet ouvrage, on voit cependant que la source de Clermont ne diffère de toute autre source pétrifiante, qu'en ce que les sédimens pierreux qu'elle dépose y sont plus abondans.

Ce qu'on a dit des *sources empoisonnées* du même canton, n'est pas moins absurde. Le peuple a vu quelquefois des oiseaux, des animaux divers, et jusqu'à des bestiaux morts sur les bords de certaines fontaines, et il en a conclu que les eaux renfermaient un poison mortel. Mais voici le fait : Les eaux de ces sources contiennent un gaz méphitique qui se détache de l'eau, et forme sur sa surface une couche stagnante qui, si on la respire, est capable d'affecter les poumons, même si sensiblement, qu'on en meurt. Mais cette vapeur méphitique ne s'élève jamais très-haut, et se dissipe dans l'atmosphère. L'animal qui veut boire, obligé de porter son bec ou ses lèvres sur la surface du liquide, enfonce en même temps sa tête entière dans l'exhalaison funeste. En voulant avaler l'un, il respire l'autre, et se donne la mort. Du reste, quelque funeste que soit le gaz qui se développe dans ces sources, leurs eaux sont aussi saines à boire que les eaux communes.

On trouve de ces fontaines à Chades-Beaufort, à Chalusset, à Montpellier..... Cette dernière, surtout, jouit d'une renommée fort étendue, et l'on n'en parle à la ronde qu'avec une sorte de terreur.

On a dit du lac Pavin, qu'il suffisait de jeter une pierre dans l'eau du bassin pour y exciter à l'instant même un orage accompagné de tonnerre et d'éclairs. Il est certain que ce lac n'excite ni orage ni tempête; mais il est curieux sous bien d'autres rapports, ainsi que nous l'avons fait voir chap. XII, et à ce titre il mérite l'attention, bien plus que par les qualités fausses et ridicules qu'on lui attribue.

On a débité les mêmes absurdités dans les environs du *lac de Noir* ou d'*Aulette*, dans le Roussillon, et de l'*étang de Males*, dans le pays de Foix. Ce dernier, environné de toutes parts de rochers qui, en s'élevant en amphithéâtre, forment un pic en forme d'entonnoir, est fort grand et très-profond. Ses eaux sont tranquilles et n'ont aucun mouvement sensible. Quoique claires et limpides, elles paraissent noires. Ce lac est

très-abondant en bonnes et belles truites.
La difficulté d'y parvenir, et la manière
singulière dont il est renfermé dans les rochers, ont donné lieu à beaucoup de fables.
Comme on n'a pu trouver jusqu'à présent
la source qui lui fournit de l'eau, on a dit
que le lac avait été formé par les eaux du
déluge.

On a aussi prétendu sérieusement que la
fontaine située à Senlisses, village auprès
de Chevreuse, avait la propriété de faire
tomber les dents, sans fluxion, sans douleur
et sans que l'on saigne. Piganiol, dans sa
Description de la France (1), dit, sur la
foi de Lemery (2), que les habitans des
environs de cette source sont plus sains et
plus robustes qu'ailleurs, mais qu'il y en a
plus de la moitié qui manquent de dents.
Il ajoute gravement que les dents branlent
d'abord dans la bouche pendant plusieurs
mois, comme un battant dans une cloche,

_____

(1) Tome I, page 11. Voyez aussi l'*Histoire
de l'Académie*, année 1712, page 23.

(2) Observations sur une fontaine de Senlisses,
qui fait tomber les dents sans fluxion, sans douleur, par Lemery.

et qu'ensuite elles tombent naturellement. Piganiol convient néanmoins que les chimistes, ayant soumis l'eau de cette source à des essais chimiques, n'y ont rien découvert de particulier. Est-il besoin d'en dire davantage pour faire connaître tout le ridicule d'une pareille assertion ?

Le même auteur raconte qu'il y a un gouffre ou une fontaine dormante auprès du bourg de Gurac en Angoumois. « C'est un grand trou, dit-il, rempli d'eau, placé dans un marais bourbeux. On y pêche quelquefois par curiosité, et l'on y prend quelques petits poissons qui sont tous borgnes, et du même œil ; c'est en ce vice des poissons que consiste la singularité dont on souhaiterait connaître la cause. » Les poissons borgnes peuvent bien aller avec les dents branlantes.

Un autre auteur (1) attribue à la fontaine d'*Usson*, ou *de Son*, la merveilleuse qualité de tuer les animaux. C'est aussi gratuitement que l'on prétend que la fontaine qui est aux environs de la précédente, et à laquelle on a donné le nom de *Mate-Mouchon*, tue, par

_____

(1) Fabre, dans son *Hydrographum spagyricum*.

sa froideur, les oiseaux qui y tombent ou qui boivent de son eau.

La *Montagne de Diamans* en Languedoc, n'est qu'un monticule qui renferme des cristaux à facettes d'une assez bonne qualité, pour donner au terrain de cette hauteur tout l'éclat d'une mine de diamans, surtout lorsque le soleil darde ses rayons sur ces cristaux, qui, dans la terre labourée, et après une forte pluie, brillent comme des étoiles.

Les prétendus *diamans d'Alençon* ne sont également que des pierres assez nettes et assez brillantes pour imiter les diamans, au point qu'on peut s'y méprendre lorsqu'on n'est pas connaisseur. Mais, comme nous venons de le dire, ce ne sont rien moins que des diamans, et on peut assurer hardiment qu'il n'y a point de mines de diamans, ni dans les rochers des environs d'Alençon, ni dans aucune autre partie de la France.

Le *Rocher d'airain*, placé isolément sur la montagne de Lauso, près du pic d'Orlus, dans le pays de Foix, ne mérite ce nom que parce qu'étant frappé, il rend un son d'airain très-fort dans toute son étendue. Ce n'est point une masse d'airain, comme le peuple le croit, mais un composé de pierres de différentes

rentes espèces, parmi lesquelles on a reconnu de véritables pierres d'aimant.

Il nous serait facile d'étendre bien davantage ces prétendues merveilles. Les bruits populaires de toutes les provinces , et les ouvrages des anciens auteurs, tels que Chorier, Briet (1), Frey (2) et autres , ne nous

---

(1) Briet, auteur d'un ouvrage intitulé : *Parallela geographiæ veteris et novæ.* Parisiis, 1648, 3 vol. in-4°.

Voici quelques passages du chapitre IX, qui traite des merveilles de la France (*de mirabilibus Galliæ locis*).

In Normaniæ agro fontes quidam , si largiter fluant , miram portendunt fertilitatem ; si malignè, sterilitatem , si deficiant omninò, magnam annonæ penuriam.

In ecclesia S. Remigii Remis (Reims) pulvis è sancti sepulcro lectus, serpentes fugat. Imò observatur in cœmeteriis omnium basilicarum quas huic sancto christiana pietas consecravit, nullum reperiri colubrum et eo importatum emori. In Valle clausa (Vaucluse) fons Orgia nascitur, Plinio Orgi, in quo herba nascitur bobus adeo grata , ut eam quærant totis immersis capitibus nec desistant donec suffocentur. Certum est autem , illam herbam nonnisi imbribus ali. Prope Montempessulum in vico, quem vocant *Baillar-*

fourniraient que trop de matières ; mais ce qu'on vient de rapporter suffira pour faire

---

guet, ad ripam amnis Liciæ (Lalez), pisces effodiuntur ut ad Salsulas.

In Averniâ propè urbem Bessam stagnum visitur in montis vertice ; in quem si lapidem projeceris, illicò nubibus obducetur aër, grando decidet, micabunt fulgura, mira tempestas concitabitur.

Ypris in Flandria in foro publicæ porticus (Halles) excitatæ sunt jampridem quarum in lignis nullæ araneorum telæ, nulla àranea. Aliqui refundunt causam in naturâ ligni ; agunt alii trabes ex Dania allatas toto mari fluctuasse et algâ maris ritè maceratas hanc virtutem contraxisse, *tom. I.*

(2) Frey, dans ses *Admiranda Galliarum,* n'est pas moins ridicule que Briet. Il compte parmi ces merveilles un squelette de 30 pieds de long, découvert auprès de Valence, puis le grand-veneur dans la forêt de Fontainebleau, et même des êtres moitié hommes, moitié bêtes. Ce qu'il en dit est trop curieux pour que nous puissions nous dispenser de citer ses propres paroles :

In littoribus massiliensibus quondam visi semihominum aut semi-ferarum, ut sic dicam, similium aliqui. Certè quod Pictones de Melusina sua, in piscis desinente caudam memorant, huc revocari debet. Dicent malè feriati homines, meras esse istas et aniles fabulas. Ego malo in re simil-

voir que dans ces récits fabuleux il n'y a ;
pour nous servir d'une expression de l'his-

cum litteratissimo D. Hieronymo censere, hæc
esse quædam naturæ ludentis miracula, aut (ut
tibi placeam) monstra, aut (ne malè habeas)
dæmonum præstigia. *Cap. IX.*

Nous terminerons ces citations par un passage
tiré d'un ouvrage manuscrit, du onzième ou
douzième siècle, intitulé : *Image du Monde*, et
conservé à la Bibliothèque impériale. On verra
par-là, quel était, dans ces temps de barbarie et
d'ignorance, l'état des connaissances physiques
en France.

« D'aucunes coses dont chil sesmerveillent qui
nes ont pas apprises a veoir.

> Maintes coses a par deça
> Dont il'na nul par dela
> Vers le fin de Flandres sor mer
> Voit on aucun oisiel voler
> Que arbres croissent par les bies
> Et quant demeurer sont pries :
> Si ca terre ciet ne puet vivre
> Et cil en li aue se delivre.
> . . . .
> De la Hongrie en un cemin
> Vienent le cerf vieil et fratin
> Et illeuc se rajovenissent
> Et leur cornes i degerpissent.
> Qui par cela voie aler veut
> Cornes de cerf veir i puet
> Tant que nus nes poroit es mer

Dd 2

torien de l'Académie, rien de physique que
le dérangement des organes de ceux qui les
ont inventés.

Et a paine i puet passer.
Engleterre eut gens des manieres
Qui eurent keues par derriere.
Siha on en France veu
Unes gens qui furent cornu ;
Unes gens i ra vers les mons
Qui boures ont sor leur mentons
Qui lor pendent sor les mamieles ;
Qui plus en ont, plus sont la bieles.
Autres gens ont el dos grans boces
Autres si tort qu'il vont a croces
Et cil que voient teus affaires
Sevent ne sesmervellent gaires.
Minaus et sors i voit-on naistre
Et gens qui d'home et feme ont estre
Sans bras on a veu souvent
Et sans pies naistie aucune gent.
De teus affaires se paroient
Mervillier cil qui nul n'en voient.

. . . .

En Bretaigne ce treuve on
Une fontaine et un perron
Quant on giete li aue dessus
Si vente et tone et pleut tot ius.
Autres mervelles eust ailleurs
Dont li cas sont moult mervilleurs,
Mais a teus nos en tairons ore
Car ne savons pas tot encore.

TABLE

DES MATIERES

contenues dans cet ouvrage.

Fin de la Table.

www.ingramcontent.com/pod-product-compliance
Lightning Source LLC
Chambersburg PA
CBHW060836220326
41599CB00017B/2323